普通高等教育"十一五"国家级规划教材

工程流体力学

（第5版）

谢振华　主编

扫码看本书
数字资源

U0342701

北　京

冶金工业出版社

2024

内 容 提 要

本书详细阐述了流体力学的基础理论及其工程应用，主要内容包括：流体静力学，流体动力学基础，黏性流体运动及其阻力计算，有压管流与孔口、管嘴出流，明渠均匀流与堰流，渗流力学基础，气体的一元流动与气-固两相流，相似原理与量纲分析，流体机械，计算流体力学基础，工程流体力学应用实例等。除第11章和第12章外，其余各章均附有习题，书末附有习题答案。

本书为高等学校安全、矿业、环境、土木、机械类专业等教学用书，亦可供厂矿企业工程技术人员参考。

图书在版编目（CIP）数据

工程流体力学／谢振华主编 . —5 版 . —北京：冶金工业出版社，2022.7（2024.8 重印）

普通高等教育"十一五"国家级规划教材

ISBN 978-7-5024-9097-3

Ⅰ . ①工…　Ⅱ . ①谢…　Ⅲ . ①工程力学—流体力学—高等学校—教材　Ⅳ . ①TB126

中国版本图书馆 CIP 数据核字（2022）第 046425 号

工程流体力学（第 5 版）

出版发行	冶金工业出版社		电　话	（010）64027926
地　　址	北京市东城区嵩祝院北巷 39 号		邮　编	100009
网　　址	www. mip1953. com		电子信箱	service@ mip1953. com

责任编辑　杨　敏　美术编辑　彭子赫　版式设计　郑小利
责任校对　李　娜　责任印制　窦　唯
三河市双峰印刷装订有限公司印刷
1983 年 5 月第 1 版，1988 年 5 月第 2 版，2007 年 9 月第 3 版，
2013 年 8 月第 4 版，2022 年 7 月第 5 版，2024 年 8 月第 3 次印刷
787mm×1092mm　1/16；17.75 印张；421 千字；265 页
定价 45.00 元

投稿电话　（010）64027932　投稿信箱　tougao@ cnmip. com. cn
营销中心电话　（010）64044283
冶金工业出版社天猫旗舰店　yjgycbs. tmall. com
（本书如有印装质量问题，本社营销中心负责退换）

第 5 版前言

当前，随着互联网+、云计算等现代信息技术的发展及教学理念的变革，线上线下混合式教学模式广泛应用于教学过程中，使教学方式更加灵活、有效，学生分析问题、解决问题的能力得到了进一步提升。本书是为了适应"工程流体力学"课程教学改革的需要，在第 4 版的基础上修订编写而成的。

本书保留了第 4 版的基本结构，主要进行了如下修改：

(1) 提供了视频课程资源和各章节 PPT。

(2) 在每章开始部分明确了学习的主要内容及要求。

(3) 删除了部分理论知识，增加了相关工程应用介绍。

(4) 修改了部分例题和习题。

本书由谢振华主编，张伟、栾婷婷参与了部分章节的编写。

本书在编写过程中，参考了有关文献，在此向文献作者表示衷心的感谢！

由于编者水平所限，书中疏漏和不妥之处在所难免，敬请读者批评指正。

编　者

2021 年 10 月

第 4 版前言

随着高校教学改革的深入发展以及信息技术的广泛应用，高校教学更加注重学生能力的培养，要求进一步拓宽学生的知识面，提高学生分析问题、解决问题的能力。本书是为了适应课程教学的需要，在《工程流体力学》第 3 版的基础上编写而成的。

本书保留了第 3 版的基本结构，在内容上做了一些改动，包括：第 7 章改为"渗流力学基础"，增加了相关内容；原第 7 章中的"气体的一元流动"和原第 10 章"气-固两相流"合并为第 8 章"气体的一元流动与气-固两相流"，增加、删除和修改了相关内容；增加了一章，即第 11 章"计算流体力学基础"，介绍解决流体力学问题的新技术；在每章开始部分增加了本章主要内容和学习要求，第 1~5 章增加了流体力学实验发现；对每章的内容、例题及习题也做了部分修改。

在编写过程中，参考了有关高校环境工程、采矿工程、矿物加工工程、安全工程、土木工程、机械工程、热能工程等专业的培养方案，本着加强基础的原则，书中内容重点放在流体力学基本概念、基本原理和基本方法的讲解上，同时也注重加强能力的培养，结合各专业介绍流体力学知识的应用，为学生学习其他专业课程和从事专业工作打好基础。

本书由谢振华主编，宋洪庆、牛伟、陈凯华、范冰冰、陈茜参加编写。宋存义教授对本书的编写提出了许多宝贵意见，在此表示衷心感谢！

由于编者水平有限，疏漏之处在所难免，敬请读者给予批评指正。

编　者
2013 年 4 月

第 3 版前言

本书是为了适应 21 世纪人才培养模式和目标，配合教育改革的深入与发展，在《工程流体力学》第 2 版的基础上编写而成的。

全书共分 11 章，内容包括绪论，流体静力学，流体动力学基础，黏性流体运动及其阻力计算，有压管流与孔口、管嘴出流，明渠均匀流与堰流，气体的一元流动与渗流基础，相似原理与量纲分析，流体机械：泵与风机，气-固两相流，工程流体力学应用实例。书中配合了一定量的紧密结合工程实际的例题和习题，并附有习题答案，便于学生积极思考，培养独立解决工程实际问题的能力。

在编写过程中，参考了有关高校环境工程、矿物资源工程、土木工程、机械工程等专业的培养方案，考虑到少学时课程的特点，本着加强基础的原则，书中内容重点放在流体力学基本概念、基本原理和基本方法的讲解上，同时也注重加强能力的培养，结合各专业实际介绍流体力学知识的应用，为学生学习其他专业课程和从事专业工作打好基础。

本书由谢振华、宋存义主编，参加编写工作的还有金龙哲、陈凯华、赵艺、高密军等。纪洪广教授审阅了本书初稿，提出了许多宝贵意见，在此表示衷心感谢！

由于编者水平有限，疏漏之处在所难免，敬请读者批评指正。

编　者
2007 年 4 月

目　　录

1　绪　　论

流体力学是一门古老的学科，是人类在生产实践中逐步发展起来的。流体力学现已发展成为基础学科体系的一部分，在生产、生活中具有重要的应用价值。本章主要介绍流体力学的发展概况和研究方法，流体质点与连续介质的概念，流体的主要物理性质。要求了解流体力学的研究对象、流体力学的发展概况、流体的密度和重度、表面张力，理解流体力学的研究方法、流体质点与连续介质的概念，掌握流体的黏性、压缩性和膨胀性，重点掌握流体黏度有关的计算。

1.1　流体力学的研究对象、发展概况和研究方法

1.1.1　流体力学的研究对象

流体力学的研究对象是流体（fluid）。流体是容易变形的物体，其基本特征是具有流动性，没有固定的形状。在力学中，常根据应力理论来给流体下定义。在静止时不能承受拉力或剪切力的物体就是流体。因此，通常可以将物体区分为两种状态：固体与流体（流体又可分为液体和气体）。

固体具有一定的形状和体积，能承受拉力、压力和剪切力，内部相应产生拉应力、压应力和切应力以抵抗变形，外力或应力不达到一定数值，固体形状不会被破坏。流体具有不同于固体的两个特征：一是流体不能承受拉力，因而流体内部永远不存在抵抗拉伸变形的拉应力；二是流体在宏观平衡状态下不能承受剪切力，任何微小的剪切力都会导致流体连续变形、平衡破坏，产生流动。

可以用一个例子来说明固体与流体的差别，设有两块金属板以铆钉连接，如图 1.1 所示。两个平行的拉力反向作用于金属板，一个金属板相对于另一个有滑动的趋势，铆钉承受剪力。当拉力不大时，

图 1.1　铆接金属板

固体铆钉产生剪应力，保持静力平衡。但若不用金属铆钉，而在孔中充满流体，如油、水或空气，使其受剪力的作用，不管这个剪力是怎样小，这些流体都要产生相对运动。

液体具有一定的体积，与盛装液体的容器大小无关，有自由面。分子间的空隙大约等于其分子的平均直径。$1cm^3$ 的水中约有 3.4×10^{22} 个分子。液体中的每一个分子，常常是在其邻近分子的强凝聚力场中。液体的分子有些是分散的，有些却集合成群，形成队列，并周期性地分裂成较小的群。施于液体上的任何剪切力，都将引起其变形，只要剪切力仍在继续施用，则变形的量就继续增加。

气体既无一定的形状，也无一定的体积，它充满所占据的空间。气体的显著特点是其分子间距大，因而密度较低。在 0℃ 及 1 个标准大气压时，$1cm^3$ 的气体大约有 2.7×10^{19} 个

分子，分子间平均间距为 3.3×10^{-7} cm。分子的平均直径约为 3.5×10^{-8} cm，即它们的平均间距约为分子平均直径的 10 倍，比液体中的分子间距大。因此，在正常情况下，气体中的分子是相互远离的，只有微弱的凝聚力作用。在通常的时间内，每个分子以定速在直线上自由移动。经实验发现，自由移动的平均行程约为分子平均直径的 200 倍。

气体与蒸汽（如水蒸气、氨等）不同，区别在于蒸汽容易凝结成液体，而气体则较难。

1.1.2　流体力学的发展概况

流体力学的任务是研究流体的平衡和机械运动规律，以及这些规律在工程实际中的应用，它属于力学的一个分支。

流体力学的研究和其他自然科学研究一样，是随着生产的发展需要而发展起来的。在古代，如我国的春秋战国和秦朝时代（公元前 256~210 年），为了满足农业灌溉的需要，修建了都江堰、郑国渠和灵渠，对水流运动的规律已有了一些认识。在古埃及、古希腊和古印度等地，为了发展农业和航运事业，修建了大量的渠系。古罗马人为了发展城市修建了大规模的供水管道系统，也对水流运动的规律有了一些认识。当然，应当特别提到的是古希腊的阿基米德（Archimedes），在公元前 250 年左右提出了浮力定律，即阿基米德定律，一般认为是他真正奠定了流体静力学的基础。

到了 17 世纪前后，由于资本主义制度的兴起，生产迅速发展，对流体力学的发展需要也就更为迫切。这个时期的流体力学研究出现了两条途径，这两条发展途径互不联系，各有各的特色。一条是古典流体力学途径，它运用严密的数学分析，建立流体运动基本方程，并力图求其解。此途径的奠基人是伯努利（Bernerlli）和欧拉（Euler），对古典流体力学的形成和发展有重大贡献的还有拉格朗日（Lagrange）、纳维尔（Navier）、斯托克斯（Stokes）和雷诺（Reynolds）等人，他们多为数学家和物理学家。由于古典流体力学中某些理论的假设与实际有出入，或者由于对基本方程的求解遇到了数学上的困难，所以古典流体力学无法用以解决实际问题。为了适应当时工程技术迅速发展的需要，应运而生了另一条水力学（工程流体力学）途径，它采用实验手段用以解决实际工程问题，如管流、堰流、明渠流、渗流等等问题。在水力学上有卓越成就的都是工程师，包括毕托（Pitot）、蔡西（Chézy）、文丘里（Venturi）、达西（Darcy）、曼宁（Manning）、弗劳德（Froude）等人。但是这一时期的水力学由于理论指导不足，仅仅依靠实验，因此在应用上有一定的局限性，难以解决复杂的工程问题。

20 世纪以来，现代工业发展突飞猛进，新技术不断涌现，推动着古典流体力学和水力学也进入了新的发展时期，并走上了融合为一体的道路。1904 年，德国工程师普朗特（Prandtl）提出了边界层理论，使纯理论的古典流体力学开始与工程实际相结合，逐渐形成了理论与实际并重的现代流体力学。随后的几十年间，现代流体力学获得了飞速发展，并渗透到现代工农业生产的各个领域，例如在航空航天工业、造船工业、电力工业、环境保护、水资源利用、水利工程、核能工业、机械工业、冶金工业、化学工业、采矿工业、石油工业、交通运输、生物医学等广泛领域，都应用到现代流体力学的有关知识。

环境工程和安全工程中的很多问题涉及流体力学知识。在水处理和防排水工程中，液体对容器壁的作用力、水流的运动规律、速度分布、流量的确定、水流对各种设施的冲击力、水泵的选择、管路的水力计算、各种水流设施的出流能力等，都需要流体力学知识。在通风、除尘及空调工程中，风流在管道及有限空间中的流动规律、风量的确定、通风阻力的计算、通风机的选择、除尘器的效率分析等，也都与流体力学知识密切相关。有毒、有害气体的输送、泄漏、扩散、处理，火灾与爆炸事故的防治等，都面临一系列的流体力学问题。在采矿及矿物加工工程中，火灾烟气的蔓延、扩散，矿井通风、通风防尘、矿山排水、选矿工艺、泵和风机等流体机械的选择及使用等，也需要应用流体力学知识。总之，只有掌握好流体力学的基本知识，才能有效、正确地解决工程中所遇到的各种流体力学问题。

1.1.3 流体力学的研究方法

流体力学有三种研究方法：第一种是理论方法，通过分析问题的主次因素提出适当的假定，抽象出理论模型（如连续介质、理想流体、不可压缩流体等），运用数学工具寻求流体运动的普遍解；第二种是实验方法，它将实际流动问题概括为相似的实验模型，利用风洞、水池、水洞等实验装置，在实验中观测现象、测定数据，进而按照一定方法推测实际结果；第三种是计算方法，根据理论分析与实验观测拟定计算方案，使用有限差分法、有限元法，通过编制程序输入数据用计算机算出数值解，如应用于飞机外形设计、环境污染预报、可控核聚变等。

上述三种研究方法各有利弊，需要相辅相成才能推进流体力学的发展，解决复杂的工程技术问题。随着计算机技术和现代测量技术（如激光、同位素和电子仪器）的不断发展以及在流体力学研究中的应用，流体力学必将取得更大的发展，在生产实际中发挥更大的作用。

1.2 流体质点与连续介质的概念

1.2.1 流体质点的概念

流体与固体一样，具有三个物质基本属性：由大量分子组成；分子不断做随机热运动；分子与分子之间存在着分子力的作用。从微观结构上看，流体分子具有一定的形状，因而分子与分子之间必然存在着一定间隙，尽管分子间的间隙很小。这是分子物理学研究物质属性及流体物理性质的出发点，否则无法解释流体性质中的许多现象，如流体的体积压缩及质量的离散分布等。流体的性质及运动与分子的形状密切相关。

但是对于研究流体宏观规律的流体力学来说，一般不需要考虑分子的微观结构，因此必须对流体的物理实体加以模型化，使之更适合于研究大量分子的统计平均特性，更有利于找出流体运动或平衡的宏观规律。在流体力学的研究中，必须引用流体质点和连续介质的概念。

流体质点是指流体中宏观尺寸非常小而微观尺寸又足够大的任意一个物理实体，它包括四个方面的含义：

（1）流体质点的宏观尺寸非常小，甚至可以小到肉眼无法观察、工程仪器无法测量的程度，用数学观点来说就是流体质点所占据的宏观体积极限为零，即 $\lim\Delta V\rightarrow0$，但极限为零并不等于零。

（2）流体质点的微观尺寸足够大。流体质点的微观体积远大于流体分子尺寸的数量级，在流体质点内任何时刻都包含有足够多的流体分子，个别分子的行为不会影响质点总体的统计平均特性。

（3）流体质点是包含有足够多分子在内的一个物理实体，因而在任何时刻都具有一定的宏观物理量。例如：

流体质点具有质量，这质量就是所包含分子质量之和；

流体质点具有温度，这温度就是所包含分子热运动动能的统计平均值；

流体质点具有压强，这压强就是所包含分子热运动互相碰撞从而在单位面积上产生的压力的统计平均值。

同样，流体质点也具有密度、流速、动量、动能等宏观物理量。

（4）流体质点的形状可以任意划定，因而质点和质点之间可以没有空隙，流体所在的空间中，质点紧密毗邻、连绵不断、无所不在。于是也就引出下述连续介质的概念。

1.2.2　连续介质的概念

由于假定组成流体的最小物理实体是流体质点而不是流体分子，因而也就假定了流体是由无穷多个、无穷小的、紧密毗邻、连绵不断的流体质点所组成的一种绝无间隙的连续介质。

通常把流体中任意小的一个微元部分称为流体微团，当流体微团的体积无限缩小并以某一坐标点为极限时，流体微团就成为处在这个坐标点上的一个流体质点，它在任何瞬时都应该具有一定的物理量，如质量、密度、压强、流速等等。因而在连续介质中，流体质点的一切物理量必然都是坐标与时间 (x, y, z, t) 变量的单值、连续、可微函数，从而形成各种物理量的标量场和矢量场（也称为流场），这样就可以顺利地运用连续函数和场论等数学工具研究流体运动和平衡问题，这就是连续介质假定的重要作用。

1.3　流体的主要物理性质

流体运动形态和运动的规律，除与外部因素（如边界条件、动力条件等）有关外，更重要的是由内因——流体的物理性质决定的。

1.3.1　流体的密度与重度（density & specific weight）

流体所包含的物质的量称为流体的质量，流体具有质量并受重力作用。根据牛顿第二运动定律，流体的重量 G 等于流体的质量 m 与重力加速度 g 的乘积，即

$$G = mg \tag{1.1}$$

式中，G，m，g 的单位分别为 N（牛），kg（千克），m/s²（米/秒²）。流体的质量不因流体所在位置不同而改变。但重力加速度却因位置差异而有不同之值，在中纬度附近约为 9.806m/s^2。因此，质量相同的流体在不同的地方可能有不同的重量。

如图 1.2 所示，在流体中任取一个流体微团 A，其微元体积为 ΔV，微元质量为 Δm。当微元无限小而趋近 $P(x, y, z)$ 点成为一个流体质点时，定义：

流体的密度 ρ 为

$$\rho = \lim_{\Delta V \to 0} \frac{\Delta m}{\Delta V} = \frac{\mathrm{d}m}{\mathrm{d}V} \qquad (1.2)$$

如果流体是均质的，则

$$\rho = \frac{m}{V} \qquad (1.3)$$

密度 ρ 在国际单位制中，量纲为 $[ML^{-3}]$，单位为 kg/m^3（千克/米^3），g/cm^3（克/厘米^3）等。

流体的重度 γ 是单位体积的流体所受的重力，对于均质流体：

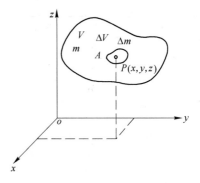

图 1.2　流体微团

$$\gamma = \frac{G}{V} = \frac{mg}{V} = \rho g \qquad (1.4)$$

对于非均质流体，则

$$\gamma = \lim_{\Delta V \to 0} \frac{\Delta G}{\Delta V} = \frac{\mathrm{d}G}{\mathrm{d}V} \qquad (1.5)$$

重度 γ 在国际单位制中，量纲为 $[ML^{-2}T^{-2}]$，单位为 N/m^3（牛/米^3）。

不同流体的密度和重度各不相同，同一种流体的密度和重度则随温度和压强而变化。各种常见流体在一个标准大气压下的密度、重度值见表 1.1，水在一个标准大气压而温度不同时的密度、重度值见表 1.2。

表 1.1　1 标准大气压下常见流体的物理性质

流体名称	温度/℃	密度/kg·m^{-3}	重度/N·m^{-3}	动力黏度 μ/kg·(m·s)$^{-1}$	运动黏度 ν/m^2·s^{-1}
蒸馏水	4	1000	9800	1.52×10^{-3}	1.52×10^{-6}
海　水	20	1025	10045	1.08×10^{-3}	1.05×10^{-6}
四氯化碳	20	1588	15562	0.97×10^{-3}	0.61×10^{-6}
汽　油	20	678	6644	0.29×10^{-3}	0.43×10^{-6}
石　油	20	856	8389	7.2×10^{-3}	8.4×10^{-6}
润滑油	20	918	8996	440×10^{-3}	479×10^{-6}
煤　油	20	808	7918	1.92×10^{-3}	2.4×10^{-6}
酒精（乙醇）	20	789	7732	1.19×10^{-3}	1.5×10^{-6}
甘　油	20	1258	12328	1490×10^{-3}	1184×10^{-6}
松节油	20	862	8448	1.49×10^{-3}	1.73×10^{-6}
蓖麻油	20	960	9408	0.961×10^{-3}	1.00×10^{-6}
苯	20	895	8771	0.65×10^{-3}	0.73×10^{-6}
水　银	0	13600	133280	1.70×10^{-3}	0.125×10^{-6}
液　氢	−257	72	705.6	0.021×10^{-3}	0.29×10^{-6}
液　氧	−195	1206	11819	82×10^{-3}	68×10^{-6}
空　气	20	1.20	11.76	1.83×10^{-5}	1.53×10^{-5}

续表 1.1

流体名称	温度/℃	密度/kg·m⁻³	重度/N·m⁻³	动力黏度 μ/kg·(m·s)⁻¹	运动黏度 ν/m²·s⁻¹
氧	20	1.33	13.03	2.0×10^{-5}	1.5×10^{-5}
氢	20	0.0839	0.8222	0.9×10^{-5}	10.7×10^{-5}
氮	20	1.16	11.37	1.76×10^{-5}	1.52×10^{-5}
一氧化碳	20	1.16	11.37	1.82×10^{-5}	1.57×10^{-5}
二氧化碳	20	1.84	18.03	1.48×10^{-5}	0.8×10^{-5}
氦	20	0.166	1.627	1.97×10^{-5}	11.8×10^{-5}
沼 气	20	0.668	6.546	1.34×10^{-5}	2.0×10^{-5}

表 1.2　水在不同温度下的物理性质（1 标准大气压时）

温度 /℃	密度 ρ /kg·m⁻³	重度 γ /N·m⁻³	动力黏度 μ /kg·(m·s)⁻¹	运动黏度 ν /m²·s⁻¹	弹性模量 E /N·m⁻²	表面张力 σ /N·m⁻¹
0	999.9	9805	1.792×10^{-3}	1.792×10^{-6}	2.04×10^{9}	0.0762
5	1000.0	9806	1.519×10^{-3}	1.519×10^{-6}	2.06×10^{9}	0.0754
10	999.7	9803	1.308×10^{-3}	1.308×10^{-6}	2.11×10^{9}	0.0748
15	999.1	9798	1.140×10^{-3}	1.141×10^{-6}	2.14×10^{9}	0.0741
20	998.2	9789	1.005×10^{-3}	1.007×10^{-6}	2.20×10^{9}	0.0731
25	997.1	9779	0.894×10^{-3}	0.897×10^{-6}	2.22×10^{9}	0.0726
30	995.7	9767	0.801×10^{-3}	0.804×10^{-6}	2.23×10^{9}	0.0718
35	994.1	9752	0.723×10^{-3}	0.727×10^{-6}	2.24×10^{9}	0.0710
40	992.2	9737	0.656×10^{-3}	0.661×10^{-6}	2.27×10^{9}	0.0701
45	990.2	9720	0.599×10^{-3}	0.650×10^{-6}	2.29×10^{9}	0.0692
50	988.1	9697	0.549×10^{-3}	0.556×10^{-6}	2.30×10^{9}	0.0682
55	985.7	9679	0.506×10^{-3}	0.513×10^{-6}	2.31×10^{9}	0.0674
60	983.2	9658	0.469×10^{-3}	0.477×10^{-6}	2.28×10^{9}	0.0668
70	977.8	9600	0.406×10^{-3}	0.415×10^{-6}	2.25×10^{9}	0.0650
80	971.8	9557	0.357×10^{-3}	0.367×10^{-6}	2.21×10^{9}	0.0630
90	965.3	9499	0.317×10^{-3}	0.328×10^{-6}	2.16×10^{9}	0.0612
100	958.4	9438	0.284×10^{-3}	0.296×10^{-6}	2.07×10^{9}	0.0594

1.3.2　黏性（viscosity）

流体在平衡时不能抵抗剪切力，因而在平衡流体内部不存在切应力，可是在流体运动时情况就完全不同了。流体运动时，其内部质点沿接触面相对运动，产生内摩擦力以抗阻流体变形的性质，就是流体的黏性。

1.3.2.1　牛顿内摩擦定律与流体的黏度

如图 1.3 所示，在互相平行且相距为 h 的两个足够大的平板之间充满流体，下板固定不动，上板受力

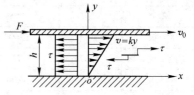

图 1.3　流体黏性实验示意图

F 的作用并以匀速度 v_0 沿 x 方向运动。由于流体与固体分子间的附着力，紧贴上板附近的一层流体粘附于上板一起以速度 v_0 运动，紧贴下板附近的一层流体粘附于下板而固定不动。假定流体是分层运动，没有不规则的流体运动及脉动加入其中，则由上板到下板之间有许多流体层，其速度由 v_0 逐渐减小为零。由于上层流体流动较快，下层流动较慢，因而上层流体质点与下层流体质点在接触面上发生相对滑动。快层对慢层的作用力与运动同方向，带动慢层加速；慢层对快层也有一作用力，与运动方向相反，阻滞快层的运动。这一对作用力称为流体的内摩擦力。这种内摩擦力阻止两相邻的流体层做相对运动，从而表现为阻止流体的变形。为了使上板能匀速运动，克服流体层相互间的内摩擦力，维持两板间流体的流动，流体层间接触面上的内摩擦力 T 应等于 F。设平板与流体的接触面积为 A，则内摩擦切应力 $\tau = T/A$。

设流体中的速度为线性分布（如两板距离很小时），如图 1.3 所示。根据实验可知：流体的内摩擦切应力 τ 与上板运动速度 v_0 成正比，与两板之间的距离 h 成反比，比例系数 μ 是表征流体特性的黏性系数，即

$$\tau = \mu \frac{v_0}{h} \tag{1.6}$$

μ 称为流体的动力黏性系数或动力黏度，它能反映流体黏性的大小，随流体的不同而有不同的值，故常称为绝对黏度。

若流体中的速度 u 为非线性分布，如图 1.4 所示，则流体中的切应力是逐点变化的，有

$$\tau = \pm\mu \frac{\mathrm{d}u}{\mathrm{d}y} \tag{1.7}$$

式中，$\dfrac{\mathrm{d}u}{\mathrm{d}y}$ 称为切应变率或速度梯度。当 $\dfrac{\mathrm{d}u}{\mathrm{d}y} > 0$ 时，式中取 "+" 号；当 $\dfrac{\mathrm{d}u}{\mathrm{d}y} < 0$ 时，取 "−" 号，以保持切应力永为正值。

式(1.7)是由牛顿提出的，称为牛顿内摩擦定律或黏性定律，它表明了流体作层状运动时，流体内摩擦力的变化规律。

牛顿内摩擦定律适用于空气、水、石油等环境工程和土木工程中常用的流体。凡内摩擦力按这个定律变化的流体称为牛顿流体，否则为非牛顿流体。如图 1.5 所示，牛顿流体的切应力与速度梯度的关系可以用通过原点的一条直线表示，非牛顿流体有三种不同类型。

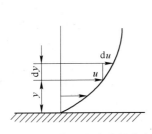

图 1.4　流体速度非线性分布

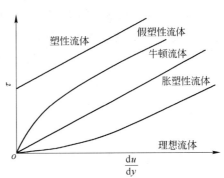

图 1.5　牛顿流体与非牛顿流体

（1）塑性流体，如凝胶、牙膏等，它们有一个保持不产生剪切变形的初始应力，只有克服这个初始应力后，其切应力才与速度梯度成正比。

（2）假塑性流体，如泥浆、纸浆、高分子溶液等。当 $\dfrac{\mathrm{d}u}{\mathrm{d}y}$ 较小时，τ 对 $\dfrac{\mathrm{d}u}{\mathrm{d}y}$ 的变化率较大；但当 $\dfrac{\mathrm{d}u}{\mathrm{d}y}$ 较大时，τ 对 $\dfrac{\mathrm{d}u}{\mathrm{d}y}$ 的变化率又逐渐降低。

（3）胀塑性流体，如乳化液、油漆、油墨等。当 $\dfrac{\mathrm{d}u}{\mathrm{d}y}$ 较小时，τ 对 $\dfrac{\mathrm{d}u}{\mathrm{d}y}$ 的变化率较小；但当 $\dfrac{\mathrm{d}u}{\mathrm{d}y}$ 较大时，τ 对 $\dfrac{\mathrm{d}u}{\mathrm{d}y}$ 的变化率逐渐变大。

流体的动力黏性系数 μ 与其密度 ρ 之比，称为流体的运动黏性系数，用 ν 表示，即

$$\nu = \frac{\mu}{\rho} \tag{1.8}$$

运动黏性系数 ν，也称为运动黏度。

μ 的物理意义是单位速度梯度下的切应力。ν 的物理意义是动力黏度与密度之比，如果两种流体密度相差很多，单从 ν 的值判断不出它们黏性的大小。ν 值只适合于判别密度几乎恒定的同一种流体在不同温度和压强下黏性的变化情况。

动力黏度 μ 的量纲是 $[\mathrm{ML^{-1}T^{-1}}]$，单位为 N·s/m²（牛·秒/米²）或 Pa·s（帕·秒）。运动黏度 ν 的量纲是 $[\mathrm{L^2T^{-1}}]$，单位为 m²/s（米²/秒）或 cm²/s（厘米²/秒）等。

1.3.2.2　黏度的测定

流体黏度的测定方法有两种。一种是直接测定法，借助于黏性流动理论中的某一基本公式，测量该公式中除黏度外的所有参数，从而直接求出黏度。直接测定法的黏度计有转筒式、毛细管式、落球式等，这种黏度计的测试手段比较复杂，使用不太方便。另一种方法是间接测定法，在这种方法中首先利用仪器测定经过某一标准孔口流出一定量流体所需的时间，然后再利用仪器所特有的经验公式间接地算出流体的黏度。这种方法所用的仪器简单、操作方便，故多为工业界所采用。

我国石油工业与环境工程中常用的恩氏黏度计如图 1.6 所示。容器 1 中盛足够量的水，借恒温加热器 2 及搅拌器 3 使容器 4 中的待测液体稳定在某一待测温度下，其温度 $t℃$ 用温度计 5 读出。拔开柱塞 6，让事先装入的定量待测液体自直径为 2.8mm 的标准铂金孔口流入量杯 7 中，测出待测流体在 $t℃$ 下流出 200cm³ 所需的时间为 T_1（单位为 s），再将待测液体换成 20℃ 的蒸馏水，测出流出 200cm³ 所需的时间为 $T_2 = 51$s，于是比值 $T_1/T_2 = r$ 称为待测流体在 $t℃$ 时的恩氏度。然后利用恩氏黏度计的经验公式：

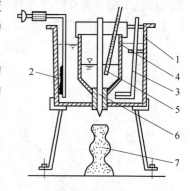

$$\nu = \left(7.31r - \frac{6.31}{r}\right) \times 10^{-6} \quad \mathrm{m^2/s}$$

$$= 7.31r - \frac{6.31}{r} \quad \mathrm{mm^2/s} \tag{1.9}$$

图 1.6　恩氏黏度计

即可由 r 求出流体在 t℃时的运动黏度 ν。再根据 $\mu = \rho\nu$ 即可求出流体的动力黏度 μ。

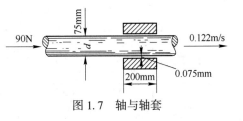

图 1.7 轴与轴套

[**例题 1.1**] 如图 1.7 所示，轴置于轴套中，其间充满流体。以 90N 的力 F，从左端推轴向右移动。轴移动的速度 v 为 0.122m/s，轴的直径 d 为 75mm，轴宽 l 为 200mm。求轴与轴套间流体的动力黏性系数 μ。

[**解**] 由于轴与轴套间距 h 很小，可以认为流体的速度按线性规律分布，则由式 (1.6) 得

$$\mu = \frac{\tau h}{v}$$

式中，$\tau = \dfrac{T}{A} = \dfrac{F}{A}$，$A = \pi d l$，故

$$\mu = \frac{Fh}{\pi dlv} = \frac{90 \times 0.075 \times 10^{-3}}{3.142 \times 75 \times 10^{-3} \times 0.2 \times 0.122} = 1.174 \text{Pa} \cdot \text{s}$$

1.3.2.3 黏度的变化规律

流体的黏度随温度和压强而变化，但压强对黏度的影响较小，在一般情况下可忽略不计，仅考虑温度对流体黏性的影响。

液体的动力黏度 μ 与温度的关系，可由下述指数形式表示：

$$\mu = \mu_0 e^{-\lambda(t-t_0)} \tag{1.10}$$

式中　μ_0——温度为 t_0（可取 $t_0 = 0$℃，15℃或20℃等）时液体的动力黏度；

　　　λ——温度升高时反映液体黏度降低快慢程度的一个指数，一般称为液体的黏温指数，约为 0.035~0.052。

气体的动力黏度 μ 与温度的关系，可由下式确定：

$$\mu = \mu_0 \frac{1 + \dfrac{C}{273}}{1 + \dfrac{C}{T}} \sqrt{\frac{T}{273}} \tag{1.11}$$

式中　μ_0——气体0℃时的动力黏度；

　　　T——气体的绝对温度，$T = 273 + t$℃，K；

　　　C——常数，几种气体的 C 值见表 1.3。

表 1.3　几种气体的 C 值

气　体	空　气	氢	氧	氮	蒸　汽	二氧化碳	一氧化碳
C 值	122	83	110	102	961	260	100

几种液体与气体的动力黏度 μ 随温度的变化曲线如图 1.8 所示；其运动黏度 ν 随温度的变化曲线如图 1.9 所示。常压下不同温度时水与空气的黏度值如表 1.4 所示。

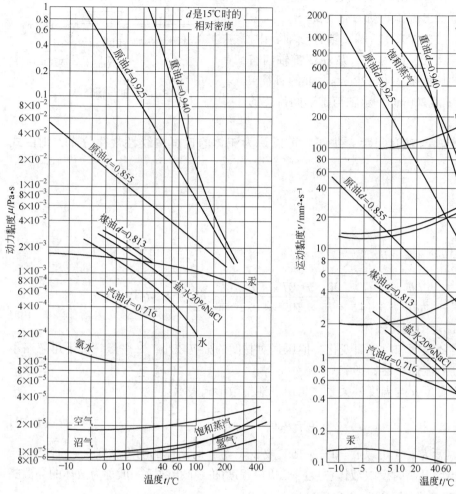

图1.8　流体的动力黏度曲线　　　　　　　图1.9　流体的运动黏度曲线

表1.4　常压下水与空气的黏度值

温度	水		空　气	
$t/℃$	$\mu/Pa\cdot s$	$\nu/m^2\cdot s^{-1}$	$\mu/Pa\cdot s$	$\nu/m^2\cdot s^{-1}$
0	1.792×10^{-3}	1.792×10^{-6}	0.0172×10^{-3}	13.7×10^{-6}
10	1.308×10^{-3}	1.308×10^{-6}	0.0178×10^{-3}	14.7×10^{-6}
20	1.005×10^{-3}	1.005×10^{-6}	0.0183×10^{-3}	15.3×10^{-6}
30	0.801×10^{-3}	0.801×10^{-6}	0.0187×10^{-3}	16.6×10^{-6}
40	0.656×10^{-3}	0.661×10^{-6}	0.0192×10^{-3}	17.6×10^{-6}
50	0.549×10^{-3}	0.556×10^{-6}	0.0196×10^{-3}	18.6×10^{-6}
60	0.469×10^{-3}	0.477×10^{-6}	0.0201×10^{-3}	19.6×10^{-6}
70	0.406×10^{-3}	0.415×10^{-6}	0.0204×10^{-3}	20.6×10^{-6}
80	0.357×10^{-3}	0.367×10^{-6}	0.0210×10^{-3}	21.7×10^{-6}
90	0.317×10^{-3}	0.328×10^{-6}	0.0216×10^{-3}	22.9×10^{-6}
100	0.284×10^{-3}	0.296×10^{-6}	0.0218×10^{-3}	23.6×10^{-6}

　　由图 1.8、图 1.9 和表 1.4 可以看出，液体和气体的黏度变化规律是迥然不同的：液体的运动黏性系数随温度升高而减小，气体的运动黏性系数随温度的升高而增大。这是由于液体与气体具有不同的分子运动状态。

　　在液体中，分子间距小，分子间相互作用力较强，因而阻止了质点间相对滑动而产生内摩擦力，即表现为液体的黏性。当液体的温度升高时，分子间距加大，引力减弱，因而黏性降低。在气体中，分子间距大，引力弱，分子运动的自由行程大，分子间相互掺混，速度慢的分子进入慢层中，速度快的分子进入快层中，两相邻流体层间进行动量交换，从而阻止了质点间的相对滑动，呈现出黏性。分子引力的作用，相比之下微乎其微，可以忽略不计。当气体的温度升高时，内能增加，分子运动更加剧烈，动量交换更大，阻止相对滑动的内摩擦力增大，所以黏度增大。

1.3.2.4　理想流体的概念

　　流体具有黏性，在流动中将产生阻力。为了克服阻力，维持流体的流动，就需要供给流体能量。因此，流体的黏性在流体的运动过程中起着很重要的作用。但是为了研究问题的方便，使问题简化，在某些场合，可不考虑流体的黏性，即 $\mu = \nu = 0$，这种流体称为理想流体或无黏性流体。

　　理想流体是流体力学中的一个重要假设模型。这种流体在运动时不仅内部不存在摩擦力而且在它与固体接触的边界上也不存在摩擦力。理想流体虽然事实上并不存在，但这种理论模型却有重大的理论和实际价值。因为在某些问题中，如边界层以外区域的流体运动，黏性并不起重大作用，忽略黏性可以容易地分析其力学关系，所得结果与实际并无太大出入。有些问题虽然流体黏性不可忽略，但作为由浅入深的一种手段，也可以先讨论理想流体的运动规律，然后再考虑有黏性影响时的修正方法，这样问题就容易解决。因为黏性影响非常复杂，在研究流体运动时如果将实际因素全部考虑在内，则问题有时难以解决。

1.3.3　压缩性和膨胀性（compressibility & distensibility）

　　流体的密度和体积会随着温度和压强的变化而改变。温度一定时，流体的体积随压强的增加而缩小的特性称为流体的压缩性；压强一定时，流体的体积随温度的升高而增大的特性称为流体的膨胀性。气体的压缩性和膨胀性较液体更为显著。

1.3.3.1　液体的压缩性和膨胀性

　　液体压缩性的大小以体积压缩系数 β_p 表示，指当温度一定时，每增加单位压强所引起的体积相对变化量，即

$$\beta_p = -\frac{\dfrac{\mathrm{d}V}{V}}{\mathrm{d}p} = -\frac{1}{V}\frac{\mathrm{d}V}{\mathrm{d}p} \quad \mathrm{m^2/N} \tag{1.12}$$

　　因为压强增加，体积减小，即 $\mathrm{d}p$ 为正时，$\mathrm{d}V$ 为负，故上式右端冠以负号，使 β_p 为正。

　　在式（1.12）中，也可以用密度 ρ 的变化代替体积 V 的变化。因为 $\rho = m/V$，当液体的质量 m 为定值时，则 $\mathrm{d}V = -m\rho^{-2}\mathrm{d}\rho$，代入式（1.12）中得

$$\beta_{\mathrm{p}} = \frac{1}{\rho} \frac{\mathrm{d}\rho}{\mathrm{d}p} \quad \mathrm{m}^2/\mathrm{N} \tag{1.13}$$

由上式可知，体积压缩系数也可表示为压强变化时所引起的密度变化率。

体积压缩系数 β_{p} 的倒数，称为弹性模量 E，即

$$E = \frac{1}{\beta_{\mathrm{p}}} \quad \mathrm{N/m}^2 \tag{1.14}$$

液体的弹性模量与压强、温度有关。水在不同温度与压强下的弹性模量如表 1.5 所示。

表 1.5　水在不同温度与压强下的弹性模量 　　　　　　　　　（N/m²）

温度/℃	压强/MPa				
	0.5	1	2	4	8
0	$1.852×10^9$	$1.862×10^9$	$1.882×10^9$	$1.911×10^9$	$1.940×10^9$
5	$1.891×10^9$	$1.911×10^9$	$1.931×10^9$	$1.970×10^9$	$2.030×10^9$
10	$1.911×10^9$	$1.931×10^9$	$1.970×10^9$	$2.009×10^9$	$2.078×10^9$
15	$1.931×10^9$	$1.960×10^9$	$1.985×10^9$	$2.048×10^9$	$2.127×10^9$
20	$1.940×10^9$	$1.980×10^9$	$2.019×10^9$	$2.078×10^9$	$2.173×10^9$

从表中可以看出，水的弹性模量受温度及压强的影响而变化的量是很微小的。在工程中常将这种微小变化忽略不计，并近似地取水的 $E = 2.058×10^9 \mathrm{N/m}^2$。这样，水的体积压缩系数 $\beta_{\mathrm{p}} = 1/2.058×10^9 = 4.859×10^{-10} \mathrm{m}^2/\mathrm{N}$，显然很小。所以，工程上认为水是不可压缩的。

液体膨胀性的大小用体积膨胀系数 β_{t} 来表示，指当压强一定时，每增加单位温度所产生的体积相对变化量，即

$$\beta_{\mathrm{t}} = \frac{\dfrac{\mathrm{d}V}{V}}{\mathrm{d}t} = \frac{1}{V} \frac{\mathrm{d}V}{\mathrm{d}t} \quad 1/℃ \tag{1.15}$$

因温度增加，体积膨胀，故 $\mathrm{d}t$ 与 $\mathrm{d}V$ 同符号。

液体的膨胀系数也与液体的压强、温度有关。水在不同温度与压强下的体积膨胀系数 β_{t} 如表 1.6 所示。

表 1.6　水在不同温度与压强下的体积膨胀系数 　　　　　　　　（1/℃）

压强/MPa	温度/℃				
	1~10	10~20	40~50	60~70	90~100
0.1	$0.14×10^{-4}$	$1.50×10^{-4}$	$4.22×10^{-4}$	$5.56×10^{-4}$	$7.19×10^{-4}$
10	$0.43×10^{-4}$	$1.65×10^{-4}$	$4.22×10^{-4}$	$5.48×10^{-4}$	$7.04×10^{-4}$
20	$0.72×10^{-4}$	$1.83×10^{-4}$	$4.26×10^{-4}$	$5.39×10^{-4}$	—
50	$1.49×10^{-4}$	$2.36×10^{-4}$	$4.29×10^{-4}$	$5.23×10^{-4}$	$6.61×10^{-4}$
90	$2.29×10^{-4}$	$2.89×10^{-4}$	$4.37×10^{-4}$	$5.14×10^{-4}$	$6.21×10^{-4}$

从表中可以看出，水的膨胀性或膨胀系数是很小的。其他液体也与水相类似，其压缩系数和膨胀系数也是很小的，所以常将液体称为不可压缩流体。

[**例题 1.2**]　在容器中压缩一种液体。当压强为 10^6Pa 时，液体的体积为 1L；当压强增大为 $2×10^6$Pa 时，其体积为 995cm^3。求此液体的弹性模量。

[**解**]　从式(1.14)得

$$E = \frac{1}{\beta_p} = -\frac{dp}{\dfrac{dV}{V}} = -\frac{2 \times 10^6 - 1 \times 10^6}{\dfrac{995 - 1000}{1000}} = 2 \times 10^8 \text{Pa}$$

1.3.3.2　气体的压缩性和膨胀性

压强与温度的变化，都会引起气体体积的显著变化，其密度或重度也随之改变。气体压强、温度及密度间的关系用完全气体状态方程表示，即

$$pV = mRT \quad 或 \quad p = \rho RT \tag{1.16}$$

式中　p ——气体的绝对压强，Pa；

　　　T ——气体的绝对温度，K；

　　　R ——气体常数，单位为 N·m/(kg·K)。其值随气体种类不同而异，可由下式确定：$R = \dfrac{摩尔气体常数}{气体的相对分子质量 M} = \dfrac{8314}{M}$。例如，干燥空气的相对分子质量是 29，则 $R = 287$；中等潮湿空气的 $R = 288$。

式(1.16)说明，一定质量的气体，其密度随压强的增加而变大，随温度的升高而减小。对于实际气体，在一般温度下，压强的变化不大时，应用式(1.16)可得正确的结果。但如果对气体强加压缩，特别是把温度降低到气体液化的程度，则不能应用式(1.16)，可用相关图表。

[**例题 1.3**]　1kg 的氢气，温度为 -40℃，密闭在 0.1m^3 的容器中，求氢气的压强。

[**解**]　氢的相对分子质量 $M = 2.016$，则氢的气体常数 R 为

$$R = \frac{8314}{M} = \frac{8314}{2.016} = 4124 \text{J/(kg·K)}$$

由式(1.16)得

$$p = \frac{m}{V}RT = \frac{1}{0.1} \times 4124 \times (273 - 40) = 9.6 \times 10^6 \text{Pa}$$

气体是易于被压缩的流体，一般称气体为可压缩流体。空气在 1 标准大气压（1 标准大气压 $= 1.01325 \times 10^5$Pa）时，密度和重度随温度变化的情况见表 1.7。

表 1.7　1 标准大气压时空气的密度和重度

温度/℃	-20	0	20	40	60	80	100	200	500
密度 ρ/kg·m^{-3}	1.40	1.29	1.20	1.12	1.06	1.00	0.95	0.746	0.393
重度 γ/N·m^{-3}	13.729	12.651	11.708	10.983	10.395	9.807	9.316	7.316	3.854

1.3.3.3　不可压缩流体的概念

流体具有一定的压缩性和膨胀性，但有时为了研究问题的方便，可将流体的压缩系数

和膨胀系数都看做零，ρ=常数，称为不可压缩流体。这种流体的体积与温度及压强无关，其密度和重度也为恒定常数。这样讨论其平衡和运动规律自然简单得多。

绝对不可压缩的流体实际上并不存在，但是在通常条件下，液体以及低温、低速运动的气体的压缩性对其运动和平衡问题并无太大影响，可以忽略其压缩性，看成不可压缩流体。

可压缩与不可压缩却又是截然不同的概念。液体平衡和运动的绝大多数问题可以用不可压缩流体理论来解决，但当遇到液体压缩性起关键作用的水击现象、液压冲击、水中爆炸波的传播等问题时，就必须考虑流体的压缩性。气体平衡和运动的大多数问题需要按可压缩流体理论处理，但是在低温、低速条件下，考虑或不考虑气体的压缩性，所得结果并无太大差别，因此可采用不可压缩流体理论处理这类问题，这样既简化了计算，又可得到一定准确度的结果。例如对于通风机、低速压气机、内燃机进气系统、低温烟道等等气流计算问题，一般可采用不可压缩流体理论分析。实践证明，不可压缩流体模型有很大的理论和实用价值。

1.3.4　表面张力（surface tension）

1.3.4.1　表面张力的概念

按分子引力理论，分子间的引力与其距离的平方成反比，超过一定距离 R（约为 10^{-7}mm），引力很小，可略去不计，以 R 为半径的空间球域称为分子作用球。

液体内部与液面距离大于或等于 R 的每个分子（如图 1.10 中的 a、b），受分子球内周围同种分子的作用完全处于平衡状态；但在液面下距离小于 R 的薄层内的分子（如图 1.10 中的 c、d），其分子作用球内有液体和空气两种分子。如图 1.11 所示，分子 m 距自由面 NN 的距离为 a，自由面的对称面为 $N'N'$，在 NN 与 $N'N'$ 间的全部液体分子对 m 的作用，互相抵消，而在 NN 面以上分子作用球内的空气分子，则对分子 m 施以向上的拉力，在 $N'N'$ 面以下分子作用球内的液体分子，则对分子 m 施以向下的拉力。由于液体分子力大于气体分子力，故处在此层内的分子会受到一个不平衡的分子合力 F_N。此力垂直于液面而指向液体内部，在这个不平衡的分子合力作用下，薄层内的分子都力图向液体内部收缩。假如没有容器的限制，忽略重力的影响，微小液滴都会收缩成最小表面积的球形，表面上的薄层犹如蒙在液滴上的弹性薄膜一样，紧紧向球心收拢，使得球中液体的分子运动不容易超出其表面界限。

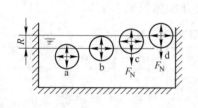

图 1.10　液体的分子作用球

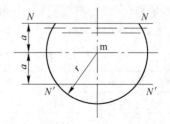

图 1.11　表面张力的产生

如果将液滴剖开，取下部球台为分离体，如图 1.12 所示，由于球表面向球心收拢，故在球台剖面周线上必有张力 F_T 存在，它连续均匀分布在周线上，方向与液体的球表面相切。这种力称为液体的表面张力。表面张力的起因是液体表面层中存在着不平衡的分子合力 F_N，但表面张力 F_T 并不就是这个分子合力 F_N，它们是互相垂直的，F_N 指向液球中心，F_T 分布在液球切开的周线上，并且与液球表面相切。

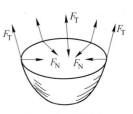

图 1.12　液体的表面张力

表面张力的大小以表面张力系数 σ 表示，是指作用在单位长度上的表面张力值，单位为 N/m（牛/米）。如果分布有表面张力的周线长为 l，则表面张力 $F_T = \sigma l$。

气体与液体间，或互不掺混的液体间，在分界面附近的分子，都受到两种介质的分子力作用。这两种相邻介质的特性，决定着分界面张力的大小及分界面的不同形状，如空气中的露珠、水中的气泡、水银表面的水银膜。在实际工程中，有时需要考虑流体表面张力的影响。例如，在湿式除尘中，为了增加水溶液对粉尘的粘附，提高除尘效率，可以在水中添加表面活性剂，来降低水溶液的表面张力。

温度对表面张力有影响。当温度由 20℃ 变化到 100℃ 时，水的表面张力由 0.073N/m 变为 0.0584N/m。几种常见液体在 20℃ 时与空气接触的表面张力 σ 值列于表 1.8。

表 1.8　几种常见液体在 20℃ 时与空气接触的表面张力

液　体	表面张力 σ/N·m^{-1}	液　体	表面张力 σ/N·m^{-1}
酒　精	0.0223	水	0.0731
苯	0.0289	水　银	
四氯化碳	0.0267	在空气中	0.5137
煤　油	0.0233~0.0321	在水中	0.3926
润滑油	0.0350~0.0379	在真空中	0.4857
原　油	0.0233~0.0379		

1.3.4.2　毛细管现象

表面张力不仅表现在液体与空气接触表面处，而且也表现在液体与固体接触的自由液面处。液体与固体壁接触时，液体沿壁上升或下降的现象，称为毛细管现象。如图 1.13（a）表示水与玻璃接触的情况，O 点的分子作用球内有玻璃、水和空气的分子，玻璃对 O 点的分子引力（也称为附着力）n_1 大于水对 O 点的分子引力（也称为内聚力）n_2，空气分子引力甚小，可忽略。于是分子作用球内对 O 点的不平衡分子合力 F_N 必然朝右下方，指向玻璃内部，液面与 F_N 的方向垂直，因而必然向上凹。周线上的表面张力 F_T 与弯液面相切，指向右上方，F_T 与管壁的夹角 θ 称为接触角，此时 $\theta < \dfrac{\pi}{2}$，这种情况也称为液体湿润管壁。油与水类似，也能湿润管壁。

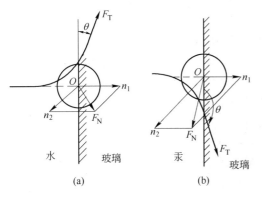

图 1.13　液体与固体接触处的分子力与表面张力

图 1.13（b）表示汞与玻璃接触的情况，因为汞对 O 点的内聚力 n_2 大于玻璃对 O 点的

附着力 n_1，不平衡的分子合力 F_N 朝左下方指向汞内部，液面与 F_N 垂直而向下凹，表面张力 F_T 指向右下方，F_T 与管壁的接触角 $\theta > \dfrac{\pi}{2}$，这种情况也称为液体不湿润管壁。

表面张力的数值并不大，对一般的工程流体力学问题影响很小，但是毛细管现象是使用液位计、单管式测压计等常用仪器时必须注意的。

流体力学实验发现 1

A　黏性剪切力

17 世纪末叶，英国的 I. 牛顿（1642~1727）与意大利的吉尔米尼分别独立地发表了他们有关流体黏性剪应力的著作。1697 年，吉尔米尼试图分析流体与固壁间摩擦力的物理性质，并建立它们的数学表达式，但他的努力被 1687 年牛顿的工作所取代。

人们在生活与工作中早就观察到这样一种自然现象，即一团流体中的一部分如果出现运动，则此运动将被流体自身传播至这团流体的其他部分，而且如果没有外力作用的话，这种传播的运动将会逐渐衰减。牛顿一直认为流体是由一群质点组成，它们彼此之间可以存在相对运动，也可以产生摩擦力，于是他在 1687 年出版的《原理》第二册中，对于流体的黏性行为作过如下的简单阐述："如果其他情况相同，流体各组成部分之间由于缺乏润滑性所产生的阻力是与它们之间的相对速度成正比的"，这是在文献中发现的第一个有关黏性剪应力的明确叙述。牛顿为了证明他的假说，又作了第一个黏性流动分析，导出了旋转圆柱所引起的速度分布并用大量实验加以验证。具体地，他考虑：一无穷长的固体圆柱，在一无限、静止与均质的流体中作围绕轴线的均匀旋转运动，由于流体黏性，圆柱附近的流体被迫运动，并带动其他部分的流体也做连续均匀运动。这是一种轴对称运动，而且距轴越远运动也越缓慢，牛顿认为各圆环上的流体运动周期是与圆环距轴的半径成正比的。

在图 1.14 中，令 AFL 为一旋转圆柱，其半径为 r_0，旋转速度为 ω_0，再令同心圆 BGM，CHN 等将流体划分为无数个厚度相同的同心圆环实体。由于流体是均质的，两个接触的圆环柱面上，彼此相互施加的影响（或力）是与它们的彼此相互移动和相互施加影响（或力）的接触面积是一样的。如果施加于任何圆环柱上的影响（或力）是凹表面为大或小，则较强的影响将占优势，根据它与流体的运动方向相同或相反，圆环的运动将变为加速或减速，因此，要保持每一圆环柱继续做均匀运动，则施加于两面上的影响（或力）必相等，且方向相反。由于影响（或力）与接触面积和它们的相互移动是一样的，而影响与面积成反比，则移动亦与面积成反比，即与面积至轴的距离成反比，但绕轴的旋转运动之差是与那些施于各距离处的移动一样的，即与移动成正比和与距离成反比，而移动亦与距离成反比，综合这些比例就有旋转运动之差与距离的平方成反比。这样，如果在垂直于无穷水平直线 SABCDEQ 的竖立直线 Aa，Bb，Cc，Dd，Ee 等上分别取长度反比于 SA，SB，SC，SD，SE 等之平方，并通过这些端点 a，b，

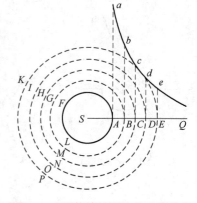

图 1.14　围绕旋转圆柱的速度分布

c，d，e 等画一双曲线，这些差之和（即总的转动 ω）将为 Aa，Bb，Cc，Dd，Ee 等线的相应和。如果流体由均匀介质构成，圆环柱的数量可无限增加，它们的宽度可无限减小，则变为双曲面积 AaQ，BbQ，CcQ，DdQ，EeQ 等，类似于这些和，周期时间与旋转运动 ω 成反比，亦即与双曲面积成反比。对双曲线积分后，很容易证明：周期与距离成正比。牛顿由此引出 6 条推论，并用大量实验证明这些推论都是正确的，其中最重要的也是第 1 条推论为：流体质点的旋转运动 ω 反比于它们的距离 r。

B 表面张力

表面张力现象普遍存在于生产与生活之中，以下是几个与表面张力有关的实验，从中可以看到表面张力的存在以及表面张力的特征。

（1）水超过杯口而不溢。向饮水用的玻璃杯中小心地注满水，使水面恰好与杯口相平，注意杯口原来应当是干燥的。然后把大头针或小钉逐个地放入水杯中，要从水面的中间投放，尽量减轻水面的扰动。可以看到水面逐渐凸起高于杯口但不溢出，以此说明水的表面张力的作用。

（2）不漏水的网子。找一个滤中药的过滤器（或用铜丝网、窗纱制成的过滤器），把少许植物油倒入并不断晃动，使油涂抹在所有的网眼上。在过滤器下边放一个空盆，再小心地用杯子或水勺向过滤器里倒水，这时水可以装满过滤器而不致漏出。如果用手指摸一下过滤器的底部，水立即从小孔中流出。

（3）表面张力的变化。在水盆中央漂浮几根火柴棍，排成图 1.15 所示的形状。然后向它们中间 A 处的水面上滴一些肥皂水或洗衣粉溶液或洗净剂等这类表面活性剂，就会看到火柴棍迅速向四周散开。这说明表面活性剂使 A 处水面的张力变小了，外面四周的水面收缩而使火柴棍移动。

图 1.15 表面活性剂的作用

（4）漂浮的瓶盖。在一只玻璃杯（或碗）里盛水近满，把一只小的塑料瓶盖漂浮于水面，观察瓶盖静止时所停的位置，拨动瓶盖重新观察，可以看到瓶盖每次都停在靠杯壁的地方，即使我们把瓶盖拨向水面中央也是如此。慢慢地向杯内注入清水，由于表面张力水面能高出杯口很多也不至溢出。观察这时瓶盖所在的位置，可以看到，不管怎样拨动，瓶盖每次都停在水面正中的位置，即使把它拨到边上也还是要浮到中间来，就好像有力在拉着一样。

习 题 1

1.1 已知空气的重度 $\gamma = 11.82\text{N/m}^3$，动力黏度 $\mu = 0.0183 \times 10^{-3}\text{Pa} \cdot \text{s}$，求它的运动黏度 ν。

1.2 求在 0.1MPa 下 35℃ 时空气的动力黏性系数 μ 及运动黏性系数 ν。

1.3 相距 10mm 的两块相互平行的板子，水平放置，板间充满 20℃ 的蓖麻油（动力黏度 $\mu = 0.972 \times 10^{-3}\text{Pa} \cdot \text{s}$）。下板固定不动，上板以 1.5m/s 的速度移动，问在油中的切应力 τ 为多少？

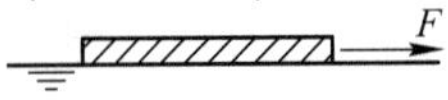

1.4 如图 1.16 所示，底面积为 1.5m^2 的薄板在液面上水平移动速度为 16m/s，液层厚度为 4mm，假定垂直于油层的水平速度为直线分布规律。如果：　图 1.16 习题 1.4 图

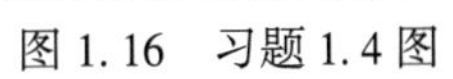

（1）液体为20℃的水；（2）液体为20℃的原油。试分别求出移动平板的力。

1.5 如图1.17所示，一木块的底面积为40cm×45cm，厚度为1cm，质量为5kg，沿着涂有润滑油的斜面以速度 $v=1$ m/s 等速下滑，油层厚度 $\delta=1$ mm，求润滑油的动力黏性系数 μ。

1.6 如图1.18所示，两种不相混合的液体有一个水平的交界面 O—O，两种液体的动力黏度分别为 $\mu_1=$ 0.14Pa·s，$\mu_2=0.24$ Pa·s；两液层厚度分别为 $\delta_1=0.8$ mm，$\delta_2=1.2$ mm，假定速度分布为直线规律，试求推动底面积 $A=1000$ cm^2 平板在液面上以均速 $v_0=0.4$ m/s 运动所需的力。

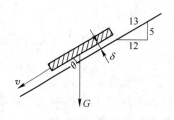

图1.17　习题1.5图

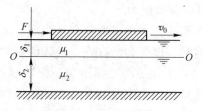

图1.18　习题1.6图

1.7 直径76mm的轴在通心缝隙为0.03mm，长度为150mm的轴承中旋转，轴的转速为226r/min，测得轴颈上的摩擦力矩为76N·m，试确定缝隙中油液的动力黏度 μ。

1.8 某流体在圆筒形容器中，当压强为 2×10^6 Pa 时，体积为995cm^3；当压强为 1×10^6 Pa 时，体积为1000cm^3。求此流体的体积压缩系数 β_p。

1.9 石油充满油箱，指示箱内压强的压力表读数为49kPa，油的密度为8900kg/m^3，今由油箱排出石油40kg，箱内的压强降到9.8kPa。设石油的弹性模量为 $E=1.32\times10^6$ kN/m^2，求油箱的容积。

1.10 在容积为1.77m^3 的气瓶中，原来存在一定量的CO，其绝对压强为103.4kPa，温度为21℃。后来又用气泵输入1.36kg的CO，测得输入后的温度为24℃，试求输入后的绝对压强。

1.11 如图1.19所示，发动机冷却水系统的总容量（包括水箱、水泵、管道、气缸水套等）为200L。20℃的冷却水经过发动机后变为80℃，假如没有风扇降温，问水箱上部需要空出多大容积才能保证水不外溢？（已知水的体积膨胀系数的平均值为 $\beta_t=5\times10^{-4}$ ℃$^{-1}$）

1.12 一采暖系统如图1.20所示，为了防止水温升高体积膨胀将水管及暖气片胀裂，特在系统顶部设置了一个膨胀水箱，使水有自由膨胀的余地。若系统内水的总体积为8m^3，最大温升为50℃，水的温度膨胀系数为0.0005，问膨胀水箱最少应为多大的容积？

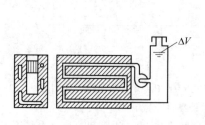

图1.19　习题1.11图

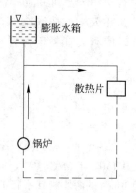

图1.20　习题1.12图

2　流体静力学

流体静力学研究静止流体的力学规律以及这些规律在工程中的应用。

流体的"静止"包括两种情况：一种是流体相对于地球无运动，称为绝对静止；另一种是流体虽然对地球有运动，但对盛装它的容器无相对运动，如容器做匀加速直线运动或等加速回转运动，流体质点间没有相对运动，这种情况称为相对静止。

由于静止流体的流体质点间没有相对运动，因而流体的黏性显示不出来，可以看做理想流体。流体静力学是工程流体力学中独立完整且严密符合实际的一部分内容，这里的理论不需要实验修正。

本章主要讨论流体的平衡微分方程、重力场中流体静压强的分布规律、流体静压强的测量、静止流体对壁面的作用力等问题。要求理解流体上的作用力、等压面的性质、压强的种类及单位，掌握流体静力学基本方程、静压强的计算、流体对壁面的作用力，重点掌握流体静压强的计算、流体对平面壁作用力的计算。

2.1　静止流体上的作用力

如图 2.1 所示，在静止流体中取体积为 ΔV 的流体微团，其表面积为 ΔA。作用在流体微团上的力可以分为两种。

2.1.1　质量力

质量力是指与流体微团质量大小有关并且集中作用在微团质量中心上的力。

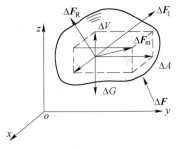

图 2.1　静止流体上的作用力

考虑到相对静止的各种实际情况，质量力主要有重力 $\Delta G = \Delta mg$、直线运动惯性力 $\Delta F_1 = \Delta m \cdot a$、离心惯性力 $\Delta F_R = \Delta m \cdot r\omega^2$ 等等。这些力的矢量和用 ΔF_m 表示，则

$$\Delta F_m = \Delta m \cdot a_m = \Delta m (Xi + Yj + Zk)$$

如果微团极限缩为一点，即 $\Delta V \to 0$，则

$$dF_m = dm \cdot a_m = dm(Xi + Yj + Zk) \tag{2.1}$$

式中，dF_m 为作用在流体质点上的质量力；a_m 为质量力加速度，等于单位质量力，即单位质量的质量力；X、Y、Z 为单位质量力在 x、y、z 轴上的投影，或简称为单位质量分力。

2.1.2　表面力

表面力是指大小与流体表面积有关且分布作用在流体表面上的力，它是相邻流体或固体作用于流体表面上的力。

表面力按其作用方向可以分为两种：一种是沿表面内法线方向的压力；另一种是沿表面切向的摩擦力。因为流体不能抵抗拉力，所以除液体自由表面处的微弱表面张力外，在流体内部是不存在拉力或张力的。由于流体不表现出黏性，在静止流体内部也就不存在切向摩擦力。因此，作用在静止流体上的表面力只有沿受压表面内法线方向的压力，称为流体静压力。

流体静压力是一个有大小、方向、合力作用点的矢量，它的大小和方向都与受压面密切相关。如图 2.1 所示，设作用于流体微团上的总压力为 ΔP，即流体静压力为 ΔP，则 ΔA 面积上的平均应力为 $\dfrac{\Delta P}{\Delta A}$，称为受压面上的平均流体静压强。当 $\Delta A \to 0$ 时，流体微团成为一个流体质点，则平均流体静压强的极限

$$p = \lim_{\Delta A \to 0} \frac{\Delta P}{\Delta A} = \frac{\mathrm{d}P}{\mathrm{d}A} \tag{2.2}$$

称为流体某一点的流体静压强，其单位为 $\mathrm{N/m^2}$（牛/米^2），简称为 Pa（帕）。

流体静压强没有方向性，是一个标量。静止流体中任意点的静压强值仅由该点的坐标位置决定，而与该点静压力的作用方向无关。这是流体静压强的明显特性。可证明如下：

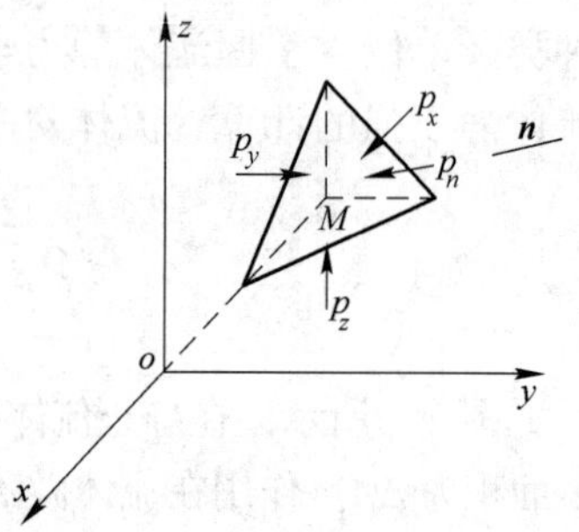

如图 2.2 所示，在静止流体中的点 $M(x, y, z)$ 处取一微元四面体，其边长分别为 $\mathrm{d}x$、$\mathrm{d}y$、$\mathrm{d}z$，斜面的外法线方向的单位矢量为 $\boldsymbol{n}$，各个面的面积分别为 $\mathrm{d}A_x$、$\mathrm{d}A_y$、$\mathrm{d}A_z$、$\mathrm{d}A_n$（符号的下标表示该面的法线方向），微元四面体斜面 $\mathrm{d}A_n$ 的法线与 x、y、z 轴的方向余弦分别为 $\cos(n, x)$、$\cos(n, y)$、$\cos(n, z)$。

作用在微元四面体上的力有：

（1）表面力。假设微元四面体各面上的压强均匀分布，任一点的压强分别用 p_x、p_y、p_z、p_n 表示，则各个面上的表面力为：

图 2.2　静止流体中的微元四面体

$$P_x = p_x \mathrm{d}A_x = \frac{1}{2} p_x \mathrm{d}y \mathrm{d}z$$

$$P_y = p_y \mathrm{d}A_y = \frac{1}{2} p_y \mathrm{d}x \mathrm{d}z$$

$$P_z = p_z \mathrm{d}A_z = \frac{1}{2} p_z \mathrm{d}x \mathrm{d}y$$

$$P_n = p_n \mathrm{d}A_n$$

P_n 在 x、y、z 轴方向的投影分别为 $P_n \cos(n, x)$、$P_n \cos(n, y)$、$P_n \cos(n, z)$。

（2）质量力。作用在微元四面体上的质量力只有重力，它在各坐标轴方向的分量为 F_x、F_y、F_z。设流体的密度为 ρ，则

$$F_x = \Delta m \cdot X = \rho \cdot \frac{1}{6} \mathrm{d}x \mathrm{d}y \mathrm{d}z X = \frac{1}{6} \rho \mathrm{d}x \mathrm{d}y \mathrm{d}z X$$

$$F_y = \frac{1}{6}\rho \mathrm{d}x\mathrm{d}y\mathrm{d}z Y$$

$$F_z = \frac{1}{6}\rho \mathrm{d}x\mathrm{d}y\mathrm{d}z Z$$

由于流体处于平衡状态，则 $\Sigma F = 0$，在 x 轴方向 $\Sigma F_x = 0$，有

$$P_x - P_n\cos(n,\ x) + F_x = 0$$

即

$$\frac{1}{2}p_x\mathrm{d}y\mathrm{d}z - p_n\mathrm{d}A_n\cos(n,\ x) + \frac{1}{6}\rho \mathrm{d}x\mathrm{d}y\mathrm{d}z X = 0$$

上式中的第三项与前两项相比为高阶无穷小量，可以忽略不计，而 $\mathrm{d}A_n\cos(n,\ x) = \mathrm{d}A_x$，所以 $p_x = p_n$。

同理，由 y 和 z 轴方向的平衡方程可得 $p_y = p_n$、$p_z = p_n$，故

$$p_x = p_y = p_z = p_n \tag{2.3}$$

当微元四面体的边长趋于零时，p_x、p_y、p_z、p_n 就是作用在 M 点各个方向的静压强。因此，上式表明流体中某一点任意方向的静压强是相等的，可用同一个符号 p 表示，p 是位置坐标的连续函数，即 $p = p(x,\ y,\ z)$。

2.2 流体的平衡微分方程及其积分

2.2.1 欧拉平衡微分方程

如图 2.3 所示，在平衡流体中任取一个微元六面体 $abdcc'd'b'a'$，其边长分别为 $\mathrm{d}x$、$\mathrm{d}y$、$\mathrm{d}z$，形心点为 $M(x,\ y,\ z)$，该点压强为 $p(x,\ y,\ z)$，作用在微元六面体上的力有：

（1）表面力。由于流体压强是位置坐标的连续函数，因此沿 x 方向作用在 ad 面和 $a'd'$ 面的压强可用泰勒级数展开并略去二阶以上无穷小量，可得：

ad 面压强为 $p + \dfrac{1}{2}\dfrac{\partial p}{\partial x}\mathrm{d}x$，$a'd'$ 面压强为 $p - \dfrac{1}{2}\dfrac{\partial p}{\partial x}\mathrm{d}x$。同样，$y$ 方向作用在 ac' 和 bd' 面的压强分别为 $p - \dfrac{1}{2}\dfrac{\partial p}{\partial y}\mathrm{d}y$、$p + \dfrac{1}{2}\dfrac{\partial p}{\partial y}\mathrm{d}y$；$z$ 方向作用在 $a'b$ 和 $c'd$ 面的压强分别为 $p + \dfrac{1}{2}\dfrac{\partial p}{\partial z}\mathrm{d}z$、$p - \dfrac{1}{2}\dfrac{\partial p}{\partial z}\mathrm{d}z$。

（2）质量力。质量力在坐标轴方向的投影分别为 F_x、F_y、F_z，有

$$F_x = \rho \mathrm{d}x\mathrm{d}y\mathrm{d}z X$$

$$F_y = \rho \mathrm{d}x\mathrm{d}y\mathrm{d}z Y$$

$$F_z = \rho \mathrm{d}x\mathrm{d}y\mathrm{d}z Z$$

根据平衡条件，所有作用在该六面体上的表面力和质量力的合力为零，故

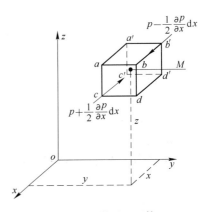

图 2.3　微元六面体

沿 x 轴有
$$P_x + F_x = 0$$

即
$$-\left(p + \frac{1}{2}\frac{\partial p}{\partial x}\mathrm{d}x\right)\mathrm{d}y\mathrm{d}z + \left(p - \frac{1}{2}\frac{\partial p}{\partial x}\mathrm{d}x\right)\mathrm{d}y\mathrm{d}z + \rho\mathrm{d}x\mathrm{d}y\mathrm{d}zX = 0$$

化简得
$$-\frac{\partial p}{\partial x}\mathrm{d}x\mathrm{d}y\mathrm{d}z + \rho X\mathrm{d}x\mathrm{d}y\mathrm{d}z = 0$$

同理，
$$\left.\begin{array}{l}X - \dfrac{1}{\rho}\dfrac{\partial p}{\partial x} = 0\\[2mm]y\,\text{方向}\quad Y - \dfrac{1}{\rho}\dfrac{\partial p}{\partial y} = 0\\[2mm]z\,\text{方向}\quad Z - \dfrac{1}{\rho}\dfrac{\partial p}{\partial z} = 0\end{array}\right\} \tag{2.4}$$

式(2.4)是欧拉（瑞士）在 1755 年首先导出的流体的平衡微分方程，通常称为欧拉平衡微分方程。该方程说明，平衡流体所受的质量力分量等于表面力分量。欧拉平衡微分方程是平衡流体中普遍适用的一个基本公式，无论流体受的质量力有哪些种类，流体是否可压缩，流体有无黏性，欧拉平衡微分方程都是普遍适用的。

2.2.2　平衡微分方程的积分

将式(2.4)中各式分别乘以 $\mathrm{d}x$、$\mathrm{d}y$、$\mathrm{d}z$，然后相加，经变化可得

$$\frac{\partial p}{\partial x}\mathrm{d}x + \frac{\partial p}{\partial y}\mathrm{d}y + \frac{\partial p}{\partial z}\mathrm{d}z = \rho(X\mathrm{d}x + Y\mathrm{d}y + Z\mathrm{d}z)$$

因为
$$p = p(x, y, z)$$

故
$$\mathrm{d}p = \frac{\partial p}{\partial x}\mathrm{d}x + \frac{\partial p}{\partial y}\mathrm{d}y + \frac{\partial p}{\partial z}\mathrm{d}z$$

有
$$\mathrm{d}p = \rho(X\mathrm{d}x + Y\mathrm{d}y + Z\mathrm{d}z) \tag{2.5}$$

此式称为欧拉平衡微分方程的综合形式，也称为压强微分公式。

压强微分公式的左端是压强的全微分，积分后得到某一点的静压强，因此式(2.5)的右端括号内的三项必须也是一个坐标函数 $W = F(x, y, z)$ 的全微分，这样才能保证积分结果的唯一性。即有

$$\mathrm{d}W = X\mathrm{d}x + Y\mathrm{d}y + Z\mathrm{d}z = \frac{\partial W}{\partial x}\mathrm{d}x + \frac{\partial W}{\partial y}\mathrm{d}y + \frac{\partial W}{\partial z}\mathrm{d}z$$

由此得
$$X = \frac{\partial W}{\partial x}, \quad Y = \frac{\partial W}{\partial y}, \quad Z = \frac{\partial W}{\partial z} \tag{2.6}$$

式(2.5)变为
$$\mathrm{d}p = \rho\mathrm{d}W \tag{2.7}$$

满足式(2.6)的函数 W 称为力的势函数，当质量力可以用这样的函数表示时，则称为有势的质量力。重力、惯性力都是有势的质量力。式(2.7)称为静止流体中压强 p 的全微分方程，它表明：只有在有势质量力的作用下，流体才能保持平衡状态。

将式 (2.7) 积分，可得

$$p = \rho W + c$$

式中 c 为积分常数。假定平衡液体自由面上某点 (x_0, y_0, z_0) 处的压强 p_0 及势函数 W_0 已知，则

$$c = p_0 - \rho W_0$$

因此，欧拉平衡微分方程的积分为

$$p = p_0 + \rho(W - W_0) \tag{2.8}$$

由式(2.8)可知，如果知道表示质量力的势函数 W，则可求出平衡流体中任意一点的压强 p。因此，式(2.8)表述了平衡流体中的压强分布规律，是流体力学中的重要方程。

2.2.3 等压面

流体中压强相等各点所组成的平面或曲面称为等压面，等压面上

$$p = C, \quad \mathrm{d}p = 0$$

将其代入式(2.5)可得

$$X\mathrm{d}x + Y\mathrm{d}y + Z\mathrm{d}z = 0 \tag{2.9}$$

等压面有以下三个性质：

（1）等压面也是等势面。由式（2.7）可知，当 $\mathrm{d}p = 0$ 时，

$$\mathrm{d}W = 0, \quad W = C$$

质量力函数等于常数的面称为等势面，所以等压面也就是等势面。

（2）等压面与单位质量力垂直。由式（2.9）可知，X、Y、Z 是单位质量力在各轴上的投影，$\mathrm{d}x$、$\mathrm{d}y$、$\mathrm{d}z$ 是等压面上微元长度 $\mathrm{d}s$ 在各轴上的投影，则式（2.9）表示单位质量力 $\boldsymbol{a}_m$ 在等压面内移动微元长度 $\mathrm{d}s$ 时所做的功为零，即 $\boldsymbol{a}_m \cdot \mathrm{d}s = 0$。一般地，单位质量力 $\boldsymbol{a}_m$ 和微元位移 $\mathrm{d}s$ 均不为零，而它们的点积为零。因此，等压面与单位质量力相互垂直。

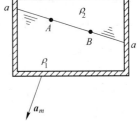

（3）两种不相混合液体的交界面是等压面。如图 2.4 所示，密度分别为 ρ_1 和 ρ_2 的两种不相混合的液体在容器中处于平衡状态。如果两种液体的交界面 a—a 不是等压面，则交界面上两点 A、B 的压强差从两种平衡液体中可以分别得到：

$$\left.\begin{array}{l} \mathrm{d}p = \rho_1 \mathrm{d}W \\ \mathrm{d}p = \rho_2 \mathrm{d}W \end{array}\right\}$$

图 2.4 两平衡液体的交界面

因为 $\rho_1 \neq \rho_2$，这组等式在 $\mathrm{d}p \neq 0$，$\mathrm{d}W \neq 0$ 的情况下是不可能同时成立的。只有 $\mathrm{d}p = 0$，$\mathrm{d}W = 0$ 时这组等式才能同时成立，因此交界面 a—a 必然是等压面。

2.3 流体静力学基本方程

在工程中经常遇到的是重力作用下的流体平衡问题，如果流体处于绝对静止状态，则流体所受的质量力只有重力。因为气体的密度 ρ 很小，对于一般的仪器、设备，重力对气体压强的影响很小，可以忽略，故认为各点的压强相等，即 $p = c$。本节讨论静止液体中的压强分布规律及其计算等问题。

2.3.1　静止液体中的压强分布规律

如图 2.5 所示的静止液体，建立坐标系如图。单位质量的质量力 $X=0$、$Y=0$、$Z=-g$，代入式（2.5）可得

$$\mathrm{d}p = \rho(-g\mathrm{d}z) = -\gamma\mathrm{d}z$$

对于均质液体 $\rho=$ 常数，对上式积分得

$$p = -\gamma z + c \tag{2.10}$$

$$z + \frac{p}{\gamma} = 常数 \tag{2.11}$$

图 2.5　静止液体

式（2.11）表示静止液体中的压强分布规律，称为流体静力学基本方程。它表明，静止液体中，各处 $z + \dfrac{p}{\gamma}$ 的值均相等。例如，对图中的 1、2 两点，有

$$z_1 + \frac{p_1}{\gamma} = z_2 + \frac{p_2}{\gamma} \tag{2.12}$$

2.3.2　静止液体中的压强计算和等压面

式（2.10）中的 c 是由边界条件确定的积分常数。如果假定在液面上，$z=0$，$p=p_0$，则由式（2.10）可得

$$c = p_0$$

故

$$p = p_0 - \gamma z \tag{2.13}$$

如果选取 h 的坐标方向与 z 轴相反，则

$$p = p_0 + \gamma h \tag{2.14}$$

此即静止液体中任意一点的压强计算公式。该式表明：静止液体中任意一点的压强为液体表面压强与液重压强 γh 之和。在同一均质静止液体中，任意位置处的压强是随其所处深度变化而增减的。在液面以下的深度 h 愈大，则其所具有的压强 p 也愈大。

因为平衡流体的等压面垂直于质量力，而静止液体中的质量力只有重力，所以，静止液体中的等压面必然为水平面。

对于任意形式的连通器，在紧密连续而又属同一性质的静止的均质液体中，深度相同的点，其压强必然相等。在图 2.6 中，有 $p_1=p_2$，$p_3=p_4$，$p_C=p_D$。而 $p_1 \neq p_3$，$p_2 \neq p_4$，因为 A、B 两容器中的液体既不相连，也不是同一性质的液体。

[例题 2.1]　在图 2.6 所示静止液体中，已知：$p_a = 98\mathrm{kPa}$，$h_1 = 1\mathrm{m}$，$h_2 = 0.2\mathrm{m}$，油的重度 $\gamma_{oil} = 7450\mathrm{N/m^3}$，水银的重度 $\gamma_M = 133\mathrm{kN/m^3}$，$C$ 点与 D 点同高，求 C 点的压强。

[解]　由式（2.14）可得 D 点的压强为

$$p_D = p_a + \gamma_{oil}h_1 + \gamma_M h_2$$

$$= 98 + 7.45 \times 1 + 133 \times 0.2$$

$$= 132.05\mathrm{kPa}$$

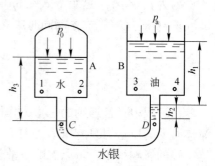

图 2.6　连通器

C 点与 D 点同高且在同一连续液体中，因此它们的压强相等，故

$$p_C = p_D = 132.05 \text{kPa}$$

2.3.3 绝对压强、相对压强、真空度

流体压强的大小可以不同的基准面起算，常用绝对压强和相对压强表示。以绝对真空或完全真空为基准计算的压强称为绝对压强，以大气压强为基准计算的压强称为相对压强。在式（2.14）中，p 为绝对压强；如果液体表面与大气接触，其表面压强 p_0 即为大气压强 p_a，则 $p - p_0 = \gamma h$ 为相对压强 p'。在一般工程中，大气压强处处存在并自相平衡，不显示出影响，所以绝大多数测压仪表是以当地大气压强为起点来测定压强的，即测压仪表所测出的压强是相对压强。因此相对压强又称计示压强或表压强。

绝对压强恒为正或零，而相对压强可正可负或为零。如果某点的压强小于大气压强时，说明该点有真空存在，该点压强小于大气压强的数值称为真空度 p_v。

绝对压强、真空度的关系如图 2.7 所示。当 $p > p_a$ 时，$p = p_a + p'$（绝对压强＝大气压强＋相对压强），$p' = p - p_a$；当 $p < p_a$ 时，$p = p_a - p_v$，$p_v = p_a - p$。

[**例题 2.2**] 图 2.8 为一封闭水箱，已知箱内水面到 N—N 面的距离 $h_1 = 0.2 \text{m}$，N—N 面到 M 点的距离 $h_2 = 0.5 \text{m}$，求 M 点的绝对压强和相对压强。箱内液面 p_0 为多少？箱内液面处若有真空，求其真空度。大气压强 p_a 取 101.3kPa。

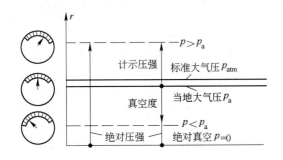

图 2.7 绝对压强、计示压强与真空度的关系

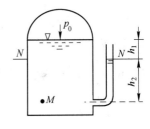

图 2.8 封闭水箱

[**解**] N—N 为等压面，由式（2.14）可得 M 点的压强为

$$p_M = p_a + \gamma h_2 = 101.3 + 9.8 \times 0.5$$

$$= 106.2 \text{kPa}$$

$$p'_M = p_M - p_a = \gamma h_2 = 9.8 \times 0.5 = 4.9 \text{kPa}$$

箱内液面绝对压强为

$$p_0 = p_M - \gamma(h_1 + h_2)$$

$$= 106.2 - 9.8 \times (0.2 + 0.5) = 99.34 \text{kPa}$$

由于 $p_0 < p_a$，故液面处有真空存在，真空度为

$$p_v = p_a - p_0 = 101.3 - 99.34 = 1.96 \text{kPa}$$

2.3.4   流体静力学基本方程的几何意义与能量意义

如图 2.9 所示，以水平面 $O—O$ 为基准，在容器中的 A、B 两点（分别距 $O—O$ 为 z_A 及 z_B），各接一支上端开口（通大气）的测压管，液体将分别沿管上升 $\dfrac{p'_A}{\gamma}$ 及 $\dfrac{p'_B}{\gamma}$ 的高度；再在容器的 C、D 两点（分别距 $O—O$ 为 z_C 及 z_D），各接一支上端封闭（内部完全真空）的玻璃管，液体将分别沿管上升 $\dfrac{p_C}{\gamma}$ 及 $\dfrac{p_D}{\gamma}$ 的高度。

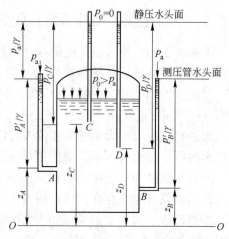

图 2.9   静力学基本方程的物理意义

z_A、z_B、z_C、z_D 为 A、B、C、D 点高于基准面 $O—O$ 的位置高度，称为位置水头，亦即单位重量液体对基准面 $O—O$ 的位能，称为比位能。

$\dfrac{p'_A}{\gamma}$、$\dfrac{p'_B}{\gamma}$ 为 A、B 点处的液体在压强 p'_A、p'_B 作用下能够上升的高度，称为测压管高度或相对压强高度。

$\dfrac{p_C}{\gamma}$、$\dfrac{p_D}{\gamma}$ 为 C、D 点处的液体在压强 p_C、p_D 作用下能够上升的高度，称为静压高度或绝对压强高度。

相对压强高度与绝对压强高度，均称为压强水头，也可理解为单位重量液体所具有的压力能，称为比压能。

位置高度与测压管高度之和 $z_A + \dfrac{p'_A}{\gamma}$，称为测压管水头。位置高度与静压高度之和 $z_C + \dfrac{p_C}{\gamma}$，称为静压水头。比位能与比压能之和，表示单位重量液体对基准面具有的势能，称为比势能。根据式（2.14）可得

$$z_A + \frac{p'_A}{\gamma} = z_B + \frac{p'_B}{\gamma} \quad 及 \quad z_C + \frac{p_C}{\gamma} = z_D + \frac{p_D}{\gamma}$$

因为 A、B、C、D 均是在静止液体中任意选定的点，可以推广到其他各点。因此，在同一静止液体中，许多点的测压管水头是相等的，许多点的静压水头也是相等的。在这些点处，单位重量液体的比位能可以不相等，比压能也可不相同，但其比位能与比压能可以相互转化，比势能总是相等的。这就是流体静力学基本方程的几何意义与能量意义，即物理意义。

由图可知，静压水头与测压管水头之差，就是相当于大气压强 p_a 的液柱高度。

2.4   流体静压强的测量

2.4.1   静压强的单位

静压强的单位有三种表示形式。

（1）应力单位。以单位面积上的受力表示，单位为 N/m^2（Pa）或 kN/m^2（kPa）。应力单位多用于理论计算。

（2）液柱高单位。因为 $h = \dfrac{p}{\gamma}$，将应力单位的压强除以 γ 即为该压强的液柱高度。测压计中常用水或汞作工作介质，因此液柱高单位有米水柱（mH_2O）、毫米汞柱（mmHg）等等。不同液柱高度的换算关系可由 $p = \gamma_1 h_1 = \gamma_2 h_2$ 求得为 $h_2 = \dfrac{\gamma_1}{\gamma_2} h_1 = \dfrac{\rho_1}{\rho_2} h_1$。液柱高单位来源于实验测定，因此多用于实验室计量和通风、排水等工程测量中。

（3）大气压单位。标准大气压（atm）是根据北纬 $45°$ 海平面上 $15℃$ 时测定的数值。

$$1\ 标准大气压（atm）= 760mmHg = 1.01325 \times 10^5 Pa$$

工程上为了计算方便，常以工程大气压作为计算压强的单位，即

$$1\ 工程大气压 = 9.8 \times 10^4 Pa = 735.6mmHg = 10mH_2O$$

大气压与大气压强 p_a 是两个不同的概念，切勿相混。大气压是计算压强的一种单位，其量是固定的；而大气压强是指某空间大气的压强，其量随此空间的地势与温度而变化。大气压强可以高于 1 大气压（如北方的冬天），也可以低于 1 大气压（如南方的夏天或高空）。若大气压强的数值未给出，可按 1 大气压考虑。

表 2.1 列出了各种压强单位的换算关系。表中巴（bar）不是我国法定计量单位，仅供参考。$1bar = 0.987atm$，即 $1bar$ 近似等于 1 个标准大气压。

表 2.1　压强单位及其换算关系表

帕 （Pa）	巴 （bar）	毫米汞柱 （mmHg）	米水柱 （mH_2O）	标准大气压 （atm）	工程大气压 （at）
1	10^{-5}	750×10^{-5}	10.2×10^{-5}	0.987×10^{-5}	1.02×10^{-5}
10^5	1	750	10.2	0.987	1.02
133	0.00133	1	0.0136	0.00132	0.00136
9800	0.098	73.5	1	0.0968	0.1
1.013×10^5	1.013	760	10.33	1	1.033
98000	0.98	735.6	10	0.968	1

[**例题 2.3**]　水体中某点压强产生 6m 的水柱高度，则该点的相对压强为多少？相当于多少标准大气压和工程大气压？

[**解**]　该点的相对压强为　　　$p = \gamma h = 9800 \times 6 = 58800Pa = 58.8kPa$

标准大气压的倍数　　　$\dfrac{p}{p_{atm}} = \dfrac{58800}{1.013 \times 10^5} = 0.58$

工程大气压的倍数　　　$\dfrac{p}{p_{at}} = \dfrac{58800}{98000} = 0.59$

2.4.2　静压强的测量

流体静压强的测量仪表主要有液柱式、金属式和电测式三大类。液柱式仪表测量精度高，但量程较小，一般用于低压实验场所。金属式仪表利用金属弹性元件的变形来测量压

强，可测计示压强的称为压力表，可测真空度的称为真空表。电测式将弹性元件的机械变形转化成电阻、电容、电感等电量，便于远距离测量及动态测量。由于电测式压力计与流体力学基本理论联系不大，故在此只介绍液柱式和金属式测压仪表。

（1）测压管。在欲测压强处，直接连一根顶端开口直通大气、直径为 5~10mm 的玻璃管，即为测压管，如图 2.10 所示。在 A 点的压强 p'_A 的作用下，测压管中的液面上升直到维持平衡，此时测压管的液面高度 $h_A = \dfrac{p'_A}{\gamma}$。这种测压管可以测量小于 20kPa 的压强。如果压强大于此值，就不便使用。

将上述测压管改成图 2.11 所示形式，则为倒式测压管或真空计。量取 h_v 的数值，便可算出容器 D 中自由液面处的真空度。

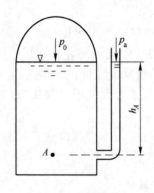

图 2.10　测压管

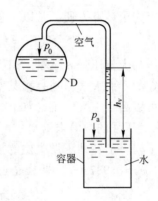

图 2.11　真空计

有时为了提高测量精度，可将测压管改成如图 2.12 所示的形式，称为倾斜测压管或斜管压力计。此时 $p_0 = p_a + \gamma h \approx p_a + \gamma l \sin\theta$。通常，$\theta$ 为固定值，如果量取了 l 值，即可计算出压强。

（2）U 形测压管。为了克服测压管测量范围和工作液体的限制，常使用 U 形测压管和 U 形管真空计来测量 0.3MPa 以内的压强。

如图 2.13 所示 U 形测压管，N—N 面为等压面。

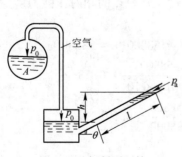

图 2.12　倾斜测压管

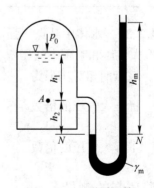

图 2.13　U 形测压管

在 U 形管的左边　　　　　　　　$p_N = p_0 + \gamma(h_1 + h_2)$

U 形管的右边 $$p_N = p_a + \gamma_m h_m$$

所以 $$p_0 + \gamma(h_1 + h_2) = p_a + \gamma_m h_m$$

$$p_0 = p_a + \gamma_m h_m - \gamma(h_1 + h_2)$$

$$p_0 = p_0 + \gamma h_1 = p_a + \gamma_m h_m - \gamma h_2$$

测出 h_1、h_2、h_m 的值，即可算出 p_0 和 p_A。

(3) 杯式测压计和多支 U 形管测压计。杯式测压计是一种改良的 U 形测压管，如图 2.14 所示。它是由一个内盛水银的金属杯与装在刻度板上的开口玻璃管相连接而组成的测压计。一般测量时，杯内水银面升降变化不大，可以略去不计，故以此面为刻度零点。要求精确的测量时，可移动刻度零点，使之与杯内水银面齐平。设水和水银的重度分别为 γ_W、γ_M，则 C 点的绝对压强为

$$p_C = p_a + \gamma_M h - \gamma_W L \tag{2.15}$$

多支 U 形管测压计是几个 U 形管的组合物，如图 2.15 所示。当容器 A 中气体的压强大于 0.3MPa 时，可采用这种形式的测压计。如果容器内是气体，U 形管上端接头处也充以气体时，气体重量影响可以忽略不计，容器 A 中气体的相对压强为

$$p'_A = \gamma_M h_1 + \gamma_M h_2 \tag{2.16}$$

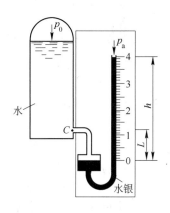

图 2.14　杯式测压计

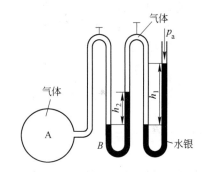

图 2.15　多支 U 形管测压计

也可在右边多装几支 U 形管，以测更大的压强。如果 U 形管上部接头处充满的是水，则图中 B 点的相对压强为

$$p'_B = \gamma_M h_1 + (\gamma_M - \gamma_W) h_2 \tag{2.17}$$

求出 B 点压强后，可以推算出容器 A 中任意一点的压强。

(4) 差压计。在工程实际中，有时并不需要具体知道某点压强的大小而是要了解某两点的压强差，测量两点压强差的仪器称为差压计。图 2.16 为测量 A、B 两点压强差的差压计，在 A、B 两点压力差的作用下，水银面产生一高差 Δh，经分析计算可得 A、B 两点的压强差为

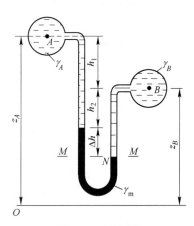

图 2.16　差压计

$$p_B - p_A = \gamma_A(h_1 + h_2) + \gamma_m \Delta h - \gamma_B(h_2 + \Delta h) \tag{2.18}$$

如果 A、B 两处均为水，则

$$p_B - p_A = \gamma_W h_1 + 12.6\gamma_W \Delta h$$

$$= \gamma_W(z_A - z_B) + 12.6\gamma_W \Delta h$$

（5）金属压力表与真空表。金属式测压仪器具有构造简单，测压范围广，携带方便，测量精度足以满足工程需要等优点，因而在工程中被广泛采用。常用的金属式测压计有弹簧管压力计，它的工作原理是利用弹簧元件在被测压强作用下产生弹簧变形带动指针指示压力。

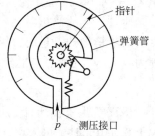

图 2.17 为一弹簧管压力计示意图，它的主要部分为一环形金属管，管的断面为椭圆形，开口端与测点相通，封闭端有联动杆与齿轮相联。当大气进入管中时，指针的指示值为零，当传递压力的介质进入管中时，由于压力的作用使金属伸展，通过拉杆和齿轮带动，使指针在刻度盘上指出压强数值。压力表测出的压强是相对压强，又称表压强。习惯上称只测正压的表为压力表。

图 2.17　弹簧管压力计

另有一种金属真空计，其结构与压力表类似。当大气压进入管中时，指针的指示值仍为零，当传递压力的介质进入管中时，由于压力小于大气压力，金属管将发生收缩变形，这时指针的指示值为真空值。常称这种只测负压的表为真空表。

[**例题 2.4**]　如图 2.13 所示，在容器的侧面装一支水银 U 形测压管。已知 $h_m = 1\text{m}$，$h_1 = 0.3\text{m}$，$h_2 = 0.4\text{m}$，则容器液面的相对压强为多少？相当于多少工程大气压？

[**解**]　容器液面的相对压强为

$$p_0 = \gamma_m h_m - \gamma(h_1 + h_2) = 133280 \times 1 - 9800 \times (0.3 + 0.4)$$

$$= 126420\text{Pa} = 126.4\text{kPa}$$

工程大气压的倍数　　　$\dfrac{p_0}{p_{at}} = \dfrac{126420}{98000} = 1.29$

[**例题 2.5**]　测量较小压强或压强差的仪器称为微压计。如图 2.18 所示的微压计是由 U 形管连接的两个相同圆杯所组成，两杯中分别装入互不混合而又密度相近的两种工作液体，如酒精溶液和煤油。当气体压强 $\Delta p = p_1 - p_2 = 0$ 时，两种液体的初始交界面在标尺 O 点处，已知 U 形管直径 $d = 5\text{mm}$，杯直径 $D = 50\text{mm}$，酒精溶液 $\gamma_1 = 8500\text{N/m}^3$，煤油 $\gamma_2 = 8130\text{N/m}^3$。试确定使交界面升至 $h = 280\text{mm}$ 时的压强差 Δp。

[**解**]　设两杯中初始液面距离为 h_1 及 h_2。当 U 形管中交界面上升 h 时，左杯液面下降及右杯液面上升均为 Δh。由初始平衡状态可知

$$\gamma_1 h_1 = \gamma_2 h_2 \tag{1}$$

由于 U 形管与杯中升降的液体体积相等，可得

$$\Delta h \cdot \frac{\pi}{4} D^2 = h \cdot \frac{\pi}{4} d^2, \qquad \Delta h = \left(\frac{d}{D}\right)^2 h \tag{2}$$

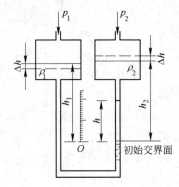

图 2.18　杯式二液式微压计

以变动后的 U 形管中的交界面为基准，分别列出左右两边的液体平衡基本公式可得

$$p_1 + \gamma_1(h_1 - \Delta h - h) = p_2 + \gamma_2(h_2 + \Delta h - h)$$

将式（1）及（2）代入后整理，可得

$$\Delta p = p_1 - p_2 = \left[\gamma_1 - \gamma_2 + (\gamma_1 + \gamma_2)\left(\frac{d}{D}\right)^2\right]h$$

$$= \left[8500 - 8130 + (8500 + 8130) \times \left(\frac{5}{50}\right)^2\right] \times 0.28$$

$$= 150.2\,Pa$$

或换算成水柱，则

$$h = \frac{\Delta p}{\gamma_W} = \frac{150.2}{9800} = 0.015 mH_2O = 15 mmH_2O$$

由计算结果可知，要测量的压强差只有 16mm 水柱之微，而用微压计却可以得到 280mm 的读数，这充分显示出微压计的放大效果。U 形管与杯直径之比及两种液体的重度差越小，则放大效果越显著。

[**例题 2.6**] 如图 2.19 所示为烟气脱硫除尘工程中的气水分离器，其右侧装一个水银 U 形测压管，量得 $\Delta h = 200 mm$，此时分离器中水面高度 H 为多少？

[**解**] 分离器中水面处的真空度为

$$p_v = \gamma_M \Delta h = 133280 \times 0.2 = 26656 Pa$$

自分离器到水封槽中的水，可以看成是静止的，在 A、B 两点列出流体静力学基本方程：

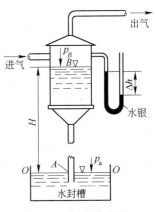

图 2.19 气水分离器

$$0 + \frac{p_a}{\gamma} = H + \frac{p_B}{\gamma}, \quad 即 \quad 0 + \frac{p_a}{\gamma} = H + \frac{p_a - p_v}{\gamma}$$

故

$$H = \frac{p_v}{\gamma} = \frac{26656}{9800} = 2.72 m$$

2.5 静止流体对平面壁的作用力

工程上常常遇到计算水坝、水库闸门、水箱、容器、管道或水池等结构物的强度，计算液体中潜浮物体的受力，以及液压油缸、活塞及各种形状阀门的受力等等问题，这种平衡流体作用在壁面上的力就是流体静压力。流体静压力的大小、方向、作用点与受压面的形状及受压面上流体静压强的分布有关。以下两节分别讨论静止流体对平面壁和曲面壁的作用力。

2.5.1 总压力的大小和方向

如图 2.20 所示，设有平面壁与水平面的夹角为 α，将液体拦蓄在其左侧。取如图所

示坐标系，将平面壁绕 z 轴旋转 90°，绘在右下方。

液体作用在平面壁上的总压力为平面壁上所受静压力的总和，因此总压力的方向重合于平面壁的内法线，下面仅讨论总压力的大小。

在平面壁上取微元面积 dA，并假定其形心位于液面以下 h 深处，其形心处的压强为

$$p = p_0 + \gamma h$$

此微元面积 dA 所受的压力为 $dP = (p_0 + \gamma h)dA$

由图可知　　　　$h = z\sin\alpha$

作用在平面壁上的总压力为

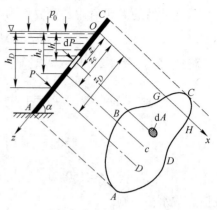

图 2.20　平面壁上的总压力

$$P = \int_A (p_0 + \gamma h)\,dA = \int_A (p_0 + \gamma z\sin\alpha)\,dA$$

$$= p_0 A + \gamma\sin\alpha\int_A z\,dA$$

由理论力学知，$\int_A z\,dA$ 是面积 $GBADH$ 绕 x 轴的静力矩，其值为 $z_c A$。其中 z_c 是面积 A 的形心 c 到 x 轴的距离。因此

$$P = p_0 A + \gamma\sin\alpha z_c A = p_0 A + \gamma h_c A \qquad (2.19)$$

式中，h_c 为受压面积 $GBADH$ 的形心 c 在水面以下的深度。

就平面壁 $GBADH$ 来说，其左、右两侧都承受 p_0 的作用，互相抵消其影响。因此

$$P = \gamma h_c A \qquad (2.20)$$

上式表明：静止液体作用于任意形状平面壁上的总压力等于形心处液体静压强与受压面积的乘积，其方向为受压面的内法线方向。

2.5.2　总压力的作用点

设总压力的作用点为 D，其坐标为 z_D，在液面以下的深度为 h_D。根据合力矩定理，合力对任一轴的力矩等于其分力对同一轴的力矩之和，即

$$Pz_D = \int_A \gamma hz\,dA = \int_A \gamma z^2 \sin\alpha\,dA = \gamma\sin\alpha\int_A z^2\,dA \qquad (2.21)$$

式中 $\int_A z^2\,dA = I_x$ 为受压面积 $GBADH$ 对 x 轴的惯性矩，总压力 $P = \gamma h_c A$，因此

$$\gamma h_c A z_D = \gamma\sin\alpha I_x, \qquad z_D = \frac{\sin\alpha I_x}{h_c A}$$

根据惯性矩移轴定理得 $I_x = I_c + z_c^2 A$，I_c 为受压面积对通过其形心 c 且与 x 轴平行的轴的惯性矩，所以

$$z_D = \frac{\sin\alpha(I_c + z_c^2 A)}{h_c A} = \frac{\sin\alpha(I_c + z_c^2 A)}{z_c \sin\alpha A} = z_c + \frac{I_c}{z_c A}$$

即
$$z_D = z_c + \frac{I_c}{z_c A} \qquad\qquad (2.22)$$

由上式看出，总压力 P 的作用点 D 总是低于受压面形心 c 点的。

实际工程中的受压壁面大都是轴对称面（此轴与 z 轴平行），总压力 P 的作用点 D 必然位于此对称轴上。因此，运用式（2.22）完全可以确定 D 点位置。如果受压壁面是垂直的，则 z_c、z_D 分别为受压面积形心 c 及总压力作用点 D 在水面下的垂直深度 h_c 及 h_D。如果受压面水平放置，则其总压力的作用点与受压面的形心重合。

几种常见平面图形的面积 A、形心坐标 z_c 和惯性矩 I_c 见表 2.2。

表 2.2   几种常见平面图形的 A、z_c、I_c 值

平面形状		面积 A	形心坐标 z_c	惯性矩 I_c
矩 形		bh	$\frac{1}{2}h$	$\frac{1}{12}bh^3$
三角形		$\frac{1}{2}bh$	$\frac{2}{3}h$	$\frac{1}{36}bh^3$
圆 形		$\frac{1}{4}\pi d^2$	$\frac{d}{2}$	$\frac{\pi}{64}d^4$
半圆形		$\frac{1}{8}\pi d^2$	$\frac{2d}{3\pi}$	$\frac{1}{16}\left(\frac{\pi}{8}-\frac{8}{9\pi}\right)$
梯 形		$\frac{h}{2}(a+b)$	$\frac{h}{3}\frac{a+2b}{a+b}$	$\frac{h^3}{36}\frac{a^2+4ab+b^2}{a+b}$
椭圆形		$\frac{\pi}{4}bh$	$\frac{h}{2}$	$\frac{\pi}{64}bh^3$

[**例题 2.7**] 图 2.21 为一水池的闸门。已知
宽 $B = 2$m，水深 $h = 1.5$m。求作用于闸门上总压
力的大小及作用点位置。

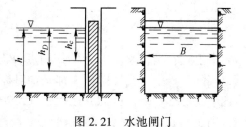

[**解**] 已知 $z_c = h_c = \dfrac{1}{2}h$，$A = Bh$

由式（2.20）得

图 2.21 水池闸门

$$P = \gamma h_c A = \gamma \cdot \frac{1}{2}h \cdot Bh$$

$$= 9800 \times \frac{1}{2} \times 1.5 \times 2 \times 1.5$$

$$= 22050\text{N} = 22.05\text{kN}$$

由表 2.2 可知，此矩形闸门　　　　　　$I_c = \dfrac{1}{12}Bh^3$

由式（2.22）得总压力的作用点

$$z_D = z_c + \frac{I_c}{z_c A} = h_c + \frac{I_c}{h_c A} = \frac{1}{2}h + \frac{\frac{1}{12}Bh^3}{\frac{1}{2}h \cdot Bh} = \frac{1}{2} \times 1.5 + \frac{\frac{1}{12} \times 2 \times 1.5^3}{\frac{1}{2} \times 1.5 \times 2 \times 1.5} = 1\text{m}$$

[**例题 2.8**] 如图 2.22 所示，倾斜闸门 AB，宽度 B 为
1m（垂直于图面），A 处为铰链轴，整个闸门可绕此轴转动。
已知水深 $H = 3$m，$h = 1$m，闸门自重及铰链中的摩擦力可略去
不计。求升起此闸门时所需垂直向上的力。

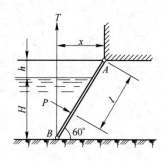

[**解**] 由式（2.20）得闸门受液体的总压力为

$$P = \gamma h_c A = \gamma \cdot \frac{1}{2}H \cdot B \cdot \frac{H}{\sin 60°}$$

$$= 9800 \times \frac{1}{2} \times 3 \times 1 \times \frac{3}{\sin 60°}$$

$$= 50922\text{N} = 50.92\text{kN}$$

图 2.22 倾斜闸门

由式（2.22）得总压力的作用点 D 到铰链轴 A 的距离为

$$l = \frac{h}{\sin 60°} + \left(z_c + \frac{I_c}{z_c A} \right)$$

$$= \frac{h}{\sin 60°} + \left[\frac{\frac{1}{2}H}{\sin 60°} + \frac{\frac{1}{12}B\left(\frac{H}{\sin 60°}\right)^3}{\frac{1}{2} \times \frac{H}{\sin 60°} \times B \times \frac{H}{\sin 60°}} \right]$$

$$= \frac{h}{\sin 60°} + \frac{H}{2\sin 60°} + \frac{H}{6\sin 60°} = 3.464\text{m}$$

由图可看出，　　　　　　$x = \dfrac{H + h}{\tan 60°} = \dfrac{3 + 1}{\tan 60°} = 2.31\text{m}$

根据力矩平衡：当闸门刚刚转动时，力 P、T 对铰链 A 的力矩代数和应为零，即

$$\Sigma M_A = Pl - Tx = 0$$

故

$$T = \frac{Pl}{x} = \frac{50.92 \times 3.464}{2.31} = 76.36\text{kN}$$

2.6 静止流体对曲面壁的作用力

2.6.1 总压力的大小、方向、作用点

设二向曲面壁 $EFBC$ 左边承受水压，如图 2.23（a）所示。现确定此曲面壁上的 $ABCD$ 部分所承受的总压力。

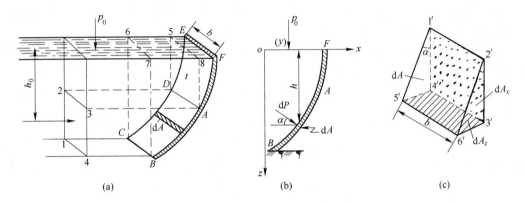

图 2.23 二向曲面壁上的总压力

此曲面在 xoz 平面上的投影如图 2.23（b）所示。在此面上取微元面积 dA，其形心在水面以下的深度为 h，则此微元面积上所承受的压力为

$$dP = \gamma h dA$$

此压力垂直于微元面积 dA，并指向右下方，与水平面成 α 角。可将其分解为水平分力和垂直分力

水平分力 $$dP_x = dP\cos\alpha = \gamma h dA\cos\alpha$$
垂直分力 $$dP_z = dP\sin\alpha = \gamma h dA\sin\alpha$$ (2.23)

由图 2.23（c）可知，$dA\cos\alpha$ 为 dA 在垂直面 yoz 面上的投影面积 dA_x；$dA\sin\alpha$ 为 dA 在水平面 xoy 面上的投影面积 dA_z。因此上式可改写为

$$dP_x = \gamma h dA_x$$
$$dP_z = \gamma h dA_z$$ (2.24)

将上式沿曲面 $ABCD$ 相应的投影面积积分，可得此曲面所受液体的总压力 P 为

水平分力 $$P_x = \int_{A_x} \gamma h dA_x = \gamma \int_{A_x} h dA_x$$
垂直分力 $$P_{z_x} = \int_{A_z} \gamma h dA_z = \gamma \int_{A_z} h dA_z$$ (2.25)

式中，$\int_{A_x} h\mathrm{d}A_x$ 为曲面 $ABCD$ 的垂直投影面积 A_x（即面积 1234）绕 y 轴的静力矩，可表示为

$$\int_{A_x} h\mathrm{d}A_x = h_0 A_x$$

h_0 为投影面积 A_x 的形心在水面下的深度。因此，总压力 P 的水平分力为

$$P_x = \gamma h_0 A_x \tag{2.26}$$

式（2.25）中 A_z 为曲面 $ABCD$ 在水平面上的投影面积，则 $\int_{A_z} h\mathrm{d}A_z$ 为曲面 $ABCD$ 以上的液体体积，即体积 $ABCD$5678，称为实压力体或正压力体，可用 V 表示。故总压力 P 的垂直分力为

$$P_z = \gamma V \tag{2.27}$$

若二向曲面壁的左边为大气，右边承受水压，则总压力的方向将是由右下方指向左上方，其垂直分力 P_z 的大小仍可用上式计算，但方向却为由下垂直向上。此压力体 V 不为液体所充满，称为虚压力体或负压力体。

由式(2.26)及式(2.27)两式可看出：曲面 $ABCD$ 所承受的垂直压力 P_z 恰为体积 $ABCD$5678 内的液体重量，其作用点为压力体 $ABCD$5678 的重心。曲面 $ABCD$ 所承受的水平压力 P_x 为该曲面的垂直投影面积 A_x 上所承受的压力，其作用点为这个投影面积 A_x 的压力中心。

液体作用在曲面上的总压力为

$$P = \sqrt{P_x^2 + P_z^2} \tag{2.28}$$

总压力的倾斜角为

$$\theta = \arctan \frac{P_z}{P_x} \tag{2.29}$$

总压力 P 作用点的确定：作出 P_x 及 P_z 的作用线，得交点，过此交点，按倾斜角 θ 作总压力 P 的作用线，与曲面壁相交的点，即为总压力 P 的作用点。

2.6.2　浮力

根据以上二向曲面的静水总压力的计算原理及公式，可方便得出浸没于液体中任意形状的物体所受到的总压力。

设有一球形物体浸没于液体中，如图 2.24 所示，该物体在液面以下的某一深度维持平衡。若物体的重力为 G，其铅直投影面上的力 $P_x = P_{x_1} - P_{x_2} = 0$，压力体由上半曲面形成的压力的方向向下的压力体和下半曲面形成的压力的方向向上的压力体叠加而成，图中的重叠的阴影线表示互相抵消，于是垂直方向的力为

$$P_z = \gamma V = \text{液体的重度} \times \text{物体的体积}$$

力的方向向上，该力又称为浮力。也就是说，物体在液体中所受的浮力的大小等于它所排开同体积的水所受的重力，这就是阿基米德（公元前 287 年～前 212 年）原理。

浮力的大小与物体所受的重力之比有下列三种情况：

（1）$G>P_z$ 称为沉体。物体下沉，如石块在水中下沉和沉箱充水下沉。

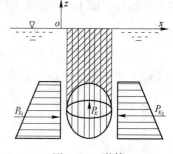

图 2.24　潜体

（2）$G = P_z$ 称为潜体。物体可在任何深度维持平衡，如潜水艇。

（3）$G < P_z$ 称为浮体。物体部分露出水面，如船舶、浮标、航标等。

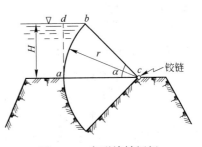

图2.25　扇形旋转闸门

[**例题 2.9**]　图 2.25 所示扇形旋转闸门，中心角 $\alpha = 45°$，宽度 $B = 1\text{m}$（垂直于图面），可以绕铰链 c 旋转，用以蓄（泄）水。已知水深 $H = 3\text{m}$，确定水作用于此闸门上的总压力 P 的大小和方向。

[**解**]　由图可知

$$r = \frac{H}{\sin\alpha} = \frac{3}{\sin45°} = 4.24\text{m}$$

$$db = ac - bc\cos\alpha = r(1 - \cos45°) = 1.24\text{m}$$

由式(2.26)得水平方向的分力为

$$P_x = \gamma h_0 A_x = \gamma \cdot \frac{H}{2} \cdot BH = 9800 \times \frac{3}{2} \times 3 \times 1$$

$$= 44100\text{N} = 44.1\text{kN}$$

由式(2.27)得垂直方向的分力为

$$P_z = \gamma V = \gamma\big[（梯形面积\ abcd - 扇形面积\ acb）\times 宽度\ B\big]$$

$$= 9800\left[\left(\frac{1.24 + 4.24}{2} \times 3 - \frac{\pi \times 4.24^2 \times 45°}{360°}\right) \times 1\right]$$

$$= 11368\text{N} = 11.368\text{kN}$$

故总压力　$P = \sqrt{P_x^2 + P_z^2} = \sqrt{44.1^2 + 11.368^2} = 45.57\text{kN}$

P 对水平方向的倾斜角为

$$\theta = \arctan\frac{P_z}{P_x} = \arctan\frac{11.368}{44.1} = 14°30'$$

流体力学实验发现 2

A　大气的压强

1630 年，意大利业余科学家 G. G. B. 贝利安尼（1582~1666）发现一根虹吸管跨过 11m 的高山即不再工作，佛罗伦萨市的掘井工人也观察到抽水泵中的水柱高度总超不过 10m 左右，这些现象使 G. 伽利略（1564~1642）感到困惑，并给予错误的解释。1640 年 G. 伯蒂试图做一个实验证明抽水泵中的水柱高度可以超过 10m，但未获成功。1643 年托里拆里与 V. 维维安尼（1622~1703）重复贝利安尼与伯蒂的实验，但不用水而用重量递增的液体如海水、蜜液和水银等。这样他们用较短的玻璃管就可以进行实验了，具体的做法是用一根下端封闭的玻璃管，从上端注入水银，直至上边缘处，用一手指封闭顶端，将玻璃管倒置，并浸入一盛有水银的容器中，当移去手指后，管内的水银柱即下降，直至距容器水银面约 30in(1in = 0.0254m)处，托里拆里设想这也许是由于玻璃管内的水银柱被自由水银面上的大气压强平衡住了，但这仅是一个假想，没有实验证实他就去世了。

B. 帕斯卡（1623~1662）从 M. 默森（1588~1648）那里知道托里拆里的实验后，开始有些怀疑，又亲自用水和水银重复这一实验，就有些相信托里拆里的设想了，但深信这一设想还是在完成了下述关键性实验之后。

1648 年 9 月在帕斯卡的指导下，佩里厄具体负责进行这一实验，沿着奥弗涅山脉多姆山的斜坡，从山脚到山顶依次设置若干个观测站，每一站安装一个托里拆里式的水银气压计，所用玻璃管与水银均相同，在每站测量水银柱的高度，结果发现水银柱高度随着观测站高度的增加而递减。同时，在山脚下还设置了另一气压计，由另一观测者不时记录其水银柱高，发现仅有微小的变化，这充分表明：气压计水银柱高度的变化与沿山高度气压的变化有密切关系。翌日，佩里厄又在克莱蒙最高的塔顶和塔脚重复了他的实验，结论是肯定的，但不够明显，后来，巴斯卡又亲自在巴黎的高层大厦上做过实验。

约在 1659 年，R. 波义耳（1627~1691）用实验证明：气压计中水银柱的高度取决于外部压强。他将一端封闭的玻璃管注满水银，倒置于一盛有水银的容器中，然后将它们放在抽气泵的气罐里，让玻璃管的上端穿过气罐盖上的一个孔，并用粘接剂密封这个孔，当抽气泵工作后，水银柱便往下降，每抽一次气，水银面就下降一些，但它不能降到与容器中的水银面同高，总是要高出 1in 左右，波义耳认为这是由于有空气漏入引起的。他还发现把更多的空气压入气罐时，水银柱高度将大大超过通常的 27in 左右，如果把这部分空气放掉，它又会恢复到原来的高度。根据这些结果，波义耳确信，一个封闭管子中的水银柱之所以处于一定高度是由于水银柱的压强要与外部空气的压强保持平衡的缘故。

B　深海载人潜水器

为推动中国深海运载技术发展，为中国大洋国际海底资源调查和科学研究提供重要高技术装备，同时为中国深海勘探、海底作业研发共性技术，中国科技部于 2002 年将深海载人潜水器研制列为国家高技术研究发展计划（863 计划）重大专项，启动"蛟龙"号载人深潜器的自行设计、自主集成研制工作。

"蛟龙"号载人潜水器属于作业型深海载人潜水器，重点要解决的技术难题是耐压、密封等问题，其设计最大下潜深度为 7000m，也是目前世界上下潜能力最深的作业型载人潜水器。"蛟龙"号可在占世界海洋面积 99.8% 的广阔海域中使用，对于我国开发利用深海的资源有着重要的意义。中国是继美、法、俄、日之后世界上第五个掌握大深度载人深潜技术的国家。在全球载人潜水器中，"蛟龙"号属于第一梯队。2012 年 6 月 27 日，中国载人深潜器"蛟龙"号 7000m 级海试最大下潜深度达 7062m，创造了作业类载人潜水器新的世界纪录。

"深海勇士"号潜水器是中国第二台深海载人潜水器，它的作业能力达到水下 4500m。2017 年 10 月 3 日，"深海勇士"号载人深潜试验队在中国南海完成全部海上试验任务，胜利返航三亚港。2018 年 6 月 4 日，"深海勇士"号结束为期 2 个多月的南海试验性应用科考航次，返回三亚。

"奋斗者"号是中国研发的万米载人潜水器，于 2016 年立项，由"蛟龙"号、"深海勇士"号载人潜水器的研发力量为主的科研团队承担。2020 年 10 月 27 日，"奋斗者"号在马里亚纳海沟成功下潜突破 1 万米达到 10058 米，创造了中国载人深潜的新纪录。2020
年 11 月 10 日 8 时 12 分，"奋斗者"号在马里亚纳海沟成功坐底，坐底深度 10909 米，刷
新中国载人深潜的新纪录。2020 年 11 月 19 日，"奋斗者"号再次突破万米海深复核科考
作业能力。2020 年 11 月 28 日，习近平致信祝贺"奋斗者"号全海深载人潜水器成功完
成万米海试并胜利返航。

习　题　2

2.1　一潜水员在水下 15m 处工作，问潜水员在该处所受的压强是多少？

2.2　如图 2.26 所示的密闭盛水容器，已知：测压管中液面高度 $h = 1.5$m，$p_a = 101.3$kPa，容器内液面高
　　　度 $h' = 1.2$m。试求容器内液面压强 p_0 之值。

2.3　一盛水容器，某点的压强为 1.5mH$_2$O，求该点的绝对压强和相对压强，并分别用水柱和水银柱高
　　　度表示。

2.4　容器内装有气体，旁边的一个 U 形测压管内盛清水，如图 2.27 所示。现测得 $h_v = 0.3$m，问容器中
　　　气体的相对压强 p' 为多少？它的真空度为多少？

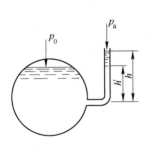

图 2.26　习题 2.2 图

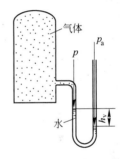

图 2.27　习题 2.4 图

2.5　在盛水容器的旁边装有一支 U 形测压管，内盛水银，并测得有关数据如图 2.28 所示。问容器中心
　　　M 处绝对压强、相对压强各为多少？

2.6　内装空气的容器与两根水银 U 形测压管相通，水银的重度 $\gamma_M = 133$kN/m^3，今测得下面开口 U 形测
　　　压管中的水银面高差 $h_1 = 30$cm，如图 2.29 所示。问上面闭口 U 形测压管中的水银面高差 h_2 为多
　　　少？（气体重度的影响可以忽略不计）

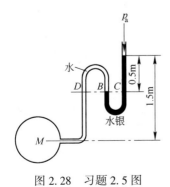

图 2.28　习题 2.5 图

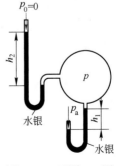

图 2.29　习题 2.6 图

2.7 如图 2.30 所示，两容器 A、B，容器 A 装的是水，容器 B 装的是酒精，重度为 8kN/m³，用 U 形水银压差计测量 A、B 中心点压差，已知 $h_1 = 0.3$m，$h = 0.3$m，$h_2 = 0.25$m，求其压差。

2.8 如图 2.31 所示，在某栋建筑物的第一层楼处，测得煤气管中煤气的相对压强 A 为 100mmH₂O。已知第八层楼比第一层楼高 $H = 32$m。问在第八层楼处煤气管中，煤气的相对压强为多少？空气及煤气的密度可以假定不随高度而变化，煤气的重度 $\gamma_G = 4.9$N/m³。

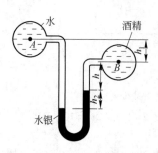

图 2.30 习题 2.7 图

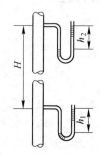

图 2.31 习题 2.8 图

2.9 如图 2.32 所示，试由多管压力计中水银面高度的读数确定压力水箱中 A 的相对压强（所有读数均自地面算起，其单位为 m）。

2.10 图 2.33 所示的环形差压计是用来测量气体微小压强差的一种仪器，直径为 d 的圆管弯成平均直径为 D 的圆环形状，顶部 P 用隔板隔开，下部充入适量汞，圆环用刃口支承在环中心上，下部连接有配重和指针，当压强差 $\Delta p = p_1 - p_2 = 0$ 时，指针指零。当 $\Delta p>0$ 时，环中汞被压向右边，而圆环与配重指针则顺时针偏转一定角 θ 以保持仪器平衡。已知 $D = 50$mm，$d = 6$mm，配重重心的半径 $a = 60$mm，要求当 $\Delta p = 30$kPa 时，偏转角 $\theta = 30°$，问配重应选取的质量是多少？

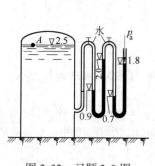

图 2.32 习题 2.9 图

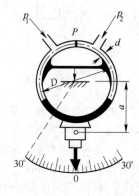

图 2.33 习题 2.10 图

2.11 如图 2.34 所示，为了测量高度差为 z 的两个水管中的微小压强差 $p_B - p_A$，用顶部充有较水轻而与水不相混合的液体的倒 U 形管。

（1）已知 A、B 管中的液体相对密度 $d_1 = d_3 = 1$，倒 U 形管中液体相对密度 $d_2 = 0.95$，$h_1 = h_2 = 0.3$m，$h_3 = 1$m，试求压强差 $p_B - p_A$。

（2）仪器不变，工作液体不变，但两管道中的压强差 $p_B - p_A = 3825.9$Pa。试求此时液柱高度 h_1、h_2、h_3 及 z。

（3）求使倒 U 形管中液面成水平，即 $h_2 = 0$ 时的压强差 $p_B - p_A$。

（4）如果换成 $d_2 = 0.6$ 的工作液体，试求使 $p_B - p_A = 0$ 时的 h_1、h_2 及 h_3。

2.12　如图 2.35 所示，在压力筒内需引入多大的压强 p_1，方能在拉杆方向上产生一个力 F 为 7840N。活塞在圆筒中以及拉杆杂油封槽中的摩擦力等于活塞上总压力 F 的 10%，已知压强 $p_2 = 98$kPa，$D = 100$mm，$d = 30$mm。

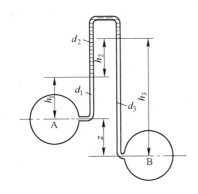

图 2.34　习题 2.11 图

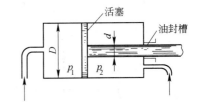

图 2.35　习题 2.12 图

2.13　如图 2.36 所示的圆锥形盛水容器，已知：$D = 1$m，$d = 0.5$m，$h = 2$m。如在盖上加重物 $G = 3.2$kN，容器底部所受的总压力为多少？

2.14　如图 2.37 所示水压机中，大活塞上要求的作用力 $G = 4.9$kN。已知：杠杆柄上的作用力 $F = 147$N，杠杆臂 $b = 75$cm，$a = 15$cm。若小活塞直径为 d，问大活塞的直径 D 应为 d 的多少倍？（活塞的高差、重量及其所受的摩擦力均可忽略不计）

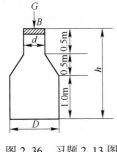

图 2.36　习题 2.13 图

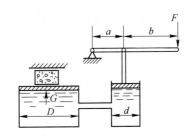

图 2.37　习题 2.14 图

2.15　一矩形平板高为 1.5m，宽为 1.2m，倾斜放置在水中，其倾斜角为 60°，有关尺寸如图 2.38 所示。求作用在平板上总压力 P 的大小和作用点 h_D。

2.16　如图 2.39 所示，泄水池底部放水孔上放一圆形平面闸门，直径 $d = 1$m，门的倾角 $\theta = 60°$，求作用在门上的总压力 P 的大小及其作用点 h_D。已知平面闸门顶上水深 $h = 2$m。

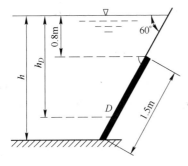

图 2.38　习题 2.15 图

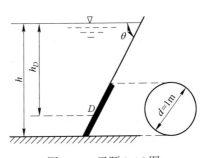

图 2.39　习题 2.16 图

2.17　矩形闸门长 1.5m，宽 2m（垂直于图面），A 端为铰链，B 端连在一条倾斜角 $\alpha = 45°$ 的铁链上，用以开启此闸门，如图 2.40 所示。量得库内水深，并标在图上。今欲沿铁链方向用力 T 拉起此闸门，若不计摩擦与闸门自重，问 T 应为多少？

2.18　如图 2.41 所示，船闸宽度 $B = 25$m，上游水位 $H_1 = 63$m，下游水位 $H_2 = 48$m，船闸用两扇矩形闸门开闭，试求作用在每个闸门上的水静压力大小及压力中心距基底的标高。

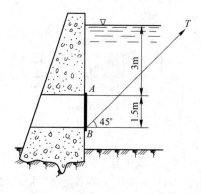

图 2.40　习题 2.17 图

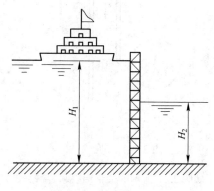

图 2.41　习题 2.18 图

2.19　如图 2.42 所示的直角形的闸门，垂直纸面的宽度为 B，问关闭闸门所需的力 P 是多少？已知 $h = 1$m，$B = 1$m。

2.20　水池的侧壁上，装有一根直径 $d = 0.6$m 的圆管，圆管内口切成 $\alpha = 45°$ 的倾角，并在这切口上装了一块可以绕上端铰链旋转的盖板，$h = 2$m，如图 2.43 所示。如果不计盖板自重以及盖板与铰链间的摩擦力，问升起盖板的力 T 为多少？

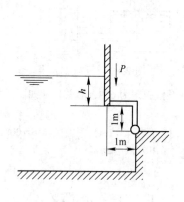

图 2.42　习题 2.19 图

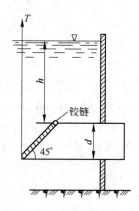

图 2.43　习题 2.20 图

2.21　在高度 $H = 3$m，宽度 $B = 1$m 的柱形密闭高压水箱上，用汞 U 形管连接于水箱底部，测得水柱高 $h_1 = 2$m，汞柱高 $h_2 = 1$m，矩形闸门与水平方向成 45° 角，转轴在 O 点，如图 2.44 所示。为使闸门关闭，试求在转轴上所需施加的锁紧力矩 M。

2.22　如图 2.45 所示立式圆筒容器，容器底部为平面，上盖为半圆形，容器中装的是水，测管高度 $h = 5$m，圆筒部分高度 $H = 2$m，容器直径 $D = 2$m，求使上盖圆筒部分离开的力。

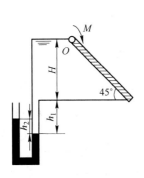

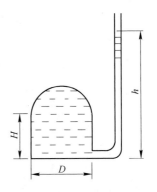

图 2.44　习题 2.21 图　　　　　　　　图 2.45　习题 2.22 图

2.23　一挡水二向曲面 AB 如图 2.46 所示，已知 $d=1$m，$h_1=0.5$m，$h_2=1.5$m，门宽 $B=5$m，求总压力的大小和方向。

2.24　如图 2.47 所示，容器底部有一直径为 d 的圆孔，用一个直径为 $D(=2r)$、重量为 G 的圆球堵塞。当容器内水深 $H=4r$ 时，欲将此球向上升起以便放水，问所需垂直向上的力 P 为多少？已知 $d=\sqrt{3}r$，水的重度为 γ。

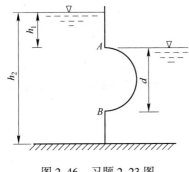

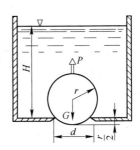

图 2.46　习题 2.23 图　　　　　　　　图 2.47　习题 2.24 图

2.25　设计自动泄水阀要求当水位 $h=25$cm 时，用沉没一半的圆柱形浮标将细杆所连接的堵塞自动提起（见图 2.48）。已知堵塞直径 $d=6$cm，浮标长 $l=20$cm，活动部件的质量 $m=0.08$kg，试求浮标直径 D，如果浮标改用圆球形，其半径 R 应是多少？

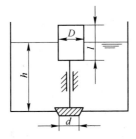

图 2.48　习题 2.25 图

3 流体动力学基础

自然界与工程实际中，流体大多处于流动状态。本章讨论流体的运动规律以及流体运动与力的关系等基本问题。

流体具有易流动性，极易在外力作用下产生变形而流动。由于流体具有黏性，因而在运动时会形成内部阻力。本章主要内容包括研究流体运动的方法和基本概念、连续性方程、无黏性流体运动的微分方程及伯努利方程、黏性流体运动的伯努利方程、测量流速和流量的仪器、流体运动的动量方程及其应用。要求了解研究流体运动的两种方法、流束与总流、流速与流量，理解质点导数、流线与迹线、流体的运动微分方程、测量流速和流量的原理，掌握流体运动的连续性方程、无黏性流体和黏性流体运动的伯努利方程、定常流动总流的动量方程，重点掌握流体运动总流的伯努利方程及其应用、定常流动总流的动量方程及其应用。

3.1 研究流体运动的两种方法

表征流体运动的物理量，如流体质点的位移、速度、加速度、密度、压强、动能、动量等统称为流体的流动参数或运动要素。描述流体运动也就是要表达这些流动参数在各个不同空间位置上随时间连续变化的规律。研究流体的运动可以用拉格朗日法和欧拉法。

3.1.1 拉格朗日法

拉格朗日法着眼于流体中各质点的流动情况，考察每一质点的运动轨迹、速度、加速度等流动参数，将整个流体运动当成无数个流体质点运动的总和来进行考虑。这种方法本质上就是一般力学研究中的质点系运动的方法，所以也称为质点系法。

用拉格朗日法来研究流体运动时，首先要注意的是某一个质点的运动和描述该质点运动的方法。例如，假定在运动开始时刻 t_0，某一质点的坐标为 (a, b, c)，则在其运动以后任意时刻 t 的坐标位置可表示如下：

$$\left.\begin{array}{l} x = f_1(a, b, c, t) \\ y = f_2(a, b, c, t) \\ z = f_3(a, b, c, t) \end{array}\right\} \tag{3.1}$$

式中，a、b、c 和 t 称为拉格朗日变数。对于某一给定质点，a、b、c 是不变的常数。如果 t 取定值而 a、b、c 取不同的值，上式便表示了在某一瞬时 t 所有流体质点在该空间区域的分布情况；如果 a、b、c 取定值而 t 取变值，则上式便是该质点运动轨迹的参数方程，由此可求得该质点的速度在各坐标轴的分量为

$$\left.\begin{aligned}
u_x &= \frac{\partial x}{\partial t} = \frac{\partial f_1(a, b, c, t)}{\partial t} \\
u_y &= \frac{\partial y}{\partial t} = \frac{\partial f_2(a, b, c, t)}{\partial t} \\
u_z &= \frac{\partial z}{\partial t} = \frac{\partial f_3(a, b, c, t)}{\partial t}
\end{aligned}\right\} \tag{3.2}$$

该质点的加速度分量为

$$\left.\begin{aligned}
a_x &= \frac{\partial^2 x}{\partial t^2} = \frac{\partial^2 f_1(a, b, c, t)}{\partial t^2} \\
a_y &= \frac{\partial^2 y}{\partial t^2} = \frac{\partial^2 f_2(a, b, c, t)}{\partial t^2} \\
a_z &= \frac{\partial^2 z}{\partial t^2} = \frac{\partial^2 f_3(a, b, c, t)}{\partial t^2}
\end{aligned}\right\} \tag{3.3}$$

流体的压强、密度等量也可类似地表示为 a、b、c 和 t 的函数 $p = f_4(a, b, c, t)$、$\rho = f_5(a, b, c, t)$。

综上所述,拉格朗日法在物理概念上清晰易懂,但流体各个质点运动的经历情况,除较简单的射流运动、波浪运动等以外,一般讲是非常复杂的,而且用此方法分析流体的运动,数学上也会遇到很多困难。因此,这个方法只限于研究流体运动的少数特殊情况,而一般都采用下述较为简便的欧拉法。

3.1.2 欧拉法

欧拉法着眼于流体经过空间各固定点时的运动情况,将经过某一流动空间的流体运动当成不同质点在不同时刻经过这些空间位置时的运动总和来考虑。欧拉法广泛用于描述流体运动,它的要点为:

(1) 分析流动空间某固定位置处,流体的流动参数随时间的变化规律。

(2) 分析流体由某一空间位置运动到另一空间位置时,流动参数随位置变化的规律。

用欧拉法研究流体运动时,并不关心个别流体质点的运动,只需要仔细观察经过空间每一个位置处的流体运动情况。正因为这样,凡是表征流体运动特征的物理量都可以表示为时间 t 和坐标 x、y、z 的函数。例如在任意时刻通过任意空间位置的流体质点速度 u 在各轴上的分量为

$$\left.\begin{aligned}
u_x &= F_1(x, y, z, t) \\
u_y &= F_2(x, y, z, t) \\
u_z &= F_3(x, y, z, t)
\end{aligned}\right\} \tag{3.4}$$

式中,x、y、z 和 t 称为欧拉变数。运动质点的加速度分量可表示为

$$\left.\begin{aligned}
a_x &= \frac{\mathrm{d}u_x}{\mathrm{d}t} = \frac{\mathrm{d}F_1(x, y, z, t)}{\mathrm{d}t} \\
a_y &= \frac{\mathrm{d}u_y}{\mathrm{d}t} = \frac{\mathrm{d}F_2(x, y, z, t)}{\mathrm{d}t} \\
a_z &= \frac{\mathrm{d}u_z}{\mathrm{d}t} = \frac{\mathrm{d}F_3(x, y, z, t)}{\mathrm{d}t}
\end{aligned}\right\} \tag{3.5}$$

流体的压强、密度也可以表示为 $p = F_4(x, y, z, t)$、$\rho = F_5(x, y, z, t)$。

应该指出，拉格朗日法和欧拉法在研究流体运动时，只是着眼点不同而已，并没有本质上的差别，对于同一个问题，用两种方法描述的结果应该是一致的。

3.1.3 质点导数

由欧拉法可知，加速度场是流速场对时间 t 的全导数。在进行求导运算时，速度表达式（3.4）中的自变量 x、y、z 应当视作流体质点的位置坐标而不是固定空间点的坐标，即应当将 x、y、z 视作时间 t 的函数。例如，x 方向上的加速度分量为

$$a_x = \frac{\mathrm{d}u_x}{\mathrm{d}t} = \frac{\partial u_x}{\partial t} + \frac{\partial u_x}{\partial x}\frac{\mathrm{d}x}{\mathrm{d}t} + \frac{\partial u_x}{\partial y}\frac{\mathrm{d}y}{\mathrm{d}t} + \frac{\partial u_x}{\partial z}\frac{\mathrm{d}z}{\mathrm{d}t}$$

式中，$\dfrac{\mathrm{d}x}{\mathrm{d}t}$、$\dfrac{\mathrm{d}y}{\mathrm{d}t}$、$\dfrac{\mathrm{d}z}{\mathrm{d}t}$ 是流体质点位置坐标 (x, y, z) 的时间变化率，应当等于质点的运动速度，即

$$\frac{\mathrm{d}x}{\mathrm{d}t} = u_x, \qquad \frac{\mathrm{d}y}{\mathrm{d}t} = u_y, \qquad \frac{\mathrm{d}z}{\mathrm{d}t} = u_z \tag{3.6}$$

故有

$$a_x = \frac{\mathrm{d}u_x}{\mathrm{d}t} = \frac{\partial u_x}{\partial t} + u_x\frac{\partial u_x}{\partial x} + u_y\frac{\partial u_x}{\partial y} + u_z\frac{\partial u_x}{\partial z} \tag{3.7}$$

式中，$\dfrac{\mathrm{d}u_x}{\mathrm{d}t}$ 表示 u_x 对时间 t 的全导数，称为质点导数，或者随体导数。类似地，可以将 y、z 方向上的加速度分量表示成对应的流速分量的质点导数，即

$$a_y = \frac{\mathrm{d}u_y}{\mathrm{d}t} = \frac{\partial u_y}{\partial t} + u_x\frac{\partial u_y}{\partial x} + u_y\frac{\partial u_y}{\partial y} + u_z\frac{\partial u_y}{\partial z} \tag{3.8}$$

$$a_z = \frac{\mathrm{d}u_z}{\mathrm{d}t} = \frac{\partial u_z}{\partial t} + u_x\frac{\partial u_z}{\partial x} + u_y\frac{\partial u_z}{\partial y} + u_z\frac{\partial u_z}{\partial z} \tag{3.9}$$

若用 $\boldsymbol{u}$ 表示速度矢量、用 $\boldsymbol{a}$ 表示加速度矢量，则加速度的矢量形式为

$$\boldsymbol{a} = \frac{\mathrm{d}\boldsymbol{u}}{\mathrm{d}t} = \frac{\partial \boldsymbol{u}}{\partial t} + (\boldsymbol{u} \cdot \nabla)\boldsymbol{u} \tag{3.10}$$

式中，$\dfrac{\partial \boldsymbol{u}}{\partial t}$ 项表示当地加速度或者时变加速度；$(\boldsymbol{u} \cdot \nabla)\boldsymbol{u}$ 项表示迁移加速度或者位变加速度；符号 ∇ 为哈密顿算子，$\nabla = \dfrac{\partial}{\partial x}\boldsymbol{i} + \dfrac{\partial}{\partial y}\boldsymbol{j} + \dfrac{\partial}{\partial z}\boldsymbol{k}$。

[**例题 3.1**]   已知流场中质点的速度为 $u_x = kx$，$u_y = -ky$，$u_z = 0$，试求流场中质点的加速度。

[**解**]   质点的速度为

$$u = \sqrt{u_x^2 + u_y^2} = k\sqrt{x^2 + y^2} = kr$$

质点加速度为

$$a_x = \frac{\mathrm{d}u_x}{\mathrm{d}t} = u_x \frac{\partial u_x}{\partial x} = k^2 x$$

$$a_y = \frac{\mathrm{d}u_y}{\mathrm{d}t} = u_y \frac{\partial u_y}{\partial y} = k^2 y$$

$$a_z = 0$$

$$a = \sqrt{a_x^2 + a_y^2} = k^2 \sqrt{x^2 + y^2} = k^2 r$$

3.2　研究流体运动的基本概念

3.2.1　迹线和流线

3.2.1.1　迹线

迹线是指流体质点的运动轨迹，它表示了流体质点在一段时间内的运动情况。如图 3.1 所示，某一流体质点 M 在 Δt 时间内从 A 运动到 B，曲线 AB 即为该质点的迹线。如果在这一迹线上取微元长度 $\mathrm{d}l$ 表示该质点 M 在 $\mathrm{d}t$ 时间内的微小位移，则其速度为

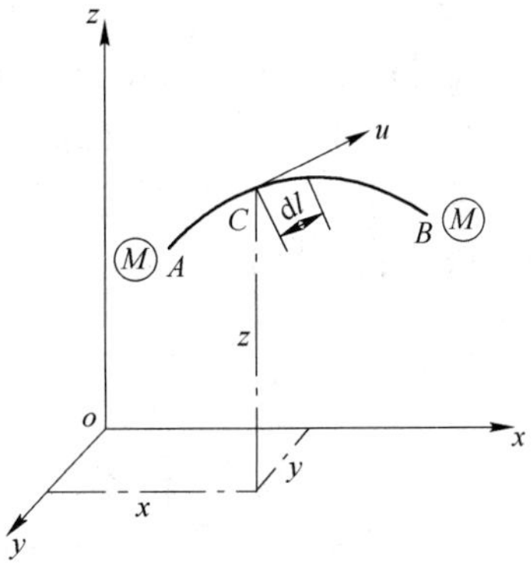

$$u = \frac{\mathrm{d}l}{\mathrm{d}t}$$

它在各坐标轴的分量为

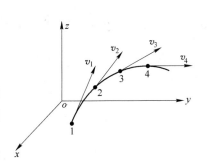

图 3.1　迹线

$$\left. \begin{array}{l} u_x = \dfrac{\mathrm{d}x}{\mathrm{d}t} \\[2mm] u_y = \dfrac{\mathrm{d}y}{\mathrm{d}t} \\[2mm] u_z = \dfrac{\mathrm{d}z}{\mathrm{d}t} \end{array} \right\} \tag{3.11}$$

式中，$\mathrm{d}x$、$\mathrm{d}y$、$\mathrm{d}z$ 为微元位移 $\mathrm{d}l$ 在各个坐标轴上的投影，由式（3.11）可得

$$\frac{\mathrm{d}x}{u_x} = \frac{\mathrm{d}y}{u_y} = \frac{\mathrm{d}z}{u_z} = \mathrm{d}t \tag{3.12}$$

上式为迹线的微分方程，表示质点 M 的轨迹。

3.2.1.2　流线

流线是流体流速场内反映瞬时流速方向的曲线，在同一时刻，处在流线上所有各点的流体质点的流速方向与该点的切线方向重合，如图 3.2 所示。

流线表示了某一瞬时，许多处在这一流线上的流体质点的运动情况。流线不表示流体质点的运动轨迹，因

图 3.2　流线

此在流线上取微元长度 dl，它并不表示某个流体质点的位移，当然也不能就此求出速度表达式。

流线有一个重要特征，就是同一时刻的不同流线，一般情况下互相不可能相交。因为根据流线的性质，在交点处的流体质点的流速向量应同时相切于这两条流线，即该质点在同一时刻有两个速度向量，这是不可能的。由此还可以推断出，流体在不可穿透的固体边界上沿边界法向的流速分量必等于零，流线将与该边界的位置重合。

设某一点上的质点瞬时速度为 $\boldsymbol{u} = u_x\boldsymbol{i} + u_y\boldsymbol{j} + u_z\boldsymbol{k}$，流线上的微元线段矢量为 d$\boldsymbol{s}$ = d$x\boldsymbol{i}$ + d$y\boldsymbol{j}$ + d$z\boldsymbol{k}$。根据定义，这两个矢量方向一致，矢量积为零，即

$$\boldsymbol{u} \times \mathrm{d}\boldsymbol{s} = 0 \tag{3.13}$$

写成投影形式，则

$$\frac{\mathrm{d}x}{u_x} = \frac{\mathrm{d}y}{u_y} = \frac{\mathrm{d}z}{u_z} \tag{3.14}$$

这就是最常用的流线微分方程。

[**例题 3.2**]　设有一平面流场，其速度表达式是 $u_x = x + t$，$u_y = -y + t$，$u_z = 0$，求 $t = 0$ 时，过（-1，-1）点的迹线和流线。

[**解**]（1）迹线应满足的方程是

$$\frac{\mathrm{d}x}{\mathrm{d}t} = x + t, \qquad \frac{\mathrm{d}y}{\mathrm{d}t} = -y + t$$

这里 t 是自变量，以上两方程的解分别是

$$x = c_1\mathrm{e}^t - t - 1, \qquad y = c_2\mathrm{e}^{-t} + t - 1$$

以 $t = 0$ 时，$x = y = -1$ 代入得 $c_1 = c_2 = 0$，消去 t 后得迹线方程为

$$x + y = -2$$

（2）流线的微分方程是

$$\frac{\mathrm{d}x}{x + t} = \frac{\mathrm{d}y}{-y + t}$$

式中，t 是参数，积分得 $(x + t)(-y + t) = c$，以 $t = 0$ 时，$x = y = -1$ 代入得 $c = -1$，所以所求流线方程为

$$xy = 1$$

3.2.2　定常流动和非定常流动

如果流体质点的运动要素只是坐标的函数而与时间无关，这种流动称为定常流动。其运动要素可表示为

$$\left. \begin{array}{l} u = f_1(x,\ y,\ z) \\ p = f_2(x,\ y,\ z) \\ \rho = f_3(x,\ y,\ z) \end{array} \right\} \tag{3.15}$$

如图 3.3（a）所示，水头稳定的泄流是定常流动。在某一瞬间通过某固定点 E 作出

的流线 EF，是不随时间而改变的。因此在定常流动中，流线与迹线重合。用欧拉法以流线概念来描述和分析定常流动是适合的。

如果流体质点的运动要素，既是坐标的函数又是时间的函数，这种流动称为非定常流动。如图 3.3（b）所示，变水头的泄流是非定常流动。

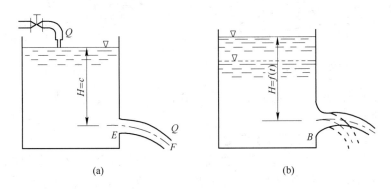

(a)   (b)

图 3.3　定常流动和非定常流动

3.2.3　一维、二维和三维流动

以空间为标准，若各空间点上的流动参数（主要是速度）是三个空间坐标和时间变量的函数，$u = u(x, y, z, t)$，则此流动是三维流动。

若各空间点上的速度皆平行于某一平面，且流动参数在该平面的垂直方向无变化，流动参数只是两个空间坐标 (x, y) 和时间的函数 $u = u(x, y, t)$，这样的流动是二维流动，即平面流动。如水流绕过很长的圆柱体，忽略两端的影响，流动可简化为二维流动。

若流动参数只是一个空间坐标和时间变量的函数，这样的流动是一维流动。如管道和渠道内的流动，流束方向的尺寸远大于横向尺寸，流速取断面的平均流速，流动可视为一维流动，$v = v(s, t)$。

3.2.4　流面、流管、流束与总流

通过不处于同一流线上的线段上的各点作出流线，则可形成由流线组成的一个面，称为流面。流面上的质点只能沿流面运动，两侧的流体质点不能穿过流面而运动。

通过流场中不在同一流面上的某一封闭曲线上的各点作出流线，则形成由流线所组成的管状表面，称为流管，如图 3.4 所示。管中的流体称为流束，其质点只能在管内流动，管内外的流体质点不能交流。

充满于微小流管中的流体称为微元流束。当微元流束的断面积趋近于零时，则微元流束成为流线。由无限多微元流束所组成的总的流束称为总流。通常见到的管流与河渠水流都是总流。

3.2.5　过流断面、流速、流量

与微元流束（或总流）中各条流线相垂直的截面称为此微元流束（或总流）的过流断面（或过水断面），如图 3.5 所示。

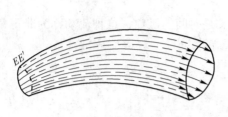

图 3.4　流管示意图

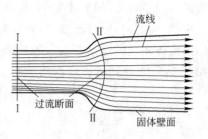

图 3.5　过流断面

由过流断面的定义知，当流线几乎是平行的直线时，过流断面是平面；否则过流断面是不同形式的曲面。

由于研究对象的不同，流体的运动速度有两个概念：

（1）点速。流场中某一空间位置处的流体质点在单位时间内所经过的位移，称为该流体质点经此处时的速度，简称为点速，用 u 表示，单位为米/秒（m/s）。严格地说，同一过流断面上各点的流速是不相等的。但微元流束的过流断面很小，各点流速也相差很小，可以用断面中心处的流速作为各点速度的平均值。

（2）均速。在同一过流断面上，求出各点速度 u 对断面 A 的算术平均值，称为该断面的平均速度，简称均速，以 v 表示，其单位与点速相同。

单位时间内通过微元流束（或总流）过流断面的体积，称为通过该断面的体积流量，简称流量。其常用单位是米³/秒（m³/s）或升/秒（L/s）。有时也用单位时间内通过过流断面的流体质量来表示流量，称为质量流量。

微元流束的流量以 $\mathrm{d}Q$ 表示，总流的流量以 Q 表示。因为微元流束的过流断面与速度方向垂直，所以其过流断面面积与速度的乘积正是单位时间内通过此过流断面的流体体积。故

$$\mathrm{d}Q = u\mathrm{d}A \tag{3.16}$$

总流的流量，则为同一过流断面上各个微元流束的流量之和，即

$$Q = \int_Q \mathrm{d}Q = \int_A u\mathrm{d}A \tag{3.17}$$

现在可以看到：断面平均流速就是体积流量除以过流断面的面积，即

$$v = \frac{Q}{A} = \frac{\int_A u\mathrm{d}A}{A} \tag{3.18}$$

3.3　流体运动的连续性方程

运动流体经常充满它所占据的空间（即流场），并不出现任何形式的空洞或裂隙，这一性质称为运动流体的连续性。满足这一连续性条件的等式则称为连续性方程。本节先讨论直角坐标系中的连续性方程（即空间运动的连续性方程），再讨论微元流束和总流的连续性方程。

3.3.1　直角坐标系中的连续性方程

在流场中任取一个以 M 点为中心的微元六面体，如图 3.6 所示。六面体的各边分别与直角坐标系各轴平行，其边长分别为 δx，δy，δz。M 点的坐标假定为 x，y，z，在某一时刻 t，M 点的流速为 u，密度为 ρ。由于六面体取得非常微小，六面体六面上各点 t 时刻的流速和密度可用泰勒级数展开，并略去高阶微量来表达。例如 2 点（如图）的流速

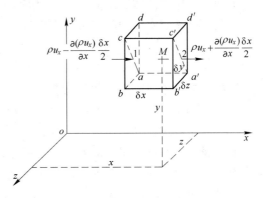

图 3.6　运动流体的微元六面体

为 $u_x + \dfrac{\partial u_x}{\partial x}\cdot\dfrac{\delta x}{2}$，如此类推。

现在考虑在微小时间段 δt 中流过平行表面 $abcd$ 与 $a'b'c'd'$（见图 3.6）的流体质量。由于时段微小，可以认为流速没有变化，由于六面体微小，各个面上流速分布可以认为是均匀的，所以，在 δt 时间段内，由 $abcd$ 面流入的流体质量为

$$\left[\rho u_x - \frac{\partial(\rho u_x)}{\partial x}\cdot\frac{\delta x}{2}\right]\delta y\delta z\delta t$$

由 $a'b'c'd'$ 面流出的流体质量为

$$\left[\rho u_x + \frac{\partial(\rho u_x)}{\partial x}\cdot\frac{\delta x}{2}\right]\delta y\delta z\delta t$$

两者之差，即净流入量为

$$-\frac{\partial(\rho u_x)}{\partial x}\cdot\delta x\delta y\delta z\delta t$$

用同样的方法，可得在 y 方向和 z 方向上净流入量分别为

$$-\frac{\partial(\rho u_y)}{\partial y}\cdot\delta y\delta x\delta z\delta t \quad 和 \quad -\frac{\partial(\rho u_z)}{\partial z}\cdot\delta z\delta x\delta y\delta t$$

按照质量守恒定律，上述三个方向上净流入量之代数和必定与 δt 时间段内微元六面体内流体质量的增加量（或减少量）相等，这个增加量（或减少量）显然是由于六面体内连续介质密度加大或减小的结果，即

$$\left(\frac{\partial\rho}{\partial t}\delta t\right)\delta x\delta y\delta z$$

由此可得

$$-\left[\frac{\partial(\rho u_x)}{\partial x}+\frac{\partial(\rho u_y)}{\partial y}+\frac{\partial(\rho u_z)}{\partial z}\right]\cdot\delta x\delta y\delta z\delta t = \frac{\partial\rho}{\partial t}\delta t\delta x\delta y\delta z$$

两边除以 $\delta x\delta y\delta z$ 并移项，得

$$\frac{\partial\rho}{\partial t}+\frac{\partial(\rho u_x)}{\partial x}+\frac{\partial(\rho u_y)}{\partial y}+\frac{\partial(\rho u_z)}{\partial z}=0 \tag{3.19}$$

这就是可压缩流体三维流动的欧拉连续性方程。

可压缩流体定常流动的连续性方程为

$$\frac{\partial(\rho u_x)}{\partial x} + \frac{\partial(\rho u_y)}{\partial y} + \frac{\partial(\rho u_z)}{\partial z} = 0 \qquad (3.20)$$

不可压缩流体（ ρ 为常数）定常流动或非定常流动的连续性方程为

$$\frac{\partial u_x}{\partial x} + \frac{\partial u_y}{\partial y} + \frac{\partial u_z}{\partial z} = 0 \qquad (3.21)$$

上式表明，不可压缩流体流动时，流速 u 的空间变化是彼此关联、相互制约的，它必须受连续性方程的约束，否则流体运动的连续性将受到破坏，而不能维持正常流动。

3.3.2　微元流束与总流的连续性方程

3.3.2.1　微元流束的连续性方程

设有微元流束如图 3.7 所示，其过流断面分别为 dA_1 及 dA_2，相应的速度分别为 u_1 及 u_2，密度分别为 ρ_1 及 ρ_2。若以可压缩流体的定常流动来考虑，则微元流束的形状不随时间改变，没有流体自流束表面流入与流出。在 dt 时间内，经过 dA_1 流入的流体质量为 $dM_1 = \rho_1 u_1 dA_1 dt$，经过 dA_2 流出的流体质量为 $dM_2 = \rho_2 u_2 dA_2 dt$。

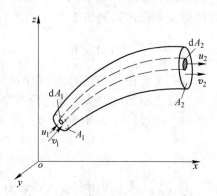

图 3.7　微元流束和总流

根据质量守恒定律，流入的质量必须等于流出的质量，可得

$$dM_1 = dM_2$$

即

$$\rho_1 u_1 dA_1 = \rho_2 u_2 dA_2 \qquad (3.22)$$

对不可压缩流体，$\rho_1 = \rho_2$，故

$$u_1 dA_1 = u_2 dA_2, \qquad 即 \quad dQ_1 = dQ_2 \qquad (3.23)$$

这就是不可压缩流体定常流动微元流束的连续性方程。它表明：在同一时间内通过微元流束上任一过流断面的流量是相等的。

3.3.2.2　总流的连续性方程

将式(3.22)对相应的过流断面进行积分，得

$$\int_{A_1} \rho_1 u_1 dA_1 = \int_{A_2} \rho_2 u_2 dA_2$$

引用式(3.18)，上式可写成

$$\rho_{1m} v_1 A_1 = \rho_{2m} v_2 A_2$$

即

$$\rho_{1m} Q_1 = \rho_{2m} Q_2 \qquad (3.24)$$

式中，ρ_{1m}、ρ_{2m} 分别为断面 1、2 上流体的平均密度。

式(3.24)就是总流的连续性方程。

对于不可压缩流体，则为

$$Q_1 = Q_2 \quad 或 \quad A_1 v_1 = A_2 v_2 \qquad (3.25)$$

上式表明：在保证连续性的运动流体中，过流断面面积是与速度成反比的。这是流体

运动中的一条很重要的规律。救火用的水管喷嘴，废水处理中的沉淀池(见图 3.8)都是这一规律在工程中的实际应用。

上述总流的连续性方程是在流量沿程不变的条件下导出的。若沿途有流量流进或流出，总流的连续性方程仍然适用，只是形式有所不同。对于图 3.9 所示的情况，则

$$Q_3 = Q_1 + Q_2, \qquad A_3 v_3 = A_1 v_1 + A_2 v_2 \qquad (3.26)$$

$$Q_4 + Q_5 = Q_1 + Q_2, \qquad A_4 v_4 + A_5 v_5 = A_1 v_1 + A_2 v_2 \qquad (3.27)$$

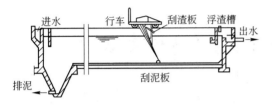

图 3.8　平流式沉淀池

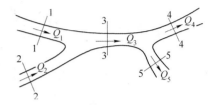

图 3.9　流量的汇入与流出

[**例题 3.3**]　在三元不可压缩流动中，已知 $u_x = x^2 + z^2 + 5$，$u_y = y^2 + z^2 - 3$，求 u_z 的表达式。

[**解**]　由连续性方程式(3.21)可知

$$\frac{\partial u_z}{\partial z} = -\left(\frac{\partial u_x}{\partial x} + \frac{\partial u_y}{\partial y}\right) = -2(x + y)$$

积分得

$$\int \frac{\partial u_z}{\partial z}\mathrm{d}z = \int -2(x + y)\,\mathrm{d}z$$

$$u_z = -2(x + y)z + C$$

上式中积分常数 C，可以是某一数值常数，也可以是与 z 无关的某一函数 $f(x, y)$，所以：

$$u_z = -(x + y)z + f(x, y)$$

[**例题 3.4**]　图 3.10 所示为一旋风除尘器，入口处为矩形断面，其面积为 $A_2 = 100\text{mm} \times 20\text{mm}$，进气管为圆形断面，其直径为 100mm，问当入口流速为 $v_2 = 12\text{m/s}$ 时，进气管中的流速 v_1 为多大?

[**解**]　根据连续性方程可知

$$A_1 v_1 = A_2 v_2$$

故　$v_1 = \dfrac{A_2 v_2}{A_1} = \dfrac{0.1 \times 0.02 \times 12}{\dfrac{\pi}{4} \times 0.1^2} = 3.06\text{m/s}$

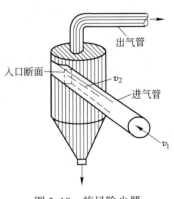

图 3.10　旋风除尘器

3.4　无黏性流体的运动微分方程

本节研究无黏性流体运动与力的关系，暂不考虑流体的内摩擦力。因此，作用在流体

表面上的力,只有垂直于受力面并指向内法线方向的流体动压力(由动压强引起)。无黏性流体任一点的动压强是该点空间坐标和时间的函数,即 $p = p(x,\ y,\ z,\ t)$。

在无黏性流体中取出一微元六面体,如图 3.11 所示。六面体各边分别与各坐标轴平行,各边长度分别为 δx、δy、δz。设六面体形心 M 的坐标为 $(x,\ y,\ z)$,在所考虑的瞬间,M 点的动压强为 p,流速为 $\boldsymbol{u}$,其分量为 u_x、u_y、u_z。又设流体密度为 ρ,流体所受的单位质量力为 $\boldsymbol{J}$,它在各轴上的分力为 X、Y、Z。

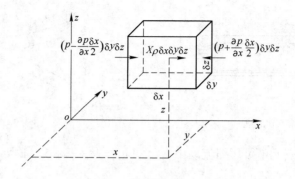

图 3.11   无黏性流体运动和受力情况

六面体内的流体在 x 轴方向上所受的表面力和质量力分别为

$$\left(p - \frac{\partial p}{\partial x}\frac{\delta x}{2}\right)\delta y\delta z - \left(p + \frac{\partial p}{\partial x}\frac{\delta x}{2}\right)\delta y\delta z \quad \text{和} \quad X\rho\delta x\delta y\delta z$$

根据牛顿第二定律,x 轴方向上的表面力和质量力之和应等于六面体内流体的质量与 x 轴方向上的加速度的乘积,即

$$\left(p - \frac{\partial p}{\partial x}\frac{\delta x}{2}\right)\delta y\delta z - \left(p + \frac{\partial p}{\partial x}\frac{\delta x}{2}\right)\delta y\delta z + X\rho\delta x\delta y\delta z = \rho\delta x\delta y\delta z\frac{\mathrm{d}u_x}{\mathrm{d}t}$$

整理上式,即可得 x 方向上单位质量流体的运动方程式为

同理可得
$$\left.\begin{array}{l} X - \dfrac{1}{\rho}\dfrac{\partial p}{\partial x} = \dfrac{\mathrm{d}u_x}{\mathrm{d}t} \\[2mm] Y - \dfrac{1}{\rho}\dfrac{\partial p}{\partial y} = \dfrac{\mathrm{d}u_y}{\mathrm{d}t} \\[2mm] Z - \dfrac{1}{\rho}\dfrac{\partial p}{\partial z} = \dfrac{\mathrm{d}u_z}{\mathrm{d}t} \end{array}\right\} \tag{3.28}$$

若写成矢量形式,则为

$$\boldsymbol{J} - \frac{1}{\rho}\nabla p = \frac{\mathrm{d}\boldsymbol{u}}{\mathrm{d}t} \tag{3.29}$$

这就是无黏性流体的运动微分方程,由欧拉 1755 年首次导出,又称欧拉运动微分方程,它奠定了古典流体力学的基础。式(3.28)中,如 $u_x = u_y = u_z = 0$,则欧拉运动微分方程就变为欧拉平衡微分方程式(2.4)。因此,欧拉平衡微分方程是欧拉运动微分方程的特例。

由质点导数的概念，则式(3.28)可变为

$$
\left.
\begin{array}{l}
X - \dfrac{1}{\rho}\dfrac{\partial p}{\partial x} = \dfrac{\partial u_x}{\partial x}u_x + \dfrac{\partial u_x}{\partial y}u_y + \dfrac{\partial u_x}{\partial z}u_z + \dfrac{\partial u_x}{\partial t} \\[3mm]
Y - \dfrac{1}{\rho}\dfrac{\partial p}{\partial y} = \dfrac{\partial u_y}{\partial x}u_x + \dfrac{\partial u_y}{\partial y}u_y + \dfrac{\partial u_y}{\partial z}u_z + \dfrac{\partial u_y}{\partial t} \\[3mm]
Z - \dfrac{1}{\rho}\dfrac{\partial p}{\partial z} = \dfrac{\partial u_z}{\partial x}u_x + \dfrac{\partial u_z}{\partial y}u_y + \dfrac{\partial u_z}{\partial z}u_z + \dfrac{\partial u_z}{\partial t}
\end{array}
\right\}
\tag{3.30}
$$

一般地说，欧拉运动微分方程中有 u_x、u_y、u_z 和 p 四个未知数，但只有三个分量方程，必须与连续性方程结合起来成为封闭方程组，才能求解。从理论上说，无黏性流体动力学问题是完全可以解决的。但是，对于一般情况的流体运动来说，由于数学上的困难，目前还找不到这些方程的积分，因而还不能求得它们的通解。因此，只限于在具有某些特定条件的流体运动中，求它们的积分和解。

3.5 无黏性流体运动微分方程的伯努利积分

无黏性流体运动微分方程只有在特定条件下的积分，其中最著名的是伯努利 (Bemoulli) 积分。这一积分是在下述条件下进行的：

（1）质量力定常而且有势，即

$$
X = \frac{\partial W}{\partial x}, \qquad Y = \frac{\partial W}{\partial y}, \qquad Z = \frac{\partial W}{\partial z}
$$

所以，势函数 $W = f(x, y, z)$ 的全微分是

$$
\mathrm{d}W = \frac{\partial W}{\partial x}\mathrm{d}x + \frac{\partial W}{\partial y}\mathrm{d}y + \frac{\partial W}{\partial z}\mathrm{d}z = X\mathrm{d}x + Y\mathrm{d}y + Z\mathrm{d}z
$$

（2）流体是不可压缩的，即 $\rho =$ 常数。

（3）流体运动是定常的，即

$$
\frac{\partial p}{\partial t} = 0, \qquad \frac{\partial u_x}{\partial t} = \frac{\partial u_y}{\partial t} = \frac{\partial u_z}{\partial t} = 0
$$

此时流线与迹线重合，即对流线来说，符合条件

$$
\left.
\begin{array}{l}
\mathrm{d}x = u_x\mathrm{d}t \\[2mm]
\mathrm{d}y = u_y\mathrm{d}t \\[2mm]
\mathrm{d}z = u_z\mathrm{d}t
\end{array}
\right\}
$$

在满足上述条件的情况下，如将式(3.28)中的各个方程对应地乘以 $\mathrm{d}x$、$\mathrm{d}y$、$\mathrm{d}z$，然后相加，可得

$$
(X\mathrm{d}x + Y\mathrm{d}y + Z\mathrm{d}z) - \frac{1}{\rho}\left(\frac{\partial p}{\partial x}\mathrm{d}x + \frac{\partial p}{\partial y}\mathrm{d}y + \frac{\partial p}{\partial z}\mathrm{d}z\right) = \frac{\mathrm{d}u_x}{\mathrm{d}t}\mathrm{d}x + \frac{\mathrm{d}u_y}{\mathrm{d}t}\mathrm{d}y + \frac{\mathrm{d}u_z}{\mathrm{d}t}\mathrm{d}z
$$

根据积分条件，可得

$$dW - \frac{1}{\rho}dp = \frac{du_x}{dt}u_x dt + \frac{du_y}{dt}u_y dt + \frac{du_z}{dt}u_z dt = u_x du_x + u_y du_y + u_z du_z$$

$$dW - \frac{1}{\rho}dp = d\left(\frac{u_x^2 + u_y^2 + u_z^2}{2}\right) = d\left(\frac{u^2}{2}\right)$$

因为 ρ 为常数，上式可写成

$$d\left(W - \frac{p}{\rho} - \frac{u^2}{2}\right) = 0$$

将上式沿流线积分，得

$$W - \frac{p}{\rho} - \frac{u^2}{2} = 常数 \tag{3.31}$$

此即无黏性流体运动微分方程的伯努利积分。它表明在有势质量力的作用下，无黏性不可压缩流体做定常流动时，函数值 $W - \frac{p}{\rho} - \frac{u^2}{2}$ 是沿流线不变的。即处于同一流线上的流体质点，其所具有的函数值 $W - \frac{p}{\rho} - \frac{u^2}{2}$ 是相同的，但对不同流线上的流体质点来说，其函数值 $W - \frac{p}{\rho} - \frac{u^2}{2}$ 是不同的。如图 3.12 所示，在同一流线上任取 1、2 两点，则有

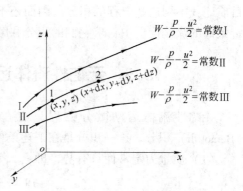

图 3.12　不同流线的伯努利积分

$$W_1 - \frac{p_1}{\rho} - \frac{u_1^2}{2} = W_2 - \frac{p_2}{\rho} - \frac{u_2^2}{2} \tag{3.32}$$

一般地说，运动流体将受到各种不同性质的质量力作用，如惯性力、质量力等。但在许多实际工程中，流体所受的质量力常常只有重力。此时，重力在各坐标轴的分量为：

$$X = 0, \quad Y = 0, \quad Z = -g$$

因此 $$dW = -g dz$$

积分得 $$W = -gz + C \quad (C 为积分常数)$$

代入式(3.31)，可得

$$gz + \frac{p}{\rho} + \frac{u^2}{2} = 常数$$

式中各项是对单位质量流体而言的。如将上式两端同除以 g，并考虑到 $\gamma = \rho g$，则有

$$z + \frac{p}{\gamma} + \frac{u^2}{2g} = 常数 \tag{3.33}$$

若对同一流线上的任意两点应用以上方程，则上式可写为

$$z_1 + \frac{p_1}{\gamma} + \frac{u_1^2}{2g} = z_2 + \frac{p_2}{\gamma} + \frac{u_2^2}{2g} \tag{3.34}$$

上式通常称为不可压缩无黏性流体的伯努利方程。由于微元流束的过流面积很小，同一断面上各点的运动要素 z、p、u 可以看成是相等的，因此式(3.33)和式(3.34)均可推广使用到微元流束中去，称为不可压缩无黏性流体微元流束的伯努利方程。

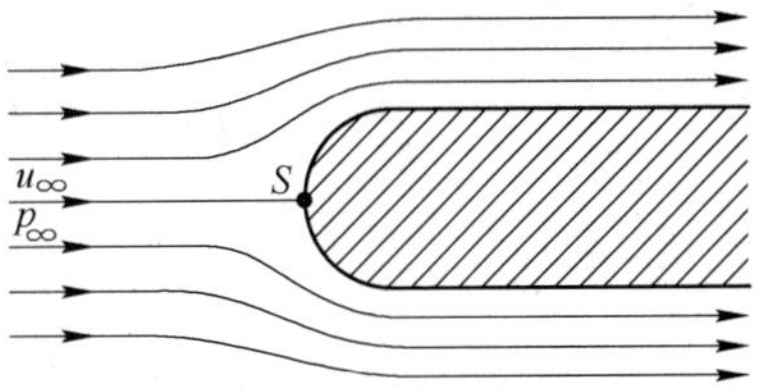

图 3.13 物体绕流

[**例题 3.5**] 物体绕流如图 3.13 所示，上游无穷远处流速为 $u_\infty = 4.2\text{m/s}$，压强为 $p_\infty = 0$ 的水流受到迎面物体的阻碍后，在物体表面上的顶冲点 S 处的流速减至零，压强升高，称 S 点为滞流点或驻点。求点 S 处的压强。

[**解**] 设滞流点 S 处的压强为 p_S，黏性作用可以忽略。根据通过 S 点的流线上伯努利方程式（3.34），有

$$z_\infty + \frac{p_\infty}{\gamma} + \frac{u_\infty^2}{2g} = z_S + \frac{p_S}{\gamma} + \frac{u_S^2}{2g}$$

$z_\infty = z_S$，代入数据，得

$$\frac{p_S}{\gamma} = \frac{p_\infty}{\gamma} + \frac{u_\infty^2}{2g} - \frac{u_S^2}{2g} = \frac{4.2^2}{2 \times 9.8} = 0.9\text{m}$$

故滞流点 S 处的压强 $p_S = 0.9\text{mH}_2\text{O}$。

3.6 黏性流体的运动微分方程及伯努利方程

3.6.1 黏性流体的运动微分方程

黏性流体的运动微分方程可以仿照欧拉运动微分方程去推导。这里不加推导直接给出不可压缩黏性流体的运动微分方程式(3.35)，称为纳维尔-斯托克斯方程（简称 N-S 方程）。

$$\left.\begin{array}{l} X - \dfrac{1}{\rho}\dfrac{\partial p}{\partial x} + \nu\,\nabla^2 u_x = \dfrac{\mathrm{d}u_x}{\mathrm{d}t} = \dfrac{\partial u_x}{\partial t} + u_x\dfrac{\partial u_x}{\partial x} + u_y\dfrac{\partial u_x}{\partial y} + u_z\dfrac{\partial u_x}{\partial z} \\[3mm] Y - \dfrac{1}{\rho}\dfrac{\partial p}{\partial y} + \nu\,\nabla^2 u_y = \dfrac{\mathrm{d}u_y}{\mathrm{d}t} = \dfrac{\partial u_y}{\partial t} + u_x\dfrac{\partial u_y}{\partial x} + u_y\dfrac{\partial u_y}{\partial y} + u_z\dfrac{\partial u_y}{\partial z} \\[3mm] Z - \dfrac{1}{\rho}\dfrac{\partial p}{\partial z} + \nu\,\nabla^2 u_z = \dfrac{\mathrm{d}u_z}{\mathrm{d}t} = \dfrac{\partial u_z}{\partial t} + u_x\dfrac{\partial u_z}{\partial x} + u_y\dfrac{\partial u_z}{\partial y} + u_z\dfrac{\partial u_z}{\partial z} \end{array}\right\} \tag{3.35}$$

式中，符号 ∇^2 为拉普拉斯算子，$\nabla^2 = \dfrac{\partial^2}{\partial x^2} + \dfrac{\partial^2}{\partial y^2} + \dfrac{\partial^2}{\partial z^2}$。

与理想流体的欧拉运动微分方程相比较，N-S 方程增加了黏性项 $\nu\,\nabla^2 u$，因此是更为复杂的非线性偏微分方程。从理论上讲，N-S 方程加上连续性方程共四个方程，完全可以求解四个未知量 u_x、u_y、u_z 及 p，但在实际流动中，大多边界条件复杂，所以很难求解。随着计算机和计算技术的发展，已有多种数值求解 N-S 方程的方法。

3.6.2   黏性流体运动的伯努利方程

和上节一样，我们只讨论在有势质量力作用下的黏性流体运动微分方程的积分。式(3.35)可变化为：

$$
\left.
\begin{aligned}
\frac{\partial}{\partial x}\left(W - \frac{p}{\rho} - \frac{u^2}{2}\right) + \nu\,\nabla^2 u_x = 0 \\
\frac{\partial}{\partial y}\left(W - \frac{p}{\rho} - \frac{u^2}{2}\right) + \nu\,\nabla^2 u_y = 0 \\
\frac{\partial}{\partial z}\left(W - \frac{p}{\rho} - \frac{u^2}{2}\right) + \nu\,\nabla^2 u_z = 0
\end{aligned}
\right\}
\tag{3.36}
$$

如果流体运动是定常的，流体质点沿流线运动的微元长度 $\mathrm{d}l$ 在各轴上的投影分别为 $\mathrm{d}x$，$\mathrm{d}y$，$\mathrm{d}z$。将式 (3.36) 中各方程分别乘以 $\mathrm{d}x$，$\mathrm{d}y$，$\mathrm{d}z$，然后相加，得

$$
\mathrm{d}\left(W - \frac{p}{\rho} - \frac{u^2}{2}\right) + \nu(\nabla^2 u_x \mathrm{d}x + \nabla^2 u_y \mathrm{d}y + \nabla^2 u_z \mathrm{d}z) = 0
\tag{3.37}
$$

式中，$\nu\,\nabla^2 u_x$，$\nu\,\nabla^2 u_y$，$\nu\,\nabla^2 u_z$ 等项系单位质量黏性流体所受切向力对相应轴的投影，因此上式中的第二项即为这些切向力在流线微元长度 $\mathrm{d}l$ 上所做的功。因为在黏性流体运动中，这些切向力的合力的方向总是与流体运动方向相反的，故所做的功为负功。由此可将上式中的第二项表示为：$\nu(\nabla^2 u_x \mathrm{d}x + \nabla^2 u_y \mathrm{d}y + \nabla^2 u_z \mathrm{d}z) = -\mathrm{d}w_R$，$w_R$ 为阻力功。代入式(3.37)，则有

$$
\mathrm{d}\left(W - \frac{p}{\rho} - \frac{u^2}{2} - w_R\right) = 0
$$

将上式沿流线积分，可得

$$
W - \frac{p}{\rho} - \frac{u^2}{2} - w_R = 常数
\tag{3.38}
$$

此即黏性流体运动微分方程的伯努利积分。它表明在有势质量力的作用下，黏性不可压缩流体作定常流动时，函数值 $W - \dfrac{p}{\rho} - \dfrac{u^2}{2} - w_R$ 是沿流线不变的。在同一流线上任取 1、2 两点，则有

$$
W_1 - \frac{p_1}{\rho} - \frac{u_1^2}{2} - w_{R1} = W_2 - \frac{p_2}{\rho} - \frac{u_2^2}{2} - w_{R2}
\tag{3.39}
$$

当作用于流体的质量力只有重力，且取垂直向上的坐标为 z 轴时，则有

$$
W_1 = -gz_1; \qquad W_2 = -gz_2
$$

代入式(3.39)，经整理可得到

$$
z_1 + \frac{p_1}{\gamma} + \frac{u_1^2}{2g} = z_2 + \frac{p_2}{\gamma} + \frac{u_2^2}{2g} + \frac{1}{g}(w_{R2} - w_{R1})
\tag{3.40}
$$

式中，$w_{R2} - w_{R1}$ 表示单位质量黏性流体自点 1 运动到点 2 的过程中内摩擦力所作功的增量。令 $h_1' = \dfrac{1}{g}(w_{R2} - w_{R1})$，它表示单位重量黏性流体沿流线从点 1 到点 2 的路程上所接受的摩阻功，则式(3.40)可写成

$$z_1 + \frac{p_1}{\gamma} + \frac{u_1^2}{2g} = z_2 + \frac{p_2}{\gamma} + \frac{u_2^2}{2g} + h_1' \tag{3.41}$$

此即黏性流体运动的伯努利方程。它表明单位重量黏性流体在沿流线运动时，其有关值（即与 z，p，u 有关的函数值）的总和是沿流向逐渐减少的。上式也可推广到微元流束，称为黏性流体微元流束的伯努利方程。

3.6.3 伯努利方程的能量意义和几何意义

伯努利方程中的每一项都具有相应的能量意义，方程式中 z，$\frac{p}{\gamma}$ 分别表示单位重量流体流经某点时所具有的位能（称为比位能）和压能（称为比压能）。$\frac{u^2}{2g}$ 是单位重量流体流经给定点时的动能，称为比动能。h_1' 是单位重量流体在流动过程中所损耗的机械能，称为能量损失。

无黏性流体运动的伯努利方程表明单位重量无黏性流体沿流线自位置 1 流到位置 2 时，其位能、压能、动能可能有变化，或互相转化，但它们的总和（称为总机械能）是不变的。因此，伯努利方程是能量守恒与转换原理在流体力学中的体现。

黏性流体运动的伯努利方程表明单位重量黏性流体沿流线自位置 1 流到位置 2 时，不但各项能量可能有变化，或互相转化，而且它的总机械能也是有损失的。

参照流体静力学中水头的概念，也可看出伯努利方程中每一项都具有相应的几何意义。方程式中 z，$\frac{p}{\gamma}$ 分别表示单位重量流体流经某点时所具有的位置水头（简称位头）和压强水头（简称压头）。$\frac{u^2}{2g}$ 是单位重量流体流经给定点时，因其具有速度 u，可以向上自由喷射而能够达到的高度，称为速度水头，简称速度头。

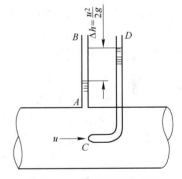

图 3.14　速度水头示意图

速度头可由实验测出。如图 3.14 所示，在管路中某处装上一个顶端开一小孔，并弯成 90°角的小玻璃管 CD，使小孔正对流来的流体；同时在 C 点上方的管壁上，也装一个一般的测压管 AB（工程上把这种形式的测速管称为毕托管）。当水在管中流动时，可明显测出 AB 和 CD 两管水面所形成的高度差 Δh。这是由于水流以速度 u 流入 CD 管中到达一定的高度后，不再流动，它所具有的动量便转变为冲量，形成压强而出现的压强高度。当不考虑任何阻力时，$\Delta h = \frac{u^2}{2g}$。

h_1' 也是一个具有长度量纲的值，称为损失水头。

无黏性流体运动伯努利方程的几何意义是：无黏性流体沿流线自位置 1 流到位置 2 时，其各项水头可能有变化，或互相转化，但其各项水头之和（称为总水头）是不变的，是一常数。黏性流体运动的伯努利方程表明黏性流体沿流线自位置 1 流到位置 2 时，其各项水头不但可能有变化，或互相转化，而且总水头也必然沿流向降低。

由于伯努利方程中每一项都具有水头意义，因此可用几何图形表达伯努利方程的意义。图 3.15（a）所示为无黏性流体微元流束伯努利方程，图 3.15（b）所示则为黏性流体微元流束伯努利方程。

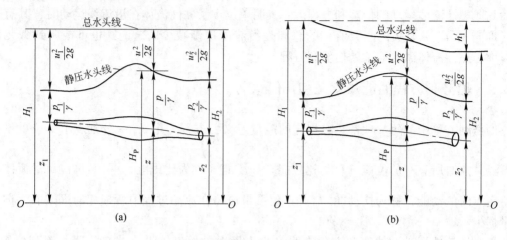

图 3.15　伯努利方程的图形表示

（a）无黏性流体运动；（b）黏性流体运动

在无黏性流体运动中，沿同一流线上各点的总水头是相等的，其总水头顶点的连线（称为总水头线）是一条水平线。压强顶点的连线（称为静压水头线或测压管水头线）是一条随过流断面改变而起伏的曲线。在黏性流体运动中，总水头是沿着流向减少的，所以其总水头线是一条沿流向向下倾斜的曲线（如果微元流束的过流断面是相等的，则为直线）。

［**例题 3.6**］　在 $D = 150\text{mm}$ 的水管中，装一带水银压差计的毕托管，用来测量管轴心处的流速，如图 3.16 所示，管中水流均速 v 为管轴处流速 u 的 0.84 倍，如果 1、2 两点相距很近而且毕托管加工良好，不计水流阻力。求水管中流量。

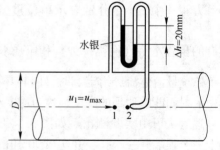

图 3.16　毕托管测流速

［**解**］　取管轴水平面为基准面 O—O，过水断面 1—1、2—2 经过 1、2 两点并垂直于流向。由于可以忽略水流自点 1 流到点 2 时的能量损失，因此可列出 1、2 两点间的伯努利方程

$$z_1 + \frac{p_1}{\gamma_\text{W}} + \frac{u_1^2}{2g} = z_2 + \frac{p_2}{\gamma_\text{W}} + \frac{u_2^2}{2g}$$

因为 $z_1 = z_2 = 0$，$u_1 = u_\text{max}$，$u_2 = 0$，故得

$$u_\text{max} = \sqrt{2g \times \frac{p_2 - p_1}{\gamma_\text{W}}} \qquad (1)$$

由流体静力学知，　　　　$p_2 - p_1 = (\gamma_\text{M} - \gamma_\text{W})\Delta h$

即　　　　　　　$\dfrac{p_2 - p_1}{\gamma_\text{W}} = \dfrac{(\gamma_\text{M} - \gamma_\text{W})\Delta h}{\gamma_\text{W}}$

将其代入式（1），可得

$$u_{\max} = \sqrt{2g \times \frac{(\gamma_{\mathrm{M}} - \gamma_{\mathrm{W}})\Delta h}{\gamma_{\mathrm{W}}}} = \sqrt{2 \times 9.8 \times \frac{(133280 - 9800) \times 0.02}{9800}} = 2.22\mathrm{m/s}$$

由此可得 $\qquad\qquad v = 0.84u_{\max} = 0.84 \times 2.22 = 1.87\mathrm{m/s}$

$$Q = Av = \frac{\pi \times 0.15^2}{4} \times 1.87 = 0.033\mathrm{m^3/s} = 33\mathrm{L/s}$$

3.7 黏性流体总流的伯努利方程

为了应用伯努利方程来解决工程中的实际流体流动问题，应将微元流速的伯努利方程推广到总流，得出总流的伯努利方程。但总流的情况比较复杂，同一过流断面上各点的 z，p，u 等值各不相同，不能用前述方法处理。因此，这里先分析总流的情况，然后推导总流的伯努利过程。

3.7.1 急变流和缓变流

急变流是指流线之间的夹角 β 很大或流线的曲率半径 r 很小的流动。如图 3.17 所示，流段 1—2、2—3、4—5 内的流动是急变流。在急变流中，既有不能忽略的惯性力，而且内摩擦力在垂直于流线的过流断面上也有分量。在这种流段的过流断面上，存在着一些成因复杂的力。因此，将伯努利方程中的过流断面取在这样的流段当中是不适当的。

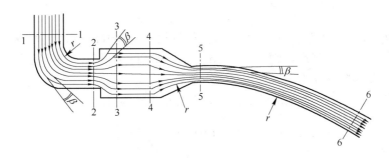

图 3.17 急变流与缓变流

缓变流是指流线之间的夹角很小或流线的曲率半径很大的近乎平行直线或平行直线的流动。如图 3.17 中的流段 3—4、5—6 内的流动是缓变流。在缓变流段中，过流断面基本上都是平面。由于流线曲率半径很大，形成的离心惯性力很小，可以忽略，而且内摩擦力在过流断面上也几乎没有分量。因此，在这种过流断面上的压强分布符合流体静压强分布规律。

可以证明，在缓变流中同一过流断面的任一点，其压强与位置的关系满足下式：

$$z + \frac{p}{\gamma} = 常数 \tag{3.42}$$

但需要指出的是，如果过流断面不同，则上式中的常数值也不同。如果在缓变流段中的过流断面上安装一些测压管，可以看出，凡是安装在同一过流断面上的测压管，其水头面都处在同一高度上，但不同过流断面上的测压管水头高度不同。

3.7.2 动量校正系数和动能校正系数

设流体过流断面上的均速用 v 表示，某点的速度用 u 表示，则根据流量的定义可知，用均速 v 表示的流量 Q_v 和用点速 u 表示的流量 Q_u 是相等的，即有

$$Q_v = Av = Q_u = \int_A u\mathrm{d}A \tag{3.43}$$

但用点速和均速来分别表示过流断面上的流体动量或动能时，其值并不相等。

3.7.2.1 动量校正系数

设以点速 u 表示的流体动量为 M_u，以均速 v 表示流体动量为 M_v，则

$$M_u = \int_A \rho u\mathrm{d}Au = \rho\int_A u^2\mathrm{d}A, \qquad M_v = \rho vAv = \rho v^2 A = \rho\int_A v^2\mathrm{d}A$$

故

$$\frac{M_u}{M_v} = \frac{\rho\displaystyle\int_A u^2\mathrm{d}A}{\rho\displaystyle\int_A v^2\mathrm{d}A} = \frac{\displaystyle\int_A u^2\mathrm{d}A}{\displaystyle\int_A v^2\mathrm{d}A}$$

v 是过流断面上 u 的算术平均值，从数学上知道，任何 n 个数值平方的总和，总是大于其算术平均值平方的 n 倍。因此

$$\frac{\displaystyle\int_A u^2\mathrm{d}A}{\displaystyle\int_A v^2\mathrm{d}A} = \alpha_0 > 1 \quad 即 \quad M_u = \alpha_0 M_v \tag{3.44}$$

式中，α_0 称为动量校正系数，据实测，在直管（或直渠）的高速水流中，$\alpha_0 = 1.02 \sim 1.05$，在一般工程计算中，为了简化计算，可取 $\alpha_0 \approx 1$，即实际上可以不需校正。

3.7.2.2 动能校正系数

当用点速 u 表示流经过流断面 A 的流体动能 E_u 时，则有

$$E_u = \int_A \frac{1}{2}(\rho u\mathrm{d}A)u^2 = \frac{1}{2}\int_A \rho u^3\mathrm{d}A = \frac{1}{2}\int_A \rho(v \pm \Delta u)^3\mathrm{d}A$$

$$= \frac{1}{2}\left(\int_A \rho v^3\mathrm{d}A \pm 3v^2\rho\int_A \Delta u\mathrm{d}A + 3v\rho\int_A \Delta u^2\mathrm{d}A \pm \rho\int_A \Delta u^3\mathrm{d}A\right)$$

因为 $\displaystyle\int_A \Delta u\mathrm{d}A = 0$，且等式右端第四项之值很小，可以忽略，故上式可写成

$$E_u = \frac{1}{2}\left(\rho v^3\int_A \mathrm{d}A + 3v\rho\int_A \Delta u^2\mathrm{d}A\right)$$

用均速 v 表示过流断面的流体动能为

$$E_v = \frac{1}{2}(\rho vA)v^2 = \frac{1}{2}\rho v^3 A$$

可以看出，$E_u > E_v$，有

$$E_u = \alpha E_v \tag{3.45}$$

式中，α 称为动能校正系数，据实测，在实际流体流动中，$\alpha = 1.05 \sim 1.10$。在一般工程计算中，也可取 $\alpha \approx 1$。

3.7.3 总流的伯努利方程

设有不可压缩黏性流体作定常流动，如图 3.18
所示。在其中取一微元流束，则其伯努利方程为

$$z_1 + \frac{p_1}{\gamma} + \frac{u_1^2}{2g} = z_2 + \frac{p_2}{\gamma} + \frac{u_2^2}{2g} + h_1'$$

设单位时间内通过沿此微元流束的流体重量
为 $\gamma \mathrm{d}Q$，则其能量关系为

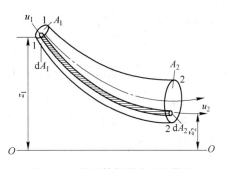

图 3.18　总流伯努利方程的推导

$$z_1 \gamma \mathrm{d}Q + \frac{p_1}{\gamma}\gamma \mathrm{d}Q + \frac{u_1^2}{2g}\gamma \mathrm{d}Q = z_2 \gamma \mathrm{d}Q + \frac{p_2}{\gamma}\gamma \mathrm{d}Q + \frac{u_2^2}{2g}\gamma \mathrm{d}Q + h_1'\gamma \mathrm{d}Q$$

将式中各项沿相应过流断面对流量进行积分，则得总流的能量方程为

$$\int_Q z_1 \gamma \mathrm{d}Q + \int_Q \frac{p_1}{\gamma}\gamma \mathrm{d}Q + \int_Q \frac{u_1^2}{2g}\gamma \mathrm{d}Q = \int_Q z_2 \gamma \mathrm{d}Q + \int_Q \frac{p_2}{\gamma}\gamma \mathrm{d}Q + \int_Q \frac{u_2^2}{2g}\gamma \mathrm{d}Q + \int_Q h_1'\gamma \mathrm{d}Q$$

$$(3.46)$$

上式中的积分可分解为三部分，第一部分为等式两端的前两项，可写成

$$\int_Q z\gamma \mathrm{d}Q + \int_Q \frac{p}{\gamma}\gamma \mathrm{d}Q = \int_Q \left(z + \frac{p}{\gamma} \right)\gamma \mathrm{d}Q = \gamma \int_A \left(z + \frac{p}{\gamma} \right) u \mathrm{d}A$$

若过流断面取在缓变流段中，则 $z + \dfrac{p}{\gamma} = $ 常数，　因此

$$\gamma \int_A \left(z + \frac{p}{\gamma} \right) u \mathrm{d}A = \gamma \left(z + \frac{p}{\gamma} \right) \int_A u \mathrm{d}A = \left(z + \frac{p}{\gamma} \right) \gamma Q$$

第二部分积分为等式中的第三项 $\displaystyle\int_Q \frac{u_1^2}{2g}\gamma \mathrm{d}Q$，它可以用均速表示，即

$$\int_Q \frac{u_1^2}{2g}\gamma \mathrm{d}Q = \int_A \frac{1}{2}\rho u^3 \mathrm{d}A = \int_A \frac{1}{2}(\rho u \mathrm{d}A) u^2 = \alpha \left(\frac{1}{2}\rho v^3 A \right) = \frac{\alpha v^2}{2g}\gamma Q$$

第三部分为式中最后一项 $\displaystyle\int_Q h_1'\gamma \mathrm{d}Q$，它表示流体质点从过流断面 1—1 流到断面 2—2
时的机械能损失之和。若用 h_1 表示单位重量流体的平均能量损失，则可得到

$$\int_Q h_1'\gamma \mathrm{d}Q = h_1 \gamma Q$$

将三部分积分结果代入式(3.46)，并将各项同除以 γQ，即可得单位重量流体总流的
能量表达式

$$z_1 + \frac{p_1}{\gamma} + \frac{\alpha_1 v_1^2}{2g} = z_2 + \frac{p_2}{\gamma} + \frac{\alpha_2 v_2^2}{2g} + h_1 \qquad (3.47)$$

上式即为黏性不可压缩流体在重力场中作定常流动时的总流伯努利方程，是工程流体
力学中很重要的方程。在使用总流伯努利方程时，要注意其适用条件：

(1) 流体是不可压缩的；

(2) 流体作定常流动；

(3) 作用于流体上的力只有重力；

(4) 所取过流断面 1—1、2—2 都在缓变流区域，但两断面之间不必都是缓变流段，

而且过流断面上所取的点并不要求在同一流线上；

（5）所取两过流断面间没有流量汇入或流量分出，也没有能量的输入或输出。

3.7.4　其他几种形式的伯努利方程

3.7.4.1　气流的伯努利方程

定常流动总流的伯努利方程式(3.47)应该说也适用于不可压缩气体流动情况，但气体流动时，其重度 γ 一般是变化的。如果不考虑气体内能的影响，则气流的伯努利方程为

$$z_1 + \frac{p_1}{\gamma_1} + \frac{\alpha_1 v_1^2}{2g} = z_2 + \frac{p_2}{\gamma_2} + \frac{\alpha_2 v_2^2}{2g} + h_1 \tag{3.48}$$

3.7.4.2　有能量输入或输出的伯努利方程

如果在流体流动的两过流断面之间有能量的输入或输出时，此输入或输出的能量可以用 $\pm E$ 表示，则伯努利方程为

$$z_1 + \frac{p_1}{\gamma} + \frac{\alpha_1 v_1^2}{2g} \pm E = z_2 + \frac{p_2}{\gamma} + \frac{\alpha_2 v_2^2}{2g} + h_1 \tag{3.49}$$

如果流体机械对流体作功，即向系统输入能量时，上式中 E 取正号，如水泵或风机；如果流体对流体机械作功，即系统输出能量时，上式中 E 取负号，如水轮机管路系统。

3.7.4.3　有流量分流或汇流的伯努利方程

如果在所取两过流断面之间有流量的汇入，如图 3.19（a）所示，则伯努利方程为

$$\left. \begin{aligned} z_1 + \frac{p_1}{\gamma} + \frac{\alpha_1 v_1^2}{2g} &= z_3 + \frac{p_3}{\gamma} + \frac{\alpha_3 v_3^2}{2g} + h_{11-3} \\ z_2 + \frac{p_2}{\gamma} + \frac{\alpha_2 v_2^2}{2g} &= z_3 + \frac{p_3}{\gamma} + \frac{\alpha_3 v_3^2}{2g} + h_{12-3} \end{aligned} \right\} \tag{3.50}$$

如果在所取两过流断面之间有流量的分出，如图 3.19（b）所示，则伯努利方程为

$$\left. \begin{aligned} z_1 + \frac{p_1}{\gamma} + \frac{\alpha_1 v_1^2}{2g} &= z_2 + \frac{p_2}{\gamma} + \frac{\alpha_2 v_2^2}{2g} + h_{11-2} \\ z_1 + \frac{p_1}{\gamma} + \frac{\alpha_1 v_1^2}{2g} &= z_3 + \frac{p_3}{\gamma} + \frac{\alpha_3 v_3^2}{2g} + h_{11-3} \end{aligned} \right\} \tag{3.51}$$

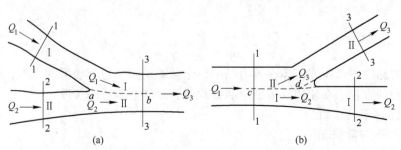

(a)　　　　　　　　　　　　　　　　(b)

图 3.19　流量的汇入与分出

这两种情况中流体连续性方程分别为

汇流情况：$\qquad\qquad Q_1 + Q_2 = Q_3$

分流情况：$\qquad\qquad Q_1 = Q_2 + Q_3$

3.7.5 伯努利方程的应用举例

[**例题 3.7**]　某厂从高位水池引出一条供水管路 AB，如图 3.20 所示。已知管道直径 $D = 300\mathrm{mm}$，管中流量 $Q = 0.04\mathrm{m}^3/\mathrm{s}$，安装在 B 点的压力表读数为 $9.8 \times 10^4\mathrm{Pa}$，高度 $H = 20\mathrm{m}$，求管路 AB 中的水头损失。

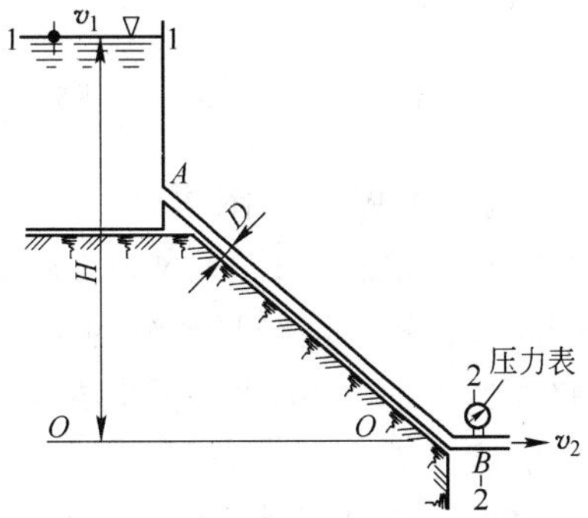

[**解**]　选取水平基准面 O—O，过水断面 1—1、2—2，如图 3.20 所示。可列出 1—1、2—2 两断面间的伯努利方程

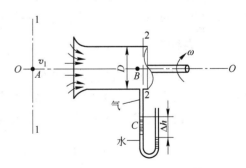

图 3.20　供水管路

$$z_1 + \frac{p_1}{\gamma} + \frac{\alpha_1 v_1^2}{2g} = z_2 + \frac{p_2}{\gamma} + \frac{\alpha_2 v_2^2}{2g} + h_1$$

根据已知条件，$z_1 = H = 20\mathrm{m}$，$z_2 = 0$。

伯努利方程两端使用相对压强，因而

$$\frac{p_1}{\gamma} = 0, \qquad \frac{p_2}{\gamma} = \frac{1 \times 9.8 \times 10^4}{9800} = 10\mathrm{mH_2O}, \qquad \alpha_1 = \alpha_2 = 1, \qquad v_1 \approx 0$$

$$v_2 = \frac{Q}{A} = \frac{0.04}{\frac{\pi}{4} \times 0.3^2} = 0.566\mathrm{m/s}$$

将上述各值代入伯努利方程，得

$$h_1 = z_1 + \frac{p_1}{\gamma} + \frac{\alpha_1 v_1^2}{2g} - z_2 - \frac{p_2}{\gamma} - \frac{\alpha_2 v_2^2}{2g} = 20 - 10 - \frac{0.566^2}{2 \times 9.8} = 9.98\mathrm{mH_2O}$$

即管路 AB 中的水头损失为 $9.98\mathrm{m}$ 水柱。

[**例题 3.8**]　如图 3.21 为轴流式通风机的吸入管，已知管内径 $D = 0.3\mathrm{m}$，空气重度 $\gamma_a = 12.6\mathrm{N/m}^3$，由装在管壁下侧的 U 形测压管测得 $\Delta h = 0.2\mathrm{m}$，求此通风机的风量 Q。

[**解**]　选取水平基准面 O—O，过水断面 1—1、2—2，如图所示。由于吸入管不长，可忽略能量损失，并将空气视为不可压缩流体，列出 1—1、2—2 两断面间无黏性流体总流的伯努利方程

图 3.21　轴流式通风机吸入管

$$z_1 + \frac{p_1}{\gamma_a} + \frac{\alpha_1 v_1^2}{2g} = z_2 + \frac{p_2}{\gamma_a} + \frac{\alpha_2 v_2^2}{2g}$$

根据已知条件，$z_1 = z_2 = 0$，$p_1 = p_A = p_a$，$p_2 = p_B = p_C = p_a - \gamma_\mathrm{W}\Delta h$，$v_1 \approx 0$，因此

$$v_2 = \sqrt{2g\frac{p_1 - p_2}{\gamma_a}} = \sqrt{2g\frac{p_a - (p_a - \gamma_\mathrm{W}\Delta h)}{\gamma_a}}$$

$$= \sqrt{2g \frac{\gamma_w \Delta h}{\gamma_a}} = \sqrt{2 \times 9.8 \times \frac{9800 \times 0.2}{12.6}}$$

$$= 55.2 \text{m/s}$$

通风机风量

$$Q = A_2 v_2 = \frac{\pi \times 0.3^2}{4} \times 55.2 = 3.90 \text{m}^3/\text{s}$$

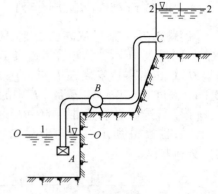

[例题 3.9]　如图 3.22 为水泵管路系统。已知吸水管和压水管直径 D 均为 200mm，管中流量 $Q = 0.06\text{m}^3/\text{s}$，排水池与吸水池的水面高差 $H = 25\text{m}$。设管路 $A-B-C$ 中的水头损失 $h_1 = 5\text{m}$，求水泵向系统输入的能量 E。

[解]　选取吸水池水面为水平基准面 O—O 及过流断面 1—1，排水池水面为过流断面 2—2。列 1—1、2—2两断面间的伯努利方程

图 3.22　水泵管路系统

$$z_1 + \frac{p_1}{\gamma} + \frac{\alpha_1 v_1^2}{2g} + E = z_2 + \frac{p_2}{\gamma} + \frac{\alpha_2 v_2^2}{2g} + h_1$$

根据已知条件，$z_1 = 0$，$z_2 = 25$，$p_1 = p_2 = p_a$，$v_1 = v_2 \approx 0$，$h_1 = 5\text{m}$，因此

$$E = z_2 + h_1 = 25 + 5 = 30\text{mH}_2\text{O}$$

工程上常以 $E = H$，称为水泵的扬程，它用来提高水位和克服管路中的阻力损失。

3.8　测量流速和流量的仪器

工程上常用的测量流速和流量的仪器，大都是以伯努利方程为工作原理而制成的，下面分别介绍测量流速和流量的仪器——毕托管和文丘里流量计。

3.8.1　毕托管

毕托管是将流体动能转化为压能，从而通过测压计测定流体运动速度的仪器，它具有可靠度高、成本低、耐用性好、使用简便等优点。

最简单的毕托管就是一根弯成 90° 的开口细管，如图 3.23（a）所示。测量管中某点

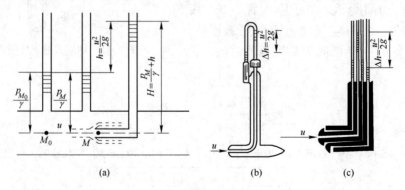

（a）　　　　　　　　　（b）　　　　　　　（c）

图 3.23　毕托管

M 的流速时，就将弯管一端的开口放在 M 点，并正对流向，流体进入管中上升到某一高度后，速度变为零（M 点称为停滞点）。在过 M 点的同一流线上，有一与 M 点极为接近的 M_0 点，其流速为 u，根据伯努利方程可得

$$z_{M_0} + \frac{p_{M_0}}{\gamma} + \frac{u^2}{2g} = z_M + H = z_M + \frac{p_M}{\gamma} + h$$

$z_{M_0} = z_M$，因为 M_0 与 M 非常接近，可认为 $p_{M_0} = p_M$，因此可得到

$$u = \sqrt{2gh} \tag{3.52}$$

这表明，M_0 点的流体动能 $\frac{u^2}{2g}$ 转化成为停滞点 M 的流体压能 h。但由于实际流体具有黏性，能量转换时会有损失，所以对上式进行修正后得到

$$u = c\sqrt{2gh} \tag{3.53}$$

式中，c 称为毕托管的流速系数，一般条件下 $c = 0.97 \sim 0.99$。如果毕托管制作精密，头部及尾柄对流动扰动不大时，c 可近似取为 1。

毕托管经常与测压管组合在一起使用，如图 3.23（b）、（c）所示，用以测定水管、风管、渠道和矿井巷道中任意一点的流体速度。

3.8.2　文丘里流量计

文丘里流量计是节流式流量计的一种，用来测量管路中流体的流量。它由渐缩管 A、喉管 B 和渐扩管 C 三部分组成，如图 3.24 所示。

假定无黏性流体在此管路中作定常流动，在渐缩管和喉管上各安装一根测压管，并设置水平基准面 $O—O$，取过流断面 1—1 及 2—2，列伯努利方程

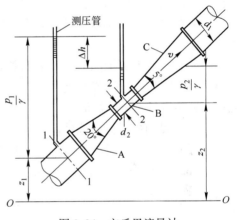

图 3.24　文丘里流量计

$$z_1 + \frac{p_1}{\gamma} + \frac{v_1^2}{2g} = z_2 + \frac{p_2}{\gamma} + \frac{v_2^2}{2g}$$

由流体连续性方程，得 $A_1 v_1 = A_2 v_2$，$v_2 = \dfrac{A_1}{A_2} v_1 = \left(\dfrac{\pi d_1^2}{4} \middle/ \dfrac{\pi d_2^2}{4} \right) v_1 = \dfrac{d_1^2}{d_2^2} v_1$

代入上述伯努利方程，得

$$\left(z_1 + \frac{p_1}{\gamma} \right) - \left(z_2 + \frac{p_2}{\gamma} \right) = \frac{v_1^2}{2g} \left(\frac{d_1^4}{d_2^4} - 1 \right)$$

$$v_1 = \frac{1}{\sqrt{\dfrac{d_1^4}{d_2^4} - 1}} \sqrt{2g \left[\left(z_1 + \frac{p_1}{\gamma} \right) - \left(z_2 + \frac{p_2}{\gamma} \right) \right]}$$

设 $\dfrac{\sqrt{2g}}{\sqrt{\dfrac{d_1^4}{d_2^4} - 1}} = k$，$\left(z_1 + \dfrac{p_1}{\gamma}\right) - \left(z_2 + \dfrac{p_2}{\gamma}\right) = \Delta h$，则

$$v_1 = k\sqrt{\Delta h} \tag{3.54}$$

k 称为仪器常数，对于某一固定尺寸的文丘里流量计，k 为常数。故流体流量为

$$Q = A_1 v_1 = \frac{\pi d_1^2}{4} k\sqrt{\Delta h} \tag{3.55}$$

由于没有考虑能量损失，上式计算得到的值将大于实际流量，加以修正后得

$$Q = \mu \frac{\pi d_1^2}{4} k\sqrt{\Delta h} \tag{3.56}$$

式中，μ 称为文丘里流量计的流量系数，其值与管子的材料、尺寸、加工精度、安装质量、流体黏性及其运动速度等因素有关，只能通过实验来确定，通常绘制成图表供测定流量时选用。在一般情况下，μ 约在 $0.95 \sim 0.98$ 之间。

工程上为了尽量减少运动流体的能量损失，常把文丘里流量计的内壁做成流线型，称为文丘里喷管。文丘里流量计和文丘里喷管在工程中有广泛应用，使用时应注意如下事项：

（1）喉管中压强不能过低，否则会产生汽化现象，破坏液流的连续性，使流量计不能正常工作。

（2）在流量计前面 15 倍管径的长度内，不要安装闸门、阀门、弯管或其他局部装置，以免干扰流动，影响流量系数的数值。

（3）测试前应设法排除掉测压管内的气泡。

[**例题 3.10**]　用文丘里流量计测量流量如图 3.25 所示。已知管径 $D = 100\text{mm}$，$d = 50\text{mm}$，测压管高度 $z_1 + \dfrac{p_1}{\gamma} = 1.0\text{m}$，$z_2 + \dfrac{p_2}{\gamma} = 0.6\text{m}$，流量系数 $\mu = 0.98$。求管路中的流量 Q。

[**解**]　选取过水断面 1—1、2—2 如图 3.25 所示。两测压管高差

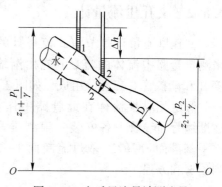

图 3.25　文丘里流量计测流量

$$\Delta h = \left(z_1 + \frac{p_1}{\gamma}\right) - \left(z_2 + \frac{p_2}{\gamma}\right) = 1.0 - 0.6 = 0.4\text{m}$$

由式（3.56）可得

$$Q = \mu \frac{\pi d_1^2}{4} k\sqrt{\Delta h} = \mu \frac{\pi d_1^2 \sqrt{2g}}{4\sqrt{\dfrac{d_1^4}{d_2^4} - 1}} \sqrt{\Delta h}$$

$$= 0.98 \times \frac{\pi \times 0.1^2 \sqrt{2 \times 9.8}}{4 \times \sqrt{(0.1/0.05)^4 - 1}} \sqrt{0.4}$$

$$= 0.00556\text{m}^3/\text{s}$$

3.9 定常流动总流的动量方程及其应用

流体动量方程是自然界动量守恒定律在流体运动中的具体表达式，它反映了流体动量变化与作用力之间的关系。工程中许多流体力学问题，例如水在弯管中流动时对管壁的作用力，射流对壁面的冲击力，快艇在水中航行时水流给快艇的巨大推力，水流作用于闸门上的动水总压力等，都需要用流体的动量方程来分析。

3.9.1 定常流动总流的动量方程

由物理学可知，动量定理是：物体在运动过程中，动量对时间的变化率，等于作用在物体上各外力的合力矢量，即

$$\frac{\mathrm{d}}{\mathrm{d}t}(\Sigma m\boldsymbol{v}) = \frac{\mathrm{d}\boldsymbol{M}}{\mathrm{d}t} = \Sigma\boldsymbol{F} \tag{3.57}$$

现将这一定理应用到流体的定常流动中。设在总流中任取一微元流束段 1—2，其过流断面分别为 1—1 及 2—2，如图 3.26 所示，过流断面 1—1 及 2—2 上的压强分别为 p_1、p_2，速度分别为 $\boldsymbol{u}_1$、$\boldsymbol{u}_2$。经过 $\mathrm{d}t$ 时间后，流束段 1—2 将沿着流线运动到 1'—2'的位置，流束段的动量因而发生变化。

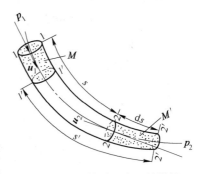

图 3.26 流体动量方程的推导

流束段的动量变化为流束段 1'—2'的动量 $\boldsymbol{M}_{1'-2'}$ 与流束段 1—2 的动量 $\boldsymbol{M}_{1-2}$ 之差，但因为是定常流动，在 $\mathrm{d}t$ 时间内，经过流束段 1'—2 的动量没有变化，因此 $\mathrm{d}t$ 时间内的动量变化，应等于流束段 2—2'与流束段 1—1'两者的动量差，即

$$\mathrm{d}\boldsymbol{M} = \boldsymbol{M}_{2-2'} - \boldsymbol{M}_{1-1'} = \mathrm{d}m_2\boldsymbol{u}_2 - \mathrm{d}m_1\boldsymbol{u}_1 = \rho\mathrm{d}Q_2\mathrm{d}t\boldsymbol{u}_2 - \rho\mathrm{d}Q_1\mathrm{d}t\boldsymbol{u}_1$$

将上式推广到总流中，则得

$$\Sigma\mathrm{d}\boldsymbol{M} = \int_{Q_2}\rho\mathrm{d}Q_2\mathrm{d}t\boldsymbol{u}_2 - \int_{Q_1}\rho\mathrm{d}Q_1\mathrm{d}t\boldsymbol{u}_1 = \rho\mathrm{d}t\left(\int_{Q_2}\mathrm{d}Q_2\boldsymbol{u}_2 - \int_{Q_1}\mathrm{d}Q_1\boldsymbol{u}_1\right) \tag{3.58}$$

根据定常总流的连续性方程，有

$$\int_{Q_2}\mathrm{d}Q_2 = Q_2 = \int_{Q_1}\mathrm{d}Q_1 = Q_1 = Q$$

根据动量校正系数的概念，将均速 v 引入式(3.58)，得到

$$\Sigma\mathrm{d}\boldsymbol{M} = \rho Q\mathrm{d}t(\alpha_{02}\boldsymbol{v}_2 - \alpha_{01}\boldsymbol{v}_1)$$

由式(3.57)，即得

$$\Sigma\boldsymbol{F} = \rho Q(\alpha_{02}\boldsymbol{v}_2 - \alpha_{01}\boldsymbol{v}_1) \tag{3.59}$$

上式即为不可压缩流体定常流动总流的动量方程。$\Sigma\boldsymbol{F}$ 为作用于流体上所有外力的合力，包括流束段 1—2 的重力 $\boldsymbol{G}$，两过流断面上的流体动压力 $\boldsymbol{P}_1$、$\boldsymbol{P}_2$ 及其他边界面上所受到的表面压力的总值 $\boldsymbol{R}$，因此，上式也可写为

$$\Sigma\boldsymbol{F} = \boldsymbol{G} + \boldsymbol{P}_1 + \boldsymbol{P}_2 + \boldsymbol{R} = \rho Q(\alpha_{02}\boldsymbol{v}_2 - \alpha_{01}\boldsymbol{v}_1) \tag{3.60}$$

在一般工程计算中，可取 $\alpha_{02} = \alpha_{01} = 1$，并将上述矢量方程投影在三个坐标轴上，可得到动量方程的实用形式，即

$$\left. \begin{array}{l} \Sigma F_x = \rho Q(v_{2x} - v_{1x}) \\ \Sigma F_y = \rho Q(v_{2y} - v_{1y}) \\ \Sigma F_z = \rho Q(v_{2z} - v_{1z}) \end{array} \right\} \tag{3.61}$$

动量方程通常用来确定流体与固体壁面之间的相互作用力，是一个重要的方程。

3.9.2　动量方程的应用

3.9.2.1　流体对管壁的作用力

如图 3.27（a）所示的渐缩弯管，流体流入 1—1 断面的平均速度为 v_1，流出 2-2 断面的速度为 v_2。以断面 1—1、2—2 间的流体为控制体（见图 3.27（b）），其受力包括：流体的重力 G，弯管对流体的作用力 R，过流断面上外界流体对控制体内流体的作用力 p_1A_1、p_2A_2。取如图所示坐标系，可列出 x 轴、z 轴方向的动量方程

$$\left. \begin{array}{l} \Sigma F_x = p_1 A_1 - p_2 A_2 \cos\theta - R_x = \rho Q(v_{2x} - v_{1x}) \\ \Sigma F_z = -p_2 A_2 \sin\theta - G + R_z = \rho Q(v_{2z} - v_{1z}) \end{array} \right\}$$

解得

$$\left. \begin{array}{l} R_x = p_1 A_1 - p_2 A_2 \cos\theta - \rho Q(v_2 \cos\theta - v_1) \\ R_z = p_2 A_2 \sin\theta + G + \rho Q v_2 \sin\theta \end{array} \right\} \tag{3.62}$$

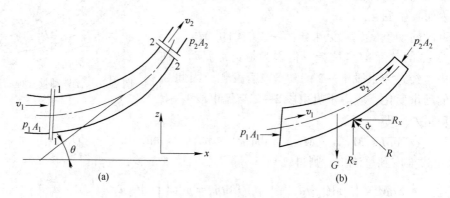

图 3.27　流体对弯管的作用力

合力大小 $R = \sqrt{R_x^2 + R_z^2}$，合力的方向 $\alpha = \arctan\dfrac{R_z}{R_x}$。

流体作用于弯管上的力 F，大小与 R 相等，方向与 R 相反。

特别地，当 $\theta = 90°$ 时为直角变径弯管，且 $Q = A_1 v_1 = A_2 v_2$，此时流体对弯管的作用力为

$$\left. \begin{array}{l} F_x = (p_1 + \rho v_1^2) A_1 \\ F_z = (p_2 + \rho v_2^2) A_2 + G \end{array} \right\} \tag{3.63}$$

当 $\theta = 90°$，且 $A_1 = A_2 = A$ 时为直角等径弯管，如果管道在水平平面内，则流体对弯管的作用力为

$$\left. \begin{array}{l} F_x = (p_1 + \rho v^2) A \\ F_z = (p_2 + \rho v^2) A \end{array} \right\} \tag{3.64}$$

3.9.2.2 射流对平板的冲击力

流体自管嘴射出,形成射流。射流四周及冲击转向后流体表面都是大气压,如果忽略重力的影响,则作用在流体上的力只有平板对射流的阻力,其反作用力则为射流对平板的冲击力。

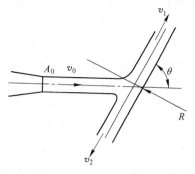

图 3.28 所示为水平射流射向一个与之成 θ 角的固定平板。当流体自喷嘴射出时,其断面积为 A_0,平均流速为 v_0,射向平板后分散成两股,其速度分别为 v_1 与 v_2。取射流为控制体,平板沿其法线方向对射流的作用力设为 R。设射流口离平板很近,可不考虑流体扩

图 3.28 射流对平板的冲击力

散;板面光滑,可不计板面阻力和空气阻力,水头损失可忽略,因此,由流量分流的伯努利方程,可得 $v_1 = v_2 = v_0$。

以平板方向为 x 轴,平板法线方向为 y 轴,可列出动量方程

$$\left.\begin{aligned} \Sigma F_x = 0 = \rho(Q_1 v_1 - Q_2 v_2 - Q_0 v_0 \cos\theta) \\ \Sigma F_y = - R = - \rho Q_0 v_0 \sin\theta \end{aligned}\right\} \tag{3.65}$$

由连续性方程　　　　　　　　　　$Q_1 + Q_2 = Q_0$
联立解得

$$\left.\begin{aligned} Q_1 = \frac{Q_0}{2}(1 + \cos\theta)\,; \quad Q_2 = \frac{Q_0}{2}(1 - \cos\theta) \\ R = \rho Q_0 v_0 \sin\theta = \rho A_0 v_0^2 \sin\theta \end{aligned}\right\} \tag{3.66}$$

射流对固定平板的冲击力 F,大小与 R 相等,方向与 R 相反。当 $\theta = 90°$,即射流沿平板法线方向射去时,

$$\left.\begin{aligned} Q_1 = Q_2 = \frac{Q_0}{2} \\ R = \rho A_0 v_0^2 \end{aligned}\right\} \tag{3.67}$$

3.9.2.3 射流的反推力

设有内装流体的容器,在其侧壁上开一面积为 A 的小孔,流体自小孔流出,如图 3.29 所示。设出流量很小,在很短的时间内可以看成是定常流动,即出流速度 $v = \sqrt{2gh}$。此时流体沿水平方向(x 轴)的动量变化率为

$$\frac{\mathrm{d}M}{\mathrm{d}t} = \rho Q v = \rho A v^2$$

按照动量定理,这个量即为容器对流体的作用力在 x 轴的投影,即 $R_x = \rho A v^2$,射流给容器的反推力则为 $F_x = - R_x =$

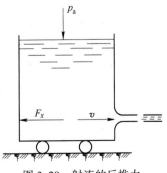

图 3.29 射流的反推力

$-\rho A v^2$。如果容器能沿 x 轴自由移动，则容器在 F_x 的作用下朝射流的反方向运动，这就是射流的反推力。火箭、喷气式飞机、喷水船等都是凭借这个反推力而工作的。

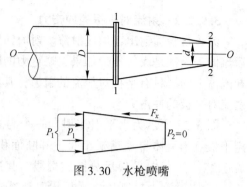

图 3.30　水枪喷嘴

[**例题 3.11**]　在直径为 $D = 100\text{mm}$ 的水平管路末端，接上一个出口直径为 $d = 50\text{mm}$ 的喷嘴，如图 3.30 所示。已知管中流量为 $Q = 1\text{m}^3/\text{min}$，求喷嘴与管路结合处的纵向拉力（设动量校正系数和动能校正系数都取值为 1）。

[**解**]　由连续性方程可知

$$v_1 = \frac{Q}{A_1} = \frac{Q}{\dfrac{\pi D^2}{4}} = \frac{\dfrac{1}{60} \times 4}{\pi \times 0.1^2} = 2.123\text{m/s}$$

$$v_2 = \frac{Q}{A_2} = \frac{Q}{\dfrac{\pi d^2}{4}} = \frac{\dfrac{1}{60} \times 4}{\pi \times 0.05^2} = 8.492\text{m/s}$$

取管轴线为水平基准面 O—O，过流断面为 1—1、2—2，可列出伯努利方程

$$z_1 + \frac{p_1}{\gamma} + \frac{v_1^2}{2g} = z_2 + \frac{p_2}{\gamma} + \frac{v_2^2}{2g}$$

由于 $z_1 = z_2$，$p_2 = 0$，故

$$p_1 = \frac{\gamma}{2g}(v_2^2 - v_1^2) = \frac{9800}{2 \times 9.8}(8.496^2 - 2.123^2) = 33837\text{Pa}$$

设喷嘴作用于液流上的力沿 x 轴的分力为 F_x，可列出射流的动量方程

$$p_1 A_1 - F_x = \rho Q(v_2 - v_1)$$

因此可得

$$F_x = p_1 A_1 - \rho Q(v_2 - v_1) = 33837 \times \frac{\pi}{4} \times 0.1^2 - 1000 \times \frac{1}{60}(8.496 - 2.123)$$
$$= 159.4\text{N}$$

水流沿 x 轴向作用于喷嘴的力大小为 159.4N，方向向右。

[**例题 3.12**]　如图 3.31 所示，一喷管从一 180° 弧形缝隙喷出一薄层水，水速 v 为 15m/s，射流厚度 t 为 0.03m，供应管的直径 D 为 0.2m，出口的径向距离 R 为 0.3m（从供应管的中心轴线计算），试求：

（1）射流水的体积流量；

（2）需要保持此喷管不动所需力的 y 分量（设动量校正系数取为 1）。

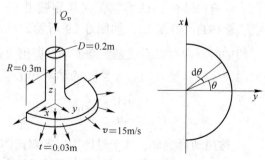

图 3.31　喷管喷水

[**解**]（1）根据连续性方程，有

$$Q_v = \pi R t v = 3.14 \times 0.3 \times 0.03 \times 15 = 0.424 \text{m}^3/\text{s}$$

（2）列 y 方向的动量方程

$$F_y = 2\int_0^{\frac{\pi}{2}} \rho v \mathrm{d}Q = 2\int_0^{\frac{\pi}{2}} \rho v \cos\theta R t v \mathrm{d}\theta = 2\rho v^2 R t = 4.05 \text{kN}$$

流体力学实验发现3

A　连续性原理

L. 达芬奇（1452~1519）是一个多才多艺的奇才，他很注意观察一切自然现象，也非常重视实验方法，他对流体力学的发展做出过很多贡献。大约在1500年左右，他就提出了定常流动的体积流量守恒原理，他说："沿河流的任何一部分，在相同的时间内，应通过相同流量的水，不管河流的宽度、深度、坡度、粗糙度和曲折度如何"，他还发现对"一深度均匀的河流，窄的地方较宽的地方水流速度要快"。他还说"对一给定的小孔，高速度较低速度流出的水更多，速度增加1倍，在相同时间内，流出的水也增加1倍，速度增加3倍时，流出的水也增加3倍，这表明：横截面一定，流量与速度成正比"。可惜这些流体力学中的基本原理，当时并未引起人们的注意，直到一百多年后的1628年才又被 B. B. 卡斯特里（1577~1644）重新发现。他把它叙述为"虽然沿河流的各横截面并不相等，但在相同时间内，流过这些横截面的流量应相等"，接着他还解释说，沿河流 C 有两个横截面 A 和 B，河水由 A 流向 B，在相等时间内，流过它们的流量应相等，因为如果流过 A 的流量大于流过 B 的，则在河流的 A 与 B 之间会使积水不断增加，这显然是不正确的。但如果流出 B 截面的水多于流入 A 截面的水，则 A 与 B 之间会不断减少水，这也是错误的，所以，在相等的时间内，流过 B 截面的水流量应等于流过 A 截面的水流量。这一原理现称为达芬奇-卡斯特里原理。

水利工程师们将这一原理广泛地应用于解决各种实际问题，如明渠流动与江河流动等。1744年，J. R. 达朗伯（1717~1783）根据这一原理，应用数学方法，导出定常不可压缩流体微分形式的连续性方程。11年后，L. 欧拉（1707~1783）又将这一原理应用于一根流管，并用质量去代替流量即沿流管的质量应守恒，随即根据这一新原理在直角坐标系中取微六面体导出了非定常可压缩流体微分形式的连续性方程。应当注意：对均质不可压缩流体，体积流量守恒原理即质量守恒原理。

B　能量守恒原理

能量守恒这一宇宙普遍规律是在不同国家由不同学科的科学家经过长期的共同努力和不懈的观察、实验与探索后才逐渐发现和完善的，它的起源是在力学。约在公元1世纪，希腊科学家希罗（亚历山大）首先应用虚功（即势能守恒）原理来解释与讨论单个或多个滑轮提升重物的问题。约13世纪中叶，法国数学家 N. 乔丹纳斯第一个明确地利用直臂与曲臂杠杆和斜面来阐述与证明虚功原理。

1638年，当 G. 伽利略（1564~1642）研究自由落体，单摆和物体沿斜面运动时发现物体的速度只能通过高度变化得到，而且物体下降所获得的速度正好能使它返回自原来的高度。1673 年，荷兰数学与物理学家 C. 惠更斯（1629~1695）将伽利略的单摆实验推广至复摆情况，结果发现在重力作用下，复摆重心的上升高度不能高于其下降的高度。1686 年德国数学家 G. W. F. 莱布尼兹（1646~1716）在进行落体实验后，提出用运动能来度量物体的运动。这样，伽利略与惠更斯的实验结果意味着运动能守恒。1690 年，惠更斯进行 2 个相同弹性体的碰撞实验，结果发现碰撞前后的运动能不变，他还指出这一原理可适用于其他许多情况包括液体的运动。1738 年，瑞士物理与数学家 D. 伯努利（1700~1782）将此原理应用于容器出流获得了著名的伯努利定理。

当莱布尼兹研究自由落体时，曾试图比较与探索动能与势能之间的关系，结果发现它们的量纲是相同的。1735 年，D. 伯努利的父亲 J. 伯努利（1667~1748）表示支持运动能守恒的观点，同时，进一步指出如果运动能有变化，可能是转化为其他形式的能。可见莱布尼兹与伯努利等人的研究均促使他们考虑动能与势能之间的互换性。到 1750 年前后，一个理想与孤立的机械系统在重力作用下，它的机械能（即动能与势能之和）守恒原理已牢固确立。

在非弹性碰撞中显然运动能是不守恒的。但对失去的运动能走向何方却有不同的解释，有人认为失去的运动能不会毁灭，可能是被各种阻碍或制约所吸收，也有人认为转化为弹性势能等，但当时却没有人将这一现象与热效应联系起来。

从 1840 年起，英国物理学家 J. P. 焦耳（1818~1889）长期坚持不懈地用各种方法进行电能与热能，电能与机械能和机械能与热能之间的转换实验，并比较精确地测定出电热当量值和热功当量值。1847 年，他的实验结果公布后未受到重视，2 个月后，英国物理与数学家 W. 汤姆森（1824~1907）给予充分肯定后才引起轰动。

同在 1847 年，德国物理与生理学家 H. 亥姆霍兹（1821~1894）独立地发表了与焦耳的内容相近的论文，全面地阐述了各种能量形式之间的等价关系，并用数学的形式表达出一般的能量守恒原理，而热力学第一定律仅为能量守恒原理在热力学中的具体体现。经过至少二百多年的时间和大约 60 多位科学家的共同努力，一般的能量守恒与转换原理终于确立。

习　题　3

3.1　已知流场的速度为 $u_x = 2kx$，$u_y = 2ky$，$u_z = -4kz$（式中 k 为常数），试求通过（1，0，1）点的流线方程。

3.2　已知流场的速度为 $u_x = 1 + At$（A 为常数），$u_y = 2x$，试确定 $t = t_0$ 时通过点 (x_0, y_0) 的流线方程。

3.3　给出流速场为 $\boldsymbol{u} = (6 + x^2 y + t^2)\boldsymbol{i} - (xy^2 + 10t)\boldsymbol{j} + 25\boldsymbol{k}$，求空间点（3，2，0）在 $t=1$ 时的加速度。

3.4　已知不可压缩液体平面流动的速度场为

$$\begin{cases} u_x = xt + 2y \\ u_y = xt^2 - yt \end{cases}$$

求当 $t = 1\text{s}$ 时点 $A(1, 2)$ 处液体质点的加速度。

3.5　如图 3.32 所示，大管直径 $d_1 = 5\text{m}$，小管直径 $d_2 = 1\text{m}$，已知大管中过流断面上的速度分布为 $u = 6.25 - r^2 \text{m/s}$（式中 r 表示点所在半径，以 m 计）。试求管中流量及小管中的平均速度。

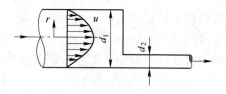

图 3.32　习题 3.5 图

3.6 已知圆管过流断面上的流速分布为 $u = u_{max}\left[1 - \left(\dfrac{r}{r_0}\right)^2\right]$，$u_{max}$ 为管轴处最大流速，r_0 为圆管半径，r 为某点距管轴的径距。试求断面平均速度 v。

3.7 三元不可压缩流场中，已知 $u_x = x^2 + y^2 z^3$，$u_y = -(xy + yz + zx)$，且已知 $z = 0$ 处 $u_z = 0$，试求流场中 u_z 的表达式。

3.8 如图 3.33 所示，管路 AB 在 B 点分为 BC、BD 两支，已知 $d_A = 45cm$，$d_B = 30cm$，$d_C = 20cm$，$d_D = 15cm$，$v_A = 2m/s$，$v_C = 4m/s$。试求 v_B、v_D。

3.9 蒸汽管道如图 3.34 所示。已知蒸汽干管前段的直径 $d_0 = 50mm$，流速 $v_0 = 25m/s$，蒸汽密度 $\rho_0 = 2.62kg/m^3$；后段的直径 $d_1 = 45mm$，蒸汽密度 $\rho_1 = 2.24kg/m^3$。接出的支管直径 $d_2 = 40mm$，蒸汽密度 $\rho_2 = 2.30kg/m^3$。问分叉后的两管末端的断面平均流速 v_1、v_2 为多大，才能保证该两管的质量流量相等？

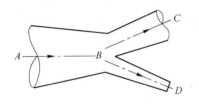

图 3.33 习题 3.8 图

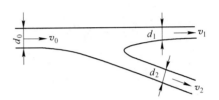

图 3.34 习题 3.9 图

3.10 如图 3.35 所示，以平均速度 $v = 0.15m/s$ 流入直径为 $D = 2cm$ 的排孔管中的液体，全部经 8 个直径 $d = 1mm$ 的排孔流出，假定每孔出流速度依次降低 2%，问第一孔与第八孔的出流速度各为多少？

3.11 送风管的断面面积为 50cm×50cm，通过 a，b，c，d 四个送风口向室内输送空气，如图 3.36 所示。已知送风口断面面积为 40cm×40cm，气体平均速度为 5m/s，试求通过送风管过流断面 1—1、2—2、3—3 的流速和流量。

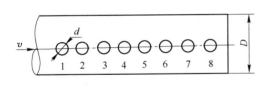

图 3.35 习题 3.10 图

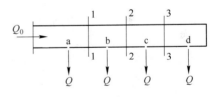

图 3.36 习题 3.11 图

3.12 用毕托静压管测量气体管道轴心的速度 u_{max}，如图 3.37 所示。毕托静压管与倾斜酒精差压计相连，$u_{max} = 1.2v$。已知 $d = 200mm$，$\sin\alpha = 0.2$，$l = 75mm$，气体密度为 $1.66kg/m^3$，酒精密度为 $800kg/m^3$，试求气体质量流量。

3.13 设用一附有液体压差计的毕托管测定某风管中的空气流速，如图 3.38 所示。已知压差计的读数

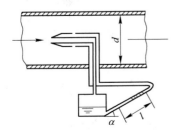

图 3.37 习题 3.12 图

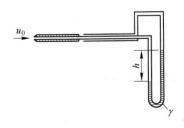

图 3.38 习题 3.13 图

$h = 150\text{mmH}_2\text{O}$，空气密度 $\rho_a = 1.20\text{kg/m}^3$，水的密度 $\rho = 1000\text{kg/m}^3$，若不计能量损失，毕托管校正系数 $c = 1$，试求空气流速 u_0。

3.14 油从铅直圆管向下流出，如图3.39所示。管直径 $d_1 = 10\text{cm}$，管口处的速度为 $v = 1.4\text{m/s}$，试求管口下方 $H = 1.5\text{m}$ 处的速度和油柱直径。

3.15 图3.40所示为一渐扩形的供水管段，已知：$d = 15\text{cm}$，$D = 30\text{cm}$，$p_A = 68.6\text{kPa}$，$p_B = 58.8\text{kPa}$，$h = 1\text{m}$，$v_B = 0.5\text{m/s}$。求 A 点的速度 v_A 及 AB 段的水头损失，判断水流的方向。（设 $\alpha = 1$）

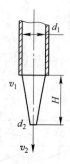

图3.39 习题3.14图

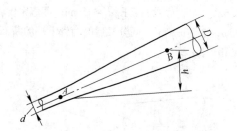

图3.40 习题3.15图

3.16 设有一渐变管与水平面的倾角为45°，如图3.41所示。1—1断面的管径 $d_1 = 200\text{mm}$，2—2断面的管径 $d_2 = 100\text{mm}$，两断面的间距 $l = 2\text{m}$，若重度 γ' 为 8820N/m^3 的油通过该管段，在1—1断面处的流速 $v_1 = 2\text{m/s}$，水银测压计中的液位差 $h = 20\text{cm}$，试求：（1）1—1断面与2—2断面之间的能量损失 h_1；（2）判断流动方向；（3）1—1断面与2—2断面的压强差。

3.17 水自下而上流动，如图3.42所示。已知：$d_1 = 300\text{mm}$，$d_2 = 150\text{mm}$，U形管中装有汞，$a = 80\text{cm}$，$b = 10\text{cm}$，试求流量。

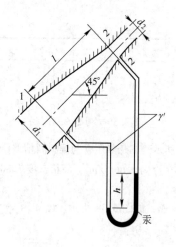

图3.41 习题3.16图

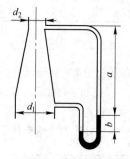

图3.42 习题3.17图

3.18 离心式通风机由吸气管吸入空气，吸气管圆筒部分的直径 $D = 200\text{mm}$，在此圆筒壁上装一个盛水的测压装置，如图3.43所示。现测得测压装置的水面高差 $h = 0.25\text{m}$，空气的重度 $\gamma_a = 12.64\text{N/m}^3$。问此风机在1min内吸气多少立方米？

3.19 如图3.44所示的虹吸管中，已知：$H_1 = 2\text{m}$，$H_2 = 6\text{m}$，管径 $D = 20\text{mm}$。如不计损失，问 S 处的压强应为多大时此管才能吸水？此时管内流速及流量各为多少？

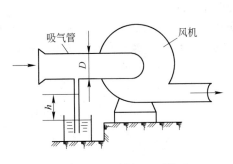

图 3.43 习题 3.18 图

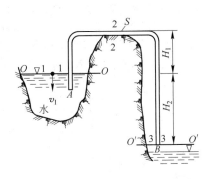

图 3.44 习题 3.19 图

3.20 如图 3.45 所示，水平管路中装一只文丘里水表。已知：$D = 50\text{mm}$，$d = 25\text{mm}$，$p_1' = 7.84\text{kPa}$，水的流量 $Q = 2.7\text{L/s}$。问 h_v 为多少毫米水银柱？（不计损失）

3.21 为了测量石油管道的流量，安装一文丘里流量计，如图 3.46 所示。管道直径 $d_1 = 20\text{cm}$，文丘里喉管直径 $d_2 = 10\text{cm}$，石油密度为 $\rho = 850\text{kg/m}^3$，文丘里流量系数 $\mu = 0.98$，现测得水银差压计读数 $h = 15\text{cm}$，问此时石油流量 Q 为多大？

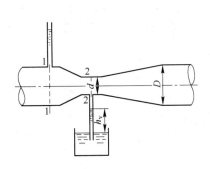

图 3.45 习题 3.20 图

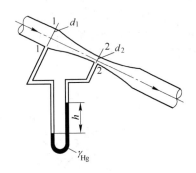

图 3.46 习题 3.21 图

3.22 如图 3.47 所示，用密封水罐向 $h = 2\text{m}$ 高处供水，要求供水量为 $Q = 15\text{L/s}$，管道直径 $d = 5\text{cm}$，水头损失为 50cm 水柱，试求水罐所需要的压强。

3.23 如图 3.48 所示，设空气由炉口 a（高程为零）流入，通过燃烧后，废气经 b、c（高程为 5m）、d（高程为 50m），由烟囱流入大气。已知空气重度 $\gamma_a = 11.8\text{N/m}^3$，烟气重度 $\gamma = 5.9\text{N/m}^3$，由 a 到 c 的压强损失为 $9\gamma \dfrac{v^2}{2g}$，c 到 d 的压强损失为 $20\gamma \dfrac{v^2}{2g}$，试求烟囱出口处烟气速度 v 和 c 处静压 p_c。

图 3.47 习题 3.22 图

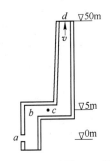

图 3.48 习题 3.23 图

3.24 如图 3.49 所示，喷嘴直径 $d = 75\text{mm}$，水枪直径 $D = 150\text{mm}$，水枪倾斜角 $\theta = 30°$，压强表读数 $h = 3\text{m}$ 水柱。试求水枪的出口速度 v，最高射程 H，最高点处的射流直径 d'。

3.25 设有一水泵管路系统，如图 3.50 所示。已知流量 $Q = 1000\text{m}^3/\text{h}$，管径 $d = 150\text{mm}$，管路的总水头损失 $h_{11-2} = 25.4\text{m}$ 水柱，水泵效率 $\eta = 80\%$，上下两水面高差 $h = 102\text{m}$。试求水泵的扬程 H 和功率 N。

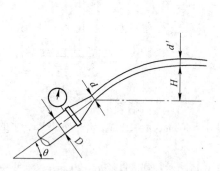

图 3.49 习题 3.24 图

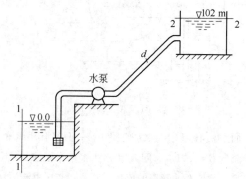

图 3.50 习题 3.25 图

3.26 如图 3.51 所示，在水平平面上的 45° 弯管，入口直径 $d_1 = 600\text{mm}$，出口直径 $d_2 = 300\text{mm}$，入口相对压强 $p_1 = 40\text{kPa}$，流量 $Q = 0.425\text{m}^3/\text{s}$，忽略摩擦，试求水对弯管的作用力。

3.27 直径为 150mm 的水管末端，接上分叉管嘴，其直径分别为 75mm 与 100mm。水自管嘴均以 12m/s 的速度射入大气，它们的轴线在同一水平面上，夹角示于图 3.52 中，忽略摩擦阻力，求水作用在双管嘴上的力的大小与方向。

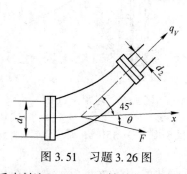

图 3.51 习题 3.26 图

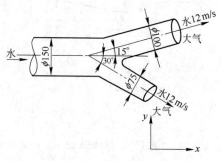

图 3.52 习题 3.27 图

3.28 垂直射流 $d = 7.5\text{cm}$，射出流速 $v_0 = 12.2\text{m/s}$，打击在一重为 171.5N 的圆盘上，如图 3.53 所示，当圆盘保持平衡时，求 y。

3.29 如图 3.54 所示，水射流 $d = 4\text{cm}$，射出流速 $v = 20\text{m/s}$，平板法线与射流方向的夹角 $\theta = 30°$，平板沿

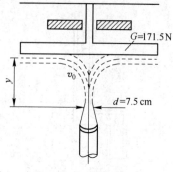

图 3.53 习题 3.28 图

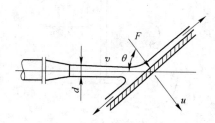

图 3.54 习题 3.29 图

其法线方向运动速度 $v'=8\mathrm{m/s}$，试求作用在平板法线方向上的力 F。

3.30 如图 3.55 所示，将锐边平板插入水的自由射流中，并使平板与射流垂直，该平板将射流分成两股，已知射流速度 $v=30\mathrm{m/s}$，总流量 $Q=36\mathrm{L/s}$，两股分流量 $Q_1=\dfrac{1}{3}Q$，$Q_2=\dfrac{2}{3}Q$，试求射流偏转角 α 及射流对平板的作用力 R。

3.31 射流冲击一叶片如图 3.56 所示，已知：$d=10\mathrm{cm}$，$v_1=v_2=20\mathrm{m/s}$，$\alpha=135°$，求（1）当叶片的 $u_x=0$ 时，以及（2）当叶片的 $u_x=10\mathrm{m/s}$ 时，叶片所受到的冲击力各为多少？

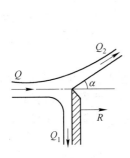

图 3.55 习题 3.30 图

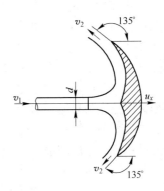

图 3.56 习题 3.31 图

3.32 一出口截面积为 A_1，速度为 v_1 的固定水射流，冲击一转角为 θ 的光滑叶片使其沿水平方向以常速 v 运动，如图 3.57 所示。如果水射流相对于叶片是定常的，并且忽略射流的重力和摩擦力，试求射流作用于叶片上的力。

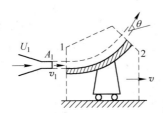

图 3.57 习题 3.32 图

4　黏性流体运动及其阻力计算

实际流体由于黏性的作用，在流动中会呈现不同的运动状态。流体的黏性、运动状态以及流体与固体壁面的接触情况，都会影响流体运动阻力的大小。

本章主要内容包括流体运动的形式和状态、圆管中的层流、圆管中的紊流、圆管流动沿程阻力系数的确定、边界层理论基础、管路中的局部损失。要求了解均匀流与非均匀流、雷诺实验、紊流运动要素的时均化、混合长度理论、尼古拉兹实验，理解水力半径、沿程损失与局部损失、层流与紊流、水力光滑管与水力粗糙管、边界层及其分离等概念，掌握流体流动状态的判别、圆管层流与圆管紊流的运动特点、沿程阻力系数与局部阻力系数的确定、圆管流动的沿程损失与局部损失的计算，重点掌握圆管流动的沿程损失与局部损失的计算。

4.1　流体运动与流动阻力的两种形式

4.1.1　流动阻力的影响因素

过流断面上影响流动阻力的因素有两个：一是过流断面的面积 A；二是过流断面与固体边界相接触的周界长 χ，简称湿周。

当流量相同的流体流过面积相等而湿周不等的两种过流断面时，湿周长的过流断面给予流体的阻力较大，即流动阻力与湿周 χ 的大小成正比。当流量相同的流体流过湿周相等而面积不等的两种过流断面时，面积小的过流断面给予流体的阻力较大，即流动阻力与过流断面面积 A 的大小成反比。

为了综合过流断面面积和湿周对流动阻力的影响，可引入水力半径 R 的概念，定义

$$R = \frac{A}{\chi} \tag{4.1}$$

上式表明，水力半径与流动阻力成反比，水力半径越大，流动阻力越小，越有利于过流。在常见的充满圆管的流动中，水力半径 $R = \dfrac{A}{\chi} = \dfrac{\pi r^2}{2\pi r} = \dfrac{r}{2} = \dfrac{d}{4}$。

4.1.2　流体运动与流动阻力的两种形式

流体运动及其阻力与过流断面密切相关。如果运动流体连续通过的过流断面是不变的，则它在每一过流断面上所受到的阻力将是不变的。但如果流体通过的过流断面面积、形状及方位发生变化，则流体在这些过流断面上所受的阻力将是不同的。在工程流体力学中，常根据过流断面的变化情况将流体运动及其所受阻力分为两种形式。

4.1.2.1　均匀流动和沿程损失

流体运动时的流线为直线，且相互平行的流动称为均匀流动，否则称为非均匀流动。如图 4.1 所示的 1—2、3—4、5—6 等流段内的流体运动为均匀流动。在均匀流动中，流

体所受到的阻力只有不变的摩擦阻力，称为沿程阻力。由沿程阻力所做的功而引起的能量损失或水头损失与流程长度成正比，可称为沿程水头损失，简称沿程损失，用 h_f 表示。

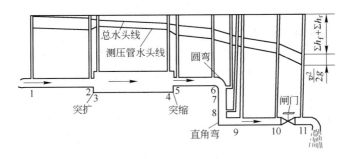

图 4.1　流体运动及其阻力形式

4.1.2.2　非均匀流动和局部损失

在图 4.1 中的 2—3、4—5、6—7 等流段内，过流断面的大小、形状或方位沿流程发生了急剧的变化，流体运动的速度也产生了急剧的变化，这种流动为非均匀流动。在非均匀流动中，流体所受到的阻力是各式各样的，但都集中在很短的流段内，如管径突然扩大、管径突然收缩、弯管、阀门等，这种阻力称为局部阻力。由局部阻力所引起的水头损失则称为局部水头损失，简称局部损失，用 h_r 表示。

综上所述，无论是沿程损失还是局部损失，都是由于流体在运动过程中克服阻力做功而形成的，并各有特点。总的水头损失是沿程损失和局部损失之和，即

$$h_1 = \Sigma h_f + \Sigma h_r \tag{4.2}$$

4.2　流体运动的两种状态——层流与紊流

4.2.1　雷诺实验

虽然在很久以前人们就注意到，由于流体具有黏性，使得流体在不同流速范围内，断面流速分布和能量损失规律都不相同，但是直到 1876 年至 1883 年间，英国物理学家雷诺（O. Reynolds）经过多次实验，发表了他的实验结果以后，人们对这一问题才有了全面而正确的理解。现在简单介绍雷诺实验。

如图 4.2（a）所示，A 为供水管，B 为水箱，为了保持箱内水位稳定，在箱内水面处

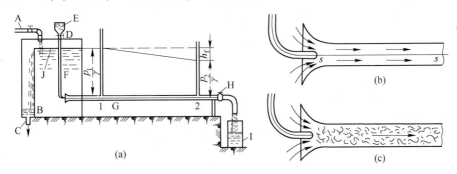

图 4.2　雷诺实验

装有溢流板 J，让多余的水从泄水管 C 流出。水箱 B 中的水流入玻璃管，再经阀门 H 流入量水箱 I 中，以便计量。E 为小水箱，内盛红色液体，开启小活栓 D 后，红色液体流入玻璃管 G，与清水一道流走。

进行实验时，先微微开启阀门 H，让清水以很低的速度在管 G 内流动，同时开启活栓 D，使红色液体与清水一道流动。此时可见红色液体形成一条明显的红线，与周围清水并不互相混杂，如图 4.2（b）所示。这种流动状态称为流体的层流运动。

如果继续开启阀门 H，管 G 中的水流速度逐渐加大，在流速未达到一定数值之前，还可看到流体运动仍为层流状态。但继续开启阀门 H，管 G 中的水流速度达到一定值时，便可看到红色流线开始波动，先是个别地方发生断裂，最后形成与周围清水互相混杂、穿插的紊乱流动，如图 4.2（c）所示。这种流动状态称为流体的紊流运动。

由此可得初步结论：当流速较低时，流体层作彼此平行且不互相混杂的层流运动；当流速逐渐增大到一定值时，流体运动便成为互相混杂、穿插的紊流运动。流速越大，紊乱程度也越强烈。由层流状态转变为紊流状态时的速度称为上临界流速，可用 v'_c 表示。

也可按相反的顺序进行实验，即先将阀门 H 开启得很大，使流体以高速在管 G 中流动，然后慢慢将阀门 H 关小，使流体以低速、更低速在管 G 中流动。这时可看到以下现象：在高速流动时流体作紊流运动；当流速慢慢降低到一定值时，流体便作彼此不互相混杂的层流运动；如果速度再降低，层流运动状态也更加稳定。由紊流状态转变为层流状态时的流速称为下临界流速，用 v_c 表示。实验证明：$v'_c > v_c$。

根据实验可得到结论：当流速 $v > v'_c$ 时，流体做紊流运动；当 $v < v_c$ 时，流体做层流运动；当 $v_c < v < v'_c$ 时，流态不稳，可能保持原有的层流或紊流运动。

在工程中，重油在管道中的流动，水在岩石缝隙或毛细管中的流动，空气在岩石缝隙或碎石中的流动，血液在微血管中的流动等，多处于层流运动状态，而水在管道或渠道中的流动，空气在管道或空间的流动等，几乎都是紊流运动。

4.2.2 流动状态的判别标准——雷诺数

层流和紊流两种流态，可以直接用临界流速来判断，但存在很多困难。因为在实际管道或渠道中，临界流速不仅不能直接观测到，而且还与其他因素如流体密度 ρ、黏度 μ、管径 d 等有关。通过进一步分析雷诺实验结果可知，临界流速与流体的密度 ρ 和管径 d 成反比，而与流体的动力黏度 μ 成正比，即

$$v_c = Re_c \frac{\mu}{\rho d}$$

或
$$Re_c = \frac{v_c d}{\nu} \tag{4.3}$$

式中，Re_c 是一个无量纲常数，称为下临界雷诺数。对几何形状相似的一切流体运动来说，其下临界雷诺数是相等的。

同理，相应于上临界流速 v'_c，也有其相应的上临界雷诺数：

$$Re'_c = \frac{v'_c d}{\nu} \tag{4.4}$$

由此可以得出结论：雷诺数是流体流动状态的判别标准，即将实际运动流体的雷诺数 $Re = \dfrac{vd}{\nu}$ 与已通过实验测定的上、下临界雷诺数 Re_c'、Re_c 进行比较，就可判断流体的流动状态。当 $Re < Re_c$ 时，属层流；当 $Re > Re_c'$ 时，属紊流；当 $Re_c < Re < Re_c'$ 时，可能是层流，也可能是紊流，不稳定。

雷诺及其他许多人对圆管中的流体运动通过大量实验，得出流体的下临界雷诺数为

$$Re_c = \frac{v_c d}{\nu} = 2320 \tag{4.5}$$

而上临界雷诺数容易因实验条件变动，各人实验测得的数值相差甚大，有的得 12000，有的得 40000 甚至于 100000。这是因为上临界雷诺数的大小与实验中水流受扰动程度有关，不是一个固定值。因此，上临界雷诺数对于判别流动状态没有实际意义，只有下临界雷诺数才能作为判别流动状态的标准。即有

 $Re < 2320$ 时，属层流； $Re > 2320$ 时，属紊流

上述下临界雷诺数的值是在条件良好的实验中测定的。在实际工程中，外界干扰很容易使流体形成紊流运动，所以实用的下临界雷诺数将更小些，其值为

$$Re_c = 2000 \tag{4.6}$$

当流体在非圆形管道中运动时，可用水力半径 R 作为特征长度，其临界雷诺数则为

$$Re_c = \frac{v_c R}{\nu} = 500 \tag{4.7}$$

所以对于非圆形断面流道中的流体运动，其判别标准为

 $Re < 500$ 时，属层流； $Re > 500$ 时，属紊流

对于明渠水流，更容易因外界影响而改变为紊流状态，其下临界雷诺数则更低些。工程计算中常取

$$Re_c = 300 \tag{4.8}$$

4.2.3   不同流动状态的水头损失规律

流体的流动状态不同，则其流动阻力不同，也必然形成不同的水头损失。不同流动状态的水头损失规律可由雷诺实验说明。如图 4.2 所示，在玻璃管 G 上选取距离为 l 的 1、2 两点，装上测压管。根据伯努利方程可知，两断面的测压管水头差即为该两断面间流段的沿程损失 h_f，管内的水流断面平均流速 v，则可由所测得的流量求出。

为了研究 h_f 的变化规律，可以调节玻璃管中的流速 v，分别从大到小，再从小到大，并测出对应的 h_f 值。将实验结果绘制在对数坐标纸上，即得关系曲线 $\lg h_f$-$\lg v$，如图 4.3 所示，图中 $abcd$ 表示流速由大到小的实验结果，线段 $dceba$ 表示流速由小到大的实验结果。

分析图 4.3 可得到如下水头损失规律：

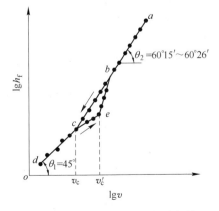

图 4.3   雷诺实验的水头损失规律

（1）当 $v<v_c$ 时，流动属于层流。$\lg h_f$ 与 $\lg v$ 的关系以 dc 直线表示，它与 $\lg v$ 轴的夹角为 $\theta_1=45°$，即直线的斜率 $m=\tan\theta_1=1$。因此，层流中的水头损失 h_f 与流速 v 的一次方成正比，即 $h_f=k_1 v$。

（2）当流速较大，$v>v_c'$时，流动属于紊流。$\lg h_f$ 与 $\lg v$ 的关系以 ab 线表示，它与 $\lg v$ 轴的夹角是变化的。紊流中的水头损失 h_f 与 v^m 成正比，其中指数 m 在 1.75~2.0 之间，即 h_f 与流速 v 的 1.75~2.0 次方成正比，$h_f=kv^m$。

（3）当 $v_c<v<v_c'$时，流动属于层流紊流相互转化的过渡区，即 bce 段。当流速由小变大，实验点由 d 向 e 移动，到达 e 点时水流由层流变为紊流，但 e 点的位置很不稳定，与实验的设备、操作等外界条件对水流的扰动情况有很大关系。e 点的流速即为上临界流速 v_c'。当流速由大变小，实验点由 a 向 b 移动，到达 b 点时水流开始由紊流向层流过渡，到达 c 点后才完全变为层流，c 点的流速即为下临界流速 v_c。

[**例题 4.1**]　温度 $t=15℃$ 的水在直径 $d=100\text{mm}$ 的管中流动，流量 $Q=15\text{L/s}$；另一矩形明渠，宽 2m，水深 1m，平均流速 0.7m/s，水温同上。试分别判别两者的流动状态。

[**解**]　当水温 15℃ 时，查表得水的运动黏度 $\nu=1.141\times10^{-6}\text{m}^2/\text{s}$。

（1）圆管中水的流速为

$$v=\frac{Q}{A}=\frac{15\times10^{-3}}{\dfrac{\pi\times0.1^2}{4}}=1.911\text{m/s}$$

圆管中水流的雷诺数为

$$Re=\frac{vd}{\nu}=\frac{1.911\times0.1}{1.141\times10^{-6}}=167632\gg2000，水流为紊流$$

（2）明渠的水力半径为

$$R=\frac{A}{\chi}=\frac{2\times1}{2+2\times1}=0.5\text{m}$$

$$Re=\frac{vR}{\nu}=\frac{0.7\times0.5}{0.0114\times10^{-4}}=30701\gg300，水流为紊流$$

[**例题 4.2**]　温度 $t=15℃$、运动黏度 $\nu=0.0114\text{cm}^2/\text{s}$ 的水，在直径 $d=20\text{mm}$ 的管中流动，测得流速 $v=8\text{cm/s}$。试判别水流的流动状态，如果要改变其运动状态，可以采取哪些方法？

[**解**]　管中水流的雷诺数为

$$Re=\frac{vd}{\nu}=\frac{8\times2}{0.0114}=1403.5<2000$$

水流为层流运动。如要改变流态，可采取如下方法：

（1）增大流速

如采用 $Re_c=2000$ 而水的黏性不变，则水的流速应为

$$v=\frac{Re_c\nu}{d}=\frac{2000\times0.0114}{2}=11.4\text{cm/s}$$

所以，使水流速度增大到 11.4cm/s，则水的流态将变为紊流。

（2）提高水温降低水的黏性

如采用 $Re_c = 2000$ 而水的流速不变，则水的运动黏度为

$$\nu = \frac{vd}{Re_c} = \frac{8 \times 2}{2000} = 0.008 \text{cm}^2/\text{s}$$

查表可得：水温 $t = 30\,℃$、$\nu = 0.00804 \text{cm}^2/\text{s}$；水温 $t = 35\,℃$、$\nu = 0.00727 \text{cm}^2/\text{s}$。

故若将水温提高到 31℃，则可使水流变为紊流。

4.3 圆管中的层流

层流运动相对于紊流而言比较简单，先研究圆管中的层流运动不仅有一定的实际意义，也为后面深入研究复杂的紊流运动做好必要的准备。本节要讨论管中层流的速度分布、内摩擦力分布、流量和水头损失的计算等问题。

4.3.1 分析层流运动的两种方法

第一种方法是从 N-S 方程式出发，结合层流运动的数学特点建立常微分方程。第二种方法是从微元体的受力平衡关系出发建立层流的常微分方程。这两种方法各有特点。第一种方法为应用 N-S 方程解决紊流、边界层等问题奠定基础，第二种方法简明扼要、物理概念明确。下面分别介绍这两种方法。

4.3.1.1 N-S 方程分析法

定常不可压缩完全扩展段的圆管中层流具有如下五方面的特点。

（1）只有轴向运动。取如图 4.4 所示坐标系，使 y 轴与管轴线重合。由于流体只有轴向运动，因此 $u_y \neq 0$，$u_x = u_z = 0$。N-S 方程可简化为

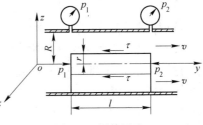

图 4.4 圆管层流

$$\left.\begin{array}{r} X - \dfrac{1}{\rho} \dfrac{\partial p}{\partial x} = 0 \\[2mm] Y - \dfrac{1}{\rho} \dfrac{\partial p}{\partial y} + \nu\left(\dfrac{\partial^2 u_y}{\partial x^2} + \dfrac{\partial^2 u_y}{\partial y^2} + \dfrac{\partial^2 u_y}{\partial z^2}\right) = \dfrac{\partial u_y}{\partial y}u_y + \dfrac{\partial u_y}{\partial t} \\[2mm] Z - \dfrac{1}{\rho} \dfrac{\partial p}{\partial z} = 0 \end{array}\right\} \tag{4.9}$$

（2）流体运动定常、不可压缩。对定常流动，$\dfrac{\partial u_y}{\partial t} = 0$。由不可压缩流体的连续性方程可得 $\dfrac{\partial u_y}{\partial y} = 0$，于是 $\dfrac{\partial^2 u_y}{\partial y^2} = 0$。

（3）速度分布的轴对称性。在管中的过流断面上，各点的流速是不同的，但圆管流动是对称的，因而速度 u_y 沿 x 方向、z 方向以及任意半径方向的变化规律相同，且只随 r 变化，有 $\dfrac{\partial^2 u_y}{\partial x^2} = \dfrac{\partial^2 u_y}{\partial z^2} = \dfrac{\partial^2 u_y}{\partial r^2} = \dfrac{\mathrm{d}^2 u_y}{\mathrm{d}r^2}$。

（4）等径管路压强变化的均匀性。由于壁面摩擦及流体内部的摩擦，压强沿流动方向是逐渐下降的，但在等径管路上这种下降是均匀的，单位长度上的压强变化率 $\dfrac{\partial p}{\partial y}$ 可以用任何长度 l 上压强变化的平均值表示，即 $\dfrac{\partial p}{\partial y} = \dfrac{\mathrm{d}p}{\mathrm{d}y} = -\dfrac{p_1 - p_2}{l} = -\dfrac{\Delta p}{l}$，式中"–"号说明压强是沿流动方向下降的。

（5）管路中质量力不影响流体的流动性能。如果管路是水平的，则 $X = Y = 0$，$Z = -g$。过流断面上流体压强是按照流体静力学的规律分布，而质量力对水平管道的流动特性没有影响。非水平管道中质量力只影响位能，也与流动特性无关。

根据上述五个特点，式（4.9）可以化简为

$$\frac{\Delta p}{\rho l} + 2\nu \frac{\mathrm{d}^2 u_y}{\mathrm{d}r^2} = 0$$

积分得

$$\frac{\mathrm{d}u_y}{\mathrm{d}r} = -\frac{\Delta p}{2\mu l}r + C$$

当 $r = 0$ 时，管轴线上的流体速度有最大值，$\dfrac{\mathrm{d}u_y}{\mathrm{d}r} = 0$，可求得积分常数 $C = 0$，故

$$\frac{\mathrm{d}u_y}{\mathrm{d}r} = -\frac{\Delta p}{2\mu l}r \tag{4.10}$$

这就是圆管层流的运动常微分方程。

4.3.1.2　受力平衡分析法

这种方法是在圆管中取任意一个圆柱体，分析它的受力平衡状态，再引用层流的牛顿内摩擦定律进行推导。在图4.4中，取半径为 r，长度为 l 的一个圆柱体。在定常流动中这个圆柱体处于平衡状态，因而作用在圆柱体上的外力在 y 方向的投影和为零。作用在圆柱体上的外力有：两端面上的压力 $(p_1 - p_2)\pi r^2$，圆柱面上的摩擦力 $\tau 2\pi r l$。由 $\Sigma F_y = 0$，可得

$$(p_1 - p_2)\pi r^2 - \tau 2\pi r l = 0$$

层流的牛顿内摩擦定律为 $\tau = -\mu \dfrac{\mathrm{d}u_y}{\mathrm{d}r}$，由以上两式可得

$$\frac{\mathrm{d}u_y}{\mathrm{d}r} = -\frac{p_1 - p_2}{2\mu l}r = -\frac{\Delta p}{2\mu l}r$$

这样也得出了与第一种方法相同的结果。由以上分析可见，第二种方法比较简捷，不过这种方法也同样包含着第一种方法所论述的流体运动的数学特点，因为只有在定常、单向流动、轴对称、等径均匀流等情况下才有可能取出上述平衡圆柱体，建立简单的受力平衡方程。

4.3.2　圆管层流的速度分布和切应力分布

对式（4.10）进行积分可得

$$u_y = -\frac{\Delta p}{4\mu l}r^2 + C$$

根据边界条件：当 $r = R$ 时，$u_y = 0$，于是 $C = \dfrac{\Delta p}{4\mu l} R^2$。因此圆管层流的速度分布为

$$u_y = \frac{\Delta p}{4\mu l}(R^2 - r^2) \tag{4.11}$$

上式称为斯托克斯公式。它说明过流断面上的速度与半径成二次旋转抛物面关系，其大致形状如图 4.5 所示。

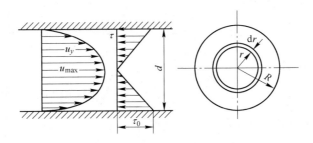

图 4.5　圆管层流的速度分布和切应力分布

当 $r = 0$ 时，由式（4.11）可求出圆管层流中管轴上的流速，即最大流速为

$$u_{\max} = \frac{\Delta p}{4\mu l} R^2 \tag{4.12}$$

根据牛顿内摩擦定律，在圆管中可得

$$\tau = \pm\mu \frac{\mathrm{d}u_y}{\mathrm{d}r} = -\mu \frac{\mathrm{d}u_y}{\mathrm{d}r} = \frac{\Delta p r}{2l} \tag{4.13}$$

此式说明在层流的过流断面上，切应力与半径成正比，切应力的分布规律如图 4.5 所示，称为切应力的 K 字形分布。图中箭头表示慢速流层作用在快速流层上切应力的方向。

当 $r = R$ 时，可得管壁处的切应力为

$$\tau_0 = \frac{\Delta p R}{2l} \tag{4.14}$$

4.3.3　圆管层流的流量和平均速度

在圆管中半径 r 处取厚度为 $\mathrm{d}r$ 的微小圆环，其断面积为 $\mathrm{d}A = 2\pi r \mathrm{d}r$。管中流量为

$$Q = \int_A u_y \mathrm{d}A = \int_0^R \frac{\Delta p}{4\mu l}(R^2 - r^2) 2\pi r \mathrm{d}r = \frac{\pi \Delta p R^4}{8\mu l} = \frac{\pi \Delta p d^4}{128\mu l} \tag{4.15}$$

上式称为哈根-泊肃叶（Hagen-Poiseuille）定律，它与精密实验的测定结果完全一致，所谓 N-S 方程的准确解主要是通过这一公式得到确认的。这一定律验证了层流理论和实践结果之间完美的一致性。

哈根-泊肃叶定律也是测定液体黏度的依据。从式（4.15）解出

$$\mu = \frac{\pi \Delta p d^4}{128 l Q} = \frac{\pi \Delta p d^4 t}{128 l V}$$

在固定内径 d、长度 l 的管路两端测出压强差 $\Delta p = p_1 - p_2$ 及流出一定体积 V 的时间，按上式即可计算出流体的动力黏度 μ。

圆管中的平均速度为

$$v = \frac{Q}{A} = \frac{\pi \Delta p R^4}{8\mu l \cdot \pi R^2} = \frac{\Delta p}{8\mu l} R^2 \tag{4.16}$$

比较式(4.12)及式(4.16)可得 $u_{max} = 2v$，这说明圆管层流中最大速度是平均速度的两倍，其速度分布很不均匀。

4.3.4　圆管层流的沿程损失

根据伯努利方程可知，等径管路的沿程损失就是管路两端压强水头之差，即

$$h_f = \frac{\Delta p}{\gamma} = \frac{8\mu l v}{\gamma R^2} = \frac{32\mu l v}{\gamma d^2} \tag{4.17}$$

在雷诺实验中曾经指出，层流沿程损失与 v 的一次方成正比，现在知道其比例常数 k_1 就是 $\frac{8\mu l}{\gamma R^2}$ 或 $\frac{32\mu l}{\gamma d^2}$，理论分析和实验结果是一致的。

工程计算中，圆管中的沿程水头损失习惯用 $\frac{\lambda l}{d}\frac{v^2}{2g}$ 表示，因此

$$h_f = \frac{32\mu l}{\gamma d^2} v = \frac{64}{\dfrac{\rho v d}{\mu}} \frac{l}{d} \frac{v^2}{2g} = \frac{64}{Re} \frac{l}{d} \frac{v^2}{2g} = \lambda \frac{l}{d} \frac{v^2}{2g} \tag{4.18}$$

式中，$\lambda = \dfrac{64}{Re}$ 称为层流的沿程阻力系数或摩阻系数，它仅与雷诺数 Re 有关。式(4.18)是计算沿程损失的常用公式，称为达西（H. Darcy）公式。

用泵在管路中输送流体，常常要求计算用来克服沿程阻力所消耗的功率。若管中流体的重度 γ 和流量 Q 均为已知，则流体以层流状态在长度为 l 的管中运动时所消耗的功率为

$$N = \gamma Q h_f = \gamma Q \frac{\lambda l}{d} \frac{v^2}{2g} \tag{4.19}$$

4.3.5　层流起始段

圆管层流的速度抛物线规律并不是刚入管口就能立刻形成，而是要经过一段距离，这段距离称为层流起始段，如图4.6所示。

在起始段内，过流断面上的均匀速度不断向抛物面分布规律转化，因而在起始段内流体的内摩擦力大于完全扩展了的层流中的流体内摩擦力，反映在沿程阻力系数上，成为 $\lambda = \dfrac{A}{Re}$（而 $A > 64$）。层流起始段的长度 L 有不同的计算公式，其中之一为

$$L = 0.02875dRe \tag{4.20}$$

在液压设备的短管路计算中，L 很有实际意义。为了简化计算，有时油压短管中常取 $\lambda = \dfrac{75}{Re}$，这样就适当修正了起始段的影响。

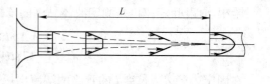

图4.6　层流起始段

[**例题 4.3**] 在长度 $l=1000\text{m}$、直径 $d=300\text{mm}$ 的管路中输送重度为 9.31kN/m^3 的重油，其重量流量为 $G=2300\text{kN/h}$，求油温分别为 $10℃$（$\nu=25\text{cm}^2/\text{s}$）和 $40℃$（$\nu=1.5\text{cm}^2/\text{s}$）时的水头损失。

[**解**] 管中重油的体积流量为

$$Q = \frac{G}{\gamma} = \frac{2300}{9.31 \times 3600} = 0.0686\text{m}^3/\text{s}$$

重油的平均速度为
$$v = \frac{Q}{A} = \frac{0.0686}{\dfrac{\pi}{4} \times 0.3^2} = 0.971\text{m/s}$$

$10℃$ 的雷诺数为
$$Re_1 = \frac{vd}{\nu} = \frac{0.971 \times 0.3}{25 \times 10^{-4}} = 116.5 < 2000$$

$40℃$ 的雷诺数为
$$Re_2 = \frac{vd}{\nu} = \frac{0.971 \times 0.3}{1.5 \times 10^{-4}} = 1942 < 2000$$

重油的流动状态均为层流，由达西公式（4.18）可得相应的沿程水头损失为

$$h_{f1} = \frac{\lambda_1 l}{d} \frac{v^2}{2g} = \frac{64}{Re_1} \frac{l}{d} \frac{v^2}{2g} = \frac{64}{116.5} \times \frac{1000}{0.3} \times \frac{0.971^2}{2 \times 9.8} = 88.1\text{m 油柱}$$

$$h_{f2} = \frac{\lambda_2 l}{d} \frac{v^2}{2g} = \frac{64}{Re_2} \frac{l}{d} \frac{v^2}{2g} = \frac{64}{1942} \times \frac{1000}{0.3} \times \frac{0.971^2}{2 \times 9.8} = 5.28\text{m 油柱}$$

由计算可知，重油在 $40℃$ 时流动比在 $10℃$ 时流动的水头损失小。

4.4 圆管中的紊流

实际流体运动中，绝大多数是紊流（也称为湍流），因此，研究紊流流动比研究层流流动更有实用意义和理论意义。在紊流运动中，流体质点做彼此混杂、互相碰撞和穿插的混乱运动，并产生大小不等的旋涡，同时具有横向位移。紊流运动中流体质点在经过流场中的某一位置时，其运动要素 u、p 等都是随时间而剧烈变动的，牛顿内摩擦定律不能适用。

由于紊流运动的复杂性，紊流运动的研究在近几十年内虽然取得了一定成果，但仍然没有完全掌握紊流运动的规律。因此，在讨论紊流的某些具体问题时，还必须引用一些经验和实验资料。

4.4.1 运动要素的脉动与时均化

如图 4.7 所示，当流体作层流运动时，经过 m（或 n 点）的流体质点将遵循一定途径到达 m'（或 n'点）。而在紊流运动中，在某一瞬间 t，经过 m 处的流体质点，将沿着曲折、杂乱的途径到 n'点；而在另一瞬间 $t+\text{d}t$，经过 m 处的流体质点，则可能沿着另一曲折、杂乱的途径流到另外的 C点。并且于不同瞬间到达 n'处（或 C 处）的流体

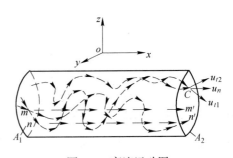

图 4.7 紊流运动图

质点，其速度 u 的大小、方向都是随时间而剧烈变化的。像这样经过流场中某一固定位置的流体质点，其运动要素 u、p 等随时间而剧烈变动的现象，称为运动要素的脉动。具有脉动现象的流体运动，实质上是非定常流动，用以前的分析方法研究这种流体运动是很困难的。

虽然如此，但长时间观察就会发现，这种流体运动仍然存在一定的规律性。以流速为例，当长时间观察流经 C 处的流体质点运动情况时，可以看到，每一瞬时流经该处的速度 $\boldsymbol{u}$，其方向虽然随时改变，但对 x 轴向起决定性作用的则是 $\boldsymbol{u}$ 在 x 轴方向的投影 u_x。虽然由于脉动，u_x 的大小也随时间推移而表现出剧烈的并且是无规则的变化，但是如果观测的时间 T 足够长，则可测出一个它对时间 T 的算术平均值 $\bar{u}_x$，如图 4.8 所示。而且可以看出，在这个时间间隔 T 内，u_x 的值是围绕着这一 $\bar{u}_x$ 值脉动的。

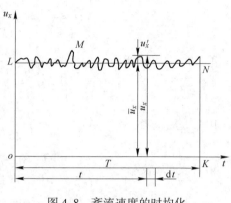

图 4.8　紊流速度的时均化

由于 $\bar{u}_x$ 是瞬时速度 u_x 对时间 T 的平均值，故称为时均速度。u_x 与 $\bar{u}_x$ 的差 u'_x，则称为脉动速度。u_x、$\bar{u}_x$ 和 u'_x 之间的关系如下：

$$u_x = \bar{u}_x + u'_x \tag{4.21}$$

由数学分析可知，$\bar{u}_x$ 可由下式计算

$$\bar{u}_x = \frac{1}{T}\int_0^T u_x \mathrm{d}t \tag{4.22}$$

显然，在足够长的时间内，u'_x 的时间平均值 $\bar{u'_x}$ 为零，可证明如下：

$$\bar{u}_x = \frac{1}{T}\int_0^T u_x \mathrm{d}t = \frac{1}{T}\int_0^T (\bar{u}_x + u'_x)\,\mathrm{d}t = \frac{1}{T}\int_0^T \bar{u}_x \mathrm{d}t + \frac{1}{T}\int_0^T u'_x \mathrm{d}t = \bar{u}_x + \bar{u'}_x$$

由此得

$$\bar{u'}_x = \frac{1}{T}\int_0^T u'_x \mathrm{d}t = 0 \tag{4.23}$$

对于其他的流动要素，均可采用上述方法，将瞬时值视为由时均量和脉动量所构成，即

$$\left.\begin{array}{l} u_y = \bar{u}_y + u'_y \\ u_z = \bar{u}_z + u'_z \\ p = \bar{p} + p' \end{array}\right\} \tag{4.24}$$

显然，在一元流动（如管流）中，$\bar{u}_y$ 和 $\bar{u}_z$ 应该为零，u_y 和 u_z 应分别等于 u'_y 和 u'_z。

从以上分析可以看出，尽管在紊流流场中任一点的瞬时流速和瞬时压强是随机变化的，但在时间平均的情况下仍然是有规律的。对于定常紊流来说，空间任一点的时均流速和时均压强仍然是常数。紊流运动要素时均值存在的这种规律性，给紊流的研究带来了很大方便。只要建立了时均的概念，则以前所建立的一些概念和分析流体运动规律的方法，

在紊流中仍然适用。如流线、微元流束、定常流等对紊流来说仍然存在，只是都具有时均的意义。根据定常流推导出的流体动力学基本方程，同样也适用于紊流时均定常流。

这里需要指出的是：时均化了的紊流运动只是一种假想的定常流动，并不意味着流体脉动可以忽略。实际上，紊流中的脉动对时均运动有很大影响，主要反映在流体能量方面。此外，脉动对工程还有特殊的影响，例如脉动流速对污水中颗粒污染物的作用，脉动压力对构筑物荷载、振动及气蚀的影响等，这些都需要专门研究。

4.4.2 混合长度理论

紊流的混合长度理论是普朗特（Prandtl）在 1925 年提出的，它比较合理地解释了脉动对时均流动的影响，为解决紊流中的切应力、速度分布及阻力计算等问题奠定了基础，是工程中应用最广的半经验公式。

首先讨论紊流的切应力。在层流运动中，由于流层间的相对运动所引起的黏滞切应力可由牛顿内摩擦定律计算。但在紊流运动中，由于有垂直流向的脉动分速度，使相邻的流体层产生质点交换，从而将形成不同于层流运动中的另一种摩擦阻力，称为紊流运动中的附加切应力，或称为雷诺切应力。

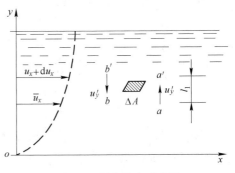

为了兼顾圆管与平面流动这两种情况，取平面坐标系如图 4.9 所示。沿 y 轴方向取相距 l_1、但属于相邻两层流体中的 a、a'、b、b' 四点，其中 a、b 两点处于慢速层，a'、b' 两点处于快速层。设想在某一瞬时，原来处于 a 处的流体质点，以脉动速度 u_y' 向上运动到 a' 点（其沿流向速度保持不变）。当它到达 a' 点后，其沿

图 4.9 混合长度示意图

流向的速度将比周围流体的小一些，并显示出负值的脉动速度 u_x'，周围的流体质点将对它起推动作用（即摩擦阻力作用）。反之，如果原来在 b' 点处的流体质点以脉动速度 u_y' 向下运动到 b 点，则会受到周围流体质点的拖曳作用（亦为摩擦阻力作用）。这样，在相邻两层流体之间，便产生了动量交换（或动量的传递）。

按照普朗特的动量传递理论，这一现象可用动量定理解释为"这些动量交换值应等于外力（即摩擦力）的冲量"。如在两层流体的交界面上划取一个平行于流向的微小面积 ΔA，并取时间为 Δt，则摩擦阻力与动量的关系将为

$$\tau \Delta A \Delta t = -(\rho \Delta A u_y') u_x' \Delta t$$

化简上式可得

$$\tau = -\rho u_y' u_x' \tag{4.25}$$

由于正的 u_y' 联系着负的 u_x'，负的 u_y' 联系着正的 u_x'，所以上式右端必须加上负号，以使 τ 为正值。如取 τ 的时均值，则上式可写为

$$\tau = -\rho \overline{u_y'} \, \overline{u_x'} \tag{4.26}$$

这就是由于脉动原因而引起的附加切应力或雷诺切应力。由此可见，在一般的紊流运动中，其内摩擦力包括牛顿内摩擦力和附加切应力两部分：

$$\tau = \tau_1 + \tau_2 = -\mu \frac{\mathrm{d}\bar{u}_x}{\mathrm{d}y} - \rho \overline{u_x' u_y'} \tag{4.27}$$

根据普朗特的假设，附加切应力可用时均速度表示。如果设 $a \to a'$ 或 $b' \to b$ 的平均距离为 l_1，则脉动速度绝对值的时均值 $|\bar{u}_x'|$ 或 $|\bar{u}_y'|$ 与 $\frac{\mathrm{d}\bar{u}}{\mathrm{d}y} l_1$ 成正比，即

$$|\bar{u}_x'| = c_1 l_1 \frac{\mathrm{d}\bar{u}}{\mathrm{d}y} \tag{4.28}$$

根据连续性方程可知，$|\bar{u}_y'|$ 与 $|\bar{u}_x'|$ 成正比，即

$$|\bar{u}_y'| = c_2 |\bar{u}_x'| = c_2 c_1 l_1 \frac{\mathrm{d}\bar{u}}{\mathrm{d}y} \tag{4.29}$$

虽然 $|\bar{u}_x'|$、$|\bar{u}_y'|$ 与 $\overline{u_x' u_y'}$ 不等，但可认为它们是成比例的，即

$$\overline{u_x' u_y'} = c_3 |\bar{u}_x'| |\bar{u}_y'| = c_1^2 c_2 c_3 l_1^2 \left(\frac{\mathrm{d}\bar{u}}{\mathrm{d}y}\right)^2$$

因此，紊流中的附加切应力为

$$\bar{\tau}_2 = -\rho \overline{u_x' u_y'} = -\rho c_1^2 c_2 c_3 l_1^2 \left(\frac{\mathrm{d}\bar{u}}{\mathrm{d}y}\right)^2 \tag{4.30}$$

上式中 c_1，c_2，c_3 均为比例常数，令 $l^2 = -c_1^2 c_2 c_3 l_1^2$，则有

$$\bar{\tau}_2 = \rho l^2 \left(\frac{\mathrm{d}\bar{u}}{\mathrm{d}y}\right)^2 \tag{4.31}$$

上式就是由混合长度理论得到的附加切应力的表达式，式中 l 称为混合长度，但没有明显的物理意义。最后可得

$$\bar{\tau} = \bar{\tau}_1 + \bar{\tau}_2 = \mu \frac{\mathrm{d}\bar{u}}{\mathrm{d}y} + \rho l^2 \left(\frac{\mathrm{d}\bar{u}}{\mathrm{d}y}\right)^2 \tag{4.32}$$

上式两部分应力的大小随流动的情况而有所不同，当雷诺数较小时，$\bar{\tau}_1$ 占主导地位。随着雷诺数增加，$\bar{\tau}_2$ 作用逐渐加大，当雷诺数很大时，即在充分发展的紊流中，$\bar{\tau}_2$ 远远大于 $\bar{\tau}_1$，$\bar{\tau}_1$ 可以忽略不计。

4.4.3　圆管紊流的速度分布

4.4.3.1　速度分布

根据卡门实验，混合长度 l 与流体层到圆管管壁的距离 y 的函数关系可以近似表示为

$$l = ky \sqrt{1 - \frac{y}{R}} \tag{4.33}$$

式中，R 为圆管半径。当 $y \ll R$，即在壁面附近时，

$$l = ky \tag{4.34}$$

式中，k 为实验常数，通常称为卡门通用常数，可取为 0.4。因此，式(4.31)可写成

$$\tau = \rho k^2 y^2 \left(\frac{\mathrm{d}u}{\mathrm{d}y}\right)^2 \tag{4.35}$$

上式中为了简便，省去了时均符号，并且只讨论完全发展的紊流。上式变化后得

$$\mathrm{d}u = \frac{1}{k}\sqrt{\frac{\tau}{\rho}}\,\frac{\mathrm{d}y}{y} \tag{4.36}$$

如以管壁处摩擦阻力 τ_0 代替 τ，并令 $\sqrt{\dfrac{\tau_0}{\rho}} = v_*$，称为壁切应力速度（摩擦速度），则上式可变换为

$$\mathrm{d}u = \frac{v_*}{k}\,\frac{\mathrm{d}y}{y}$$

积分可得
$$u = \frac{v_*}{k}\ln y + C \tag{4.37}$$

上式就是混合长度理论下推导的紊流流速分布规律。由此可知，在紊流运动中，过流断面上的速度成对数曲线分布，管轴附近各点上的速度大大平均化了，如图 4.10 所示。根据实测，紊流的过流断面上，平均速度 v 是管轴处流速 $u_{\max}$ 的 0.75 ~ 0.87 倍。

紊流速度的对数分布规律比较准确，但公式复杂不便使用。根据光滑管紊流的实验曲线，紊流的速度分布也可以近似地用比较简单的指数公式表示为

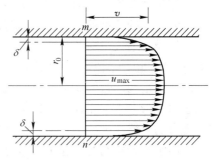

图 4.10　紊流的速度分布

$$\frac{u_x}{u_{\max}} = \left(\frac{y}{R}\right)^n \tag{4.38}$$

当 Re 数不同时，对应的指数 n 也不相同，$n = 1/10 ~ 1/4$。

4.4.3.2　层流底层、水力光滑管与水力粗糙管

由实验得知，在圆管紊流中，并非所有流体质点都参与紊流运动。首先，由于流体与管壁之间的附着力作用，总有一层极薄的流体附着在管壁上，流速为零，不参与运动。其次，在靠近管壁处，由于管壁及流体黏性影响，有一层厚度为 δ 的流体作层流运动，这一流体层称为层流底层。只有层流以外的流体才参与紊流运动。

层流底层的厚度 δ 并不是固定的，它与流体的运动黏度 ν、流体的运动速度 v、管径 d 及紊流运动的沿程阻力系数 λ 有关。通过理论与实验计算，可得到 δ 的近似计算公式为

$$\delta = \frac{32.8d}{Re\sqrt{\lambda}} \tag{4.39}$$

由实验得知，一般流体作紊流运动时，其层流底层的厚度通常只有十分之几毫米，即使黏性很大的流体（例如石油），其层流底层的厚度也只有几毫米。黏性影响在远离管壁的地方逐渐减弱，管中大部分区域是紊流的活动区，称为紊流核心，在层流底层与紊流核心之间还有一层很薄的过渡区。因此，管中紊流实质上包括三层结构，如图 4.11 所示。

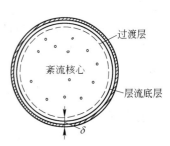

图 4.11　圆管紊流结构图

尽管层流底层的厚度较小，但是它在紊流中的作用却是不可忽略的。例如，在冶金炉内、采暖工程的管道内，层流底层的厚度 δ 越大，放热量就越小，流动阻力也越小。

由于管子的材料、加工方法、使用条件以及使用年限等因素影响，使得管壁会出现各种不同程度的凹凸不平，它们的平均尺寸 Δ 称为绝对粗糙度，如图 4.12 所示。

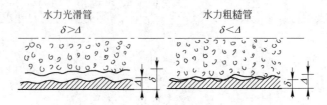

图 4.12　水力光滑管与水力粗糙管

当 $\delta > \Delta$ 时，管壁的凹凸不平部分完全被层流底层覆盖，粗糙度对紊流核心几乎没有影响，这种情况称为水力光滑管。当 $\delta < \Delta$ 时，管壁的凹凸不平部分暴露在层流底层之外，紊流核心的运动流体冲击在凸起部分，不断产生新的旋涡，加剧紊乱程度，增大能量损失。粗糙度的大小对紊流特性产生直接影响，这种情况称为水力粗糙管。当 δ 与 Δ 近似相等时，凹凸不平部分开始显露影响，但还未对紊流性质产生决定性的作用。这是介于上述两种情况之间的过渡状态，有时也把它归入水力粗糙管的范围。

水力光滑与水力粗糙同几何上的光滑与粗糙有联系，但并不能等同。几何光滑管出现水力光滑的可能性大些，几何粗糙管出现水力粗糙的可能性大些，但几何光滑与粗糙是固定的，而水力光滑与水力粗糙却是可变的。

在雷诺数相同的情况下，层流底层的厚度 δ 应该是相等的，而不同管壁的粗糙凸出高度 Δ 则是不等的，因此不同粗糙度的管路对雷诺数相等的流体运动，会形成不同的阻力。此外，同一条管路的粗糙凸出高度 Δ 是不变的，但如流体运动的雷诺数变化时，其层流底层的厚度 δ 则是变化的。因此，同一管路对雷诺数不同的流动，所形成的阻力也是不相同的。

4.4.4　圆管紊流的水头损失

由于所讨论的是均匀流动，管壁处的摩擦阻力 τ_0 仍可由式（4.14）计算，即 $\tau_0 = \dfrac{\Delta p R}{2l} = \dfrac{\Delta p d}{4l}$，而 $h_{\mathrm{f}} = \dfrac{\Delta p}{\rho g}$，因此

$$h_{\mathrm{f}} = \frac{4\tau_0 l}{\rho g d} \tag{4.40}$$

式中，τ_0 的成因很复杂，目前仍不能用解析法求得，只能从实验资料的分析入手来解决。实验指出：τ_0 与均速 v、雷诺数 Re、管壁绝对粗糙度 Δ 与管子半径 r 的比值 Δ/r 都有关系，可由下式表示：

$$\tau_0 = f(Re,\ v,\ \Delta/r) = f_1(Re,\ \Delta/r)v = Fv^2 \tag{4.41}$$

将上式代入式（4.40），则得

$$h_{\mathrm{f}} = \frac{4Fv^2}{\rho g}\frac{l}{d} = \frac{8F}{\rho}\frac{l}{d}\frac{v^2}{2g} = \frac{\lambda l}{d}\frac{v^2}{2g} \tag{4.42}$$

式中，$\lambda = \dfrac{8F}{\rho} = f_1\left(Re, \dfrac{\Delta}{r}\right)$，称为紊流的沿程阻力系数，只能由实验确定。

4.5 圆管流动沿程阻力系数的确定

圆管流动是工程实际中最常见、最重要的流动，它的沿程阻力可采用达西公式来计算，即 $h_f = \dfrac{\lambda l}{d}\dfrac{v^2}{2g}$，对层流而言，$\lambda = \dfrac{64}{Re}$；但由于紊流的复杂性，目前还不能从理论上推导出紊流沿程阻力系数 λ 的准确计算公式，只有通过实验得出的经验和半经验公式。

4.5.1 尼古拉兹实验

1933 年发表的尼古拉兹（Nikuradse）实验对管中沿程阻力作了全面研究。管壁的绝对粗糙度 Δ 不能表示出管壁粗糙度的确切状况及其与流动阻力的关系，而相对粗糙度 Δ/d 可以表示出管壁粗糙状况与流动阻力的关系，是不同性质或不同大小的管壁粗糙状况的比较标准。尼古拉兹在不同相对粗糙度 Δ/d 的管路中，进行阻力系数 λ 的测定，分析 λ 与 Re 及 Δ/d 的关系。

尼古拉兹用人为的办法制造不同相对粗糙度的管子时，先在直径为 d 的管壁上涂一层胶，再将经过筛分后具有一定粒径 Δ 的砂子，均匀地撒在管壁上，这就人工地做成不同相对粗糙度 Δ/d 的管子。尼古拉兹共制作出了相对粗糙度 Δ/d 分别为 $\dfrac{1}{1014}$, $\dfrac{1}{504}$, $\dfrac{1}{252}$, $\dfrac{1}{120}$, $\dfrac{1}{60}$, $\dfrac{1}{30}$ 的六种管子，采用类似雷诺实验的装置进行实验（拆除注颜色水的针管）。实验中，先对每一根管子测量出在不同流量时的断面平均流速 v 和沿程阻力损失 h_f，再由公式计算出 λ 和 Re，然后以 $\lg Re$ 为横坐标、$\lg(100\lambda)$ 为纵坐标描绘出管路 λ 与 Re 的对数关系曲线，即尼古拉兹实验图，如图 4.13 所示。

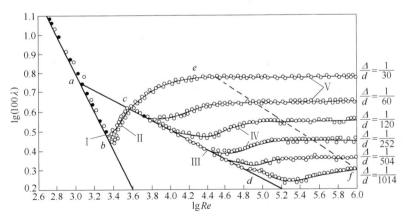

图 4.13　尼古拉兹实验曲线

由图 4.13 可以看到，管道中的流动可分为五个区域。

（1）第 I 区域——层流区。其雷诺数 $Re < 2320(\lg Re < 3.36)$，实验点均落在直线 ab 上，从图中可得 $\lambda = \dfrac{64}{Re}$，这与已知的理论结果完全一致，说明粗糙度对层流的沿程阻力系数没有影响。根据式（4.18）还可知，沿程阻力损失 h_f 与断面平均流速 v 成正比，这与雷诺实验的结果一致。

（2）第 II 区域——临界区。层流开始转变为紊流，$2320 < Re < 4000(\lg Re = 3.36 \sim 3.6)$，实验点落在直线 bc 附近。由于雷诺数在此区域的变化范围很小，实用意义不大，人们对它的研究也不多。

（3）第 III 区域——紊流水力光滑管区。$4000 < Re < 22.2\left(\dfrac{d}{\Delta}\right)^{\frac{8}{7}}$，实验指出，在此区域内，不同相对粗糙度的管中流动虽然都已处于紊流状态，但对某一相对粗糙度的管中流动来说，只要在一定的雷诺数情况下，如果层流底层的厚度 δ 仍然大于其绝对粗糙度 Δ（即为水力光滑管），那么它的实验点都集中在直线 cd 上，这表明 λ 与 Δ 仍然无关，而只与 Re 有关。当然，不同相对粗糙度的管中流动服从这一关系的极限雷诺数是各不相同的。相对粗糙度愈大的管中流动，其实验点愈早离开直线 cd，即在雷诺数愈小的时候进入第 IV 区域。

此区域计算 λ 的公式为：

1）当 $4000 < Re < 10^5$ 时，可用布拉休斯（Blasius）公式

$$\lambda = \frac{0.3164}{\sqrt[4]{Re}} \tag{4.43}$$

2）当 $10^5 < Re < 3 \times 10^6$ 时，可用尼古拉兹光滑管公式

$$\lambda = 0.0032 + 0.221Re^{-0.237} \tag{4.44}$$

3）更通用的公式是 $\qquad \dfrac{1}{\sqrt{\lambda}} = 2\lg(Re\sqrt{\lambda}) - 0.8 \tag{4.45}$

（4）第 IV 区域——过渡区。由紊流水力光滑管开始转变为紊流水力粗糙管，其雷诺数 $22.2\left(\dfrac{d}{\Delta}\right)^{\frac{8}{7}} < Re < 597\left(\dfrac{d}{\Delta}\right)^{\frac{9}{8}}$。在这个区间内，随着雷诺数 Re 的增大，各种相对粗糙度的管中流动的层流底层都在逐渐变薄，以致相对粗糙度大的管流，其阻力系数 λ 在雷诺数较小时便与相对粗糙度 Δ/d 有关，即转变为水力粗糙管；而相对粗糙度较小的管流，在雷诺数较大时才出现这一情况。也就是说，在过渡区，各种相对粗糙度管流的 λ 与 Re 及 Δ/d 都有关系。

在过渡区，计算 λ 的公式很多，常用的是柯列布茹克（Colebrook）半经验公式

$$\frac{1}{\sqrt{\lambda}} = 1.14 - 2\lg\left(\frac{\Delta}{d} + \frac{9.35}{Re\sqrt{\lambda}}\right) \tag{4.46}$$

此公式不仅适用于过渡区，也适用于 Re 数从 4000 到 10^6 的整个紊流的 III、IV、V 三个区域。柯列布茹克公式比较复杂，它有一个简化的形式，称为阿里特苏里公式

$$\lambda = 0.11\left(\frac{\Delta}{d} + \frac{68}{Re}\right)^{0.25} \tag{4.47}$$

（5）第Ⅴ区域——紊流水力粗糙管区。其雷诺数 $Re > 597\left(\dfrac{d}{\Delta}\right)^{\frac{9}{8}}$。由图可看出，当不同相对粗糙度管流的实验点到达这一区域后，每一相对粗糙度管流实验点的连线，几乎都与 $\lg Re$ 轴平行。这说明，它们的阻力系数都与 Re 无关。因为当 $Re > 597\left(\dfrac{d}{\Delta}\right)^{\frac{9}{8}}$ 后，其层流底层的厚度 δ 已变得非常小，以至于对最小的粗糙度 Δ 也掩盖不了。因此，相对粗糙度 d/Δ 是决定 λ 值的唯一因素，且 d/Δ 值越大，其 λ 值也越大。

实验测得，在此区域，水头损失 h_{f} 与速度 v 的二次方成正比，因此，此区域又称为阻力平方区或完全粗糙区。

阻力平方区 λ 的计算公式常用的是尼古拉兹粗糙管公式

$$\lambda = \frac{1}{\left[2\lg\left(3.7\,\dfrac{d}{\Delta}\right)\right]^{2}} \tag{4.48}$$

总之，尼古拉兹实验有很重要的意义。它概括了各种相对粗糙度管流 λ 与 Re 及 Δ/d 的关系，从而说明了各种理论公式、经验公式或半经验公式的适用范围。

4.5.2 莫迪图

上述各种计算 λ 的公式虽然比较常用，但计算比较烦琐。1940 年，莫迪（Moody）对天然粗糙管（指工业用管）做了大量实验，绘制出 λ 与 Re 及 Δ/d 的关系图（图 4.14），供实际运算时使用，这个图称为莫迪图。

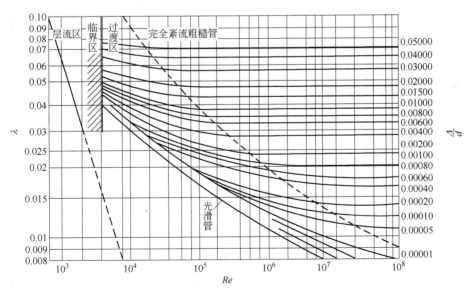

图 4.14　莫迪图

如果知道了管流的雷诺数 Re 和相对粗糙度 Δ/d，从莫迪图上很容易查到 λ 的值。表 4.1 给出常用管材绝对粗糙度 Δ 的参考值，Δ 值是随管壁的材料、加工方法、加工精度、新旧程度及使用情况等因素而改变的。

表 4.1　常用管材的绝对粗糙度

表 4.1　常用管材的绝对粗糙度

管　材	Δ 值/mm	管　材	Δ 值/mm
干净的黄铜管、铜管	0.0015~0.002	沥青铁管	0.12
新的无缝钢管	0.04~0.17	镀锌铁管	0.15
新钢管	0.12	玻璃、塑料管	0.001
精致镀锌钢管	0.25	橡胶软管	0.01~0.03
普通镀锌钢管	0.39	木管、纯水泥表面	0.25~1.25
旧的生锈的钢管	0.60	混凝土管	0.33
普通的新铸铁管	0.25	陶土管	0.45~6.0
旧的铸铁管	0.50~1.60		

实际管材的凹凸不平与均匀砂粒粗糙度是有很大区别的，当层流底层厚度减小时，均匀砂粒要么全被覆盖，要么一起暴露在紊流脉动之中，而实际管材凸凹不平的高峰，不等层流底层减小很多时，却早已伸入紊流脉动之中了。这样就加速了光滑管向粗糙管的过渡进程，所以实际管道过渡区开始得早，这只要比较一下莫迪图和尼古拉兹曲线就可以看出来。因此，从图去查 λ 值要以莫迪图为准。

[例题 4.4]　向一个大型设备供水、供油、通风。环境温度是 20℃，已知条件如表 4.2 所列。试分别计算水管、油管和风管上的沿程损失 h_f。

表 4.2　已知数据

项　目	供　水	供　油	通　风
管道材料	新铸铁管	黄铜管	无缝钢管
管道直径 d/cm	20	2	50
管道长度 l/m	20	10	10
流量 Q/m³·s⁻¹	0.3	0.01	10

[解]　用表 4.3 来说明解题过程。首先从第 1 章表中查出 20℃时水、油与空气的运动黏度 ν，列入表 4.3 中，再从表 4.1 中查得管道的绝对粗糙度 Δ，计算出 d/Δ，并计算出雷诺数 $Re = \dfrac{vd}{\nu} = \dfrac{4Q}{\pi d \nu}$。

为了判断流体运动属于哪个阻力区域，需要计算出 $22.2\left(\dfrac{d}{\Delta}\right)^{\frac{8}{7}}$ 及 $597\left(\dfrac{d}{\Delta}\right)^{\frac{9}{8}}$，判断结果也列在表 4.3 中。根据水力粗糙管区、水力光滑管区、过渡区的 λ 计算公式、尼古拉兹粗糙管公式、尼古拉兹光滑管公式及阿里特苏里公式，可求得 λ 值。各管道的沿程损失 h_f 可由下式计算：

$$h_f = \frac{\lambda l}{d} \frac{v^2}{2g} = \frac{8\lambda l Q^2}{\pi^2 d^5 g}$$

以上计算数据均列于表 4.3 中。

表 4.3 解题表

项 目	供 水	供 油	通 风
$\nu/\mathrm{m}^2 \cdot \mathrm{s}^{-1}$	1.007×10^{-6}	8.4×10^{-6}	15.7×10^{-6}
Δ/mm	0.25	0.0018	0.10
d/Δ	800	11111	5000
Re	1.90×10^6	7.58×10^4	1.62×10^6
$22.2\left(\dfrac{d}{\Delta}\right)^{\frac{8}{7}}$	46150	9.33×10^5	3.75×10^5
$597\left(\dfrac{d}{\Delta}\right)^{\frac{9}{8}}$	1.10×10^6	—	8.66×10^6
阻力区域	粗糙管区	光滑管区	过渡区
λ 的计算值	0.0207	0.0104	0.0137
沿程损失 h_f	9.64 米水柱	269 米油柱	36.3 米气柱

[**例题 4.5**] 有一圆管水流，直径 $d = 20\mathrm{cm}$，管长 $l = 20\mathrm{m}$，管壁绝对粗糙度 $\Delta = 0.2\mathrm{mm}$，水温 $t = 6℃$，求通过流量 $Q = 24\mathrm{L/s}$ 时，沿程水头损失 h_f。

[**解**] 当 $t = 6℃$ 时，查表得水的运动黏度 $\nu = 0.0147\mathrm{cm}^2/\mathrm{s}$。

断面平均流速
$$v = \frac{Q}{A} = \frac{24 \times 1000}{\frac{\pi}{4} \times 20^2} = 76.4\mathrm{cm/s}$$

雷诺数　　$Re = \frac{vd}{\nu} = \frac{76.4 \times 20}{0.0147} = 1.04 \times 10^5 > 2320$，属于紊流流态

相对粗糙度
$$\frac{\Delta}{d} = \frac{0.2}{20 \times 10} = 0.001$$

由 Re 及 $\dfrac{\Delta}{d}$，在莫迪图上查得沿程阻力系数 $\lambda = 0.027$。

沿程水头损失 h_f 为

$$h_f = \frac{\lambda l}{d}\frac{v^2}{2g} = 0.027 \times \frac{20 \times 100}{20} \times \frac{76.4^2}{2 \times 980} = 8.04\mathrm{cmH_2O}$$

4.6　非圆形截面管道的沿程阻力计算

对于非圆形截面管道均匀流动的阻力计算问题，可用下述两种办法解决。

4.6.1　利用原有公式进行计算

由于圆形截面的特征长度是直径 d，非圆形截面的特征长度是水力半径 R，而且已知两者的关系为 $d = 4R$，因此，只要将达西公式中的 d 改为 $4R$ 便可应用。即在非圆形均匀流动的水力计算中，沿程阻力损失的计算公式为

$$h_{\mathrm{f}} = \lambda \, \frac{l}{4R} \frac{v^2}{2g} \tag{4.49}$$

计算 λ 的公式可以这样处理：将圆管直径 d 用 $4R$ 代替，将圆管流动的雷诺数 $Re_{(d)} = \dfrac{vd}{\nu}$ 用非圆管流动的雷诺数 $Re_{(R)} = \dfrac{vR}{\nu}$ 的 4 倍置换，则圆管的计算 λ 的公式均可应用于计算非圆管的 λ。例如，布拉休斯公式可按上述方法改写为

$$\lambda = \frac{0.3164}{\sqrt[4]{4Re_{(R)}}}$$

4.6.2　用蔡西（Chezy）公式进行计算

工程上为了能将达西公式广泛应用于非圆形截面的均匀流动，常将其改写为

$$h_{\mathrm{f}} = \frac{\lambda l}{d} \frac{v^2}{2g} = \frac{\lambda l}{4R} \frac{v^2}{2g} = \frac{l}{\underset{\lambda}{\underline{\dfrac{8g}{}}}} \frac{1}{R} \frac{Q^2}{A^2} = \frac{Q^2 l}{c^2 R A^2}$$

令 $c^2 R A^2 = K^2$，则

$$h_{\mathrm{f}} = \frac{Q^2 l}{K^2} \tag{4.50}$$

由此，流量 Q 及速度 v 的计算公式为

$$Q = K\sqrt{\frac{h_{\mathrm{f}}}{l}} = K\sqrt{i} = \sqrt{c^2 R A^2}\sqrt{i} \tag{4.51}$$

$$v = c\sqrt{Ri} \tag{4.52}$$

式中，i 为单位长度管道上的沿程损失；$c = \sqrt{\dfrac{8g}{\lambda}}$ 称为蔡西系数；$K = cA\sqrt{R}$ 称为流量模数。

上述三式由蔡西首先提出，称为蔡西公式。它在管道、渠道等工程计算中得到了广泛应用。

4.7　边界层理论基础

边界层理论是普朗特在 1904 年提出的，该理论将雷诺数较大的实际流体流动看作由两种不同性质的流动所组成：一种是固体边界附近的边界层流动，黏滞性的作用在这个流动里不能忽略，但边界层一般都很薄；另一种是边界层以外的流动，在这里黏滞性作用可以忽略，流动可以按简单的理想流体来处理。普朗特这种处理实际流体流动的方法，不仅使历史上许多似是而非的流体力学疑问得以澄清，更重要的是，为近代流体力学的发展开辟了新的途径，所以，边界层理论在流体力学中有着极其深远的意义。

4.7.1　边界层的概念

我们来考察一个典型的边界层流动。如图 4.15 所示，有一个等速平行的平面流动，各点的流速都是 u_0，在这样一个流动中，放置一块与流动平行的薄板，平板是不动的。设想在平板的上下方流场的边界都为无穷远，由于实际流体与固体相接触时，固体边界上的

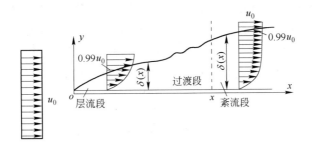

图 4.15 平板边界层示意图

流体质点必然贴附在边界上，不会与边界发生相对运动，因此，平板上质点的流速必定为零，在其附近的质点由于黏性的作用，流速也有不同程度的减小，形成了横向的流速梯度，离板越远流速越接近于原有的来流流速 u_0。严格地说，黏性影响是逐步减小的，只有在无穷远处流速才能恢复到 u_0，才是理想流体流动。但从实际上看，如果规定在 $u = 0.99u_0$ 的地方作为边界层的界限，则在该界限以外，由于流速梯度甚小，已完全可以近似看作为理想流体。因此，边界层的厚度定义为从平板壁面至 $u = 0.99u_0$ 处的垂直距离，以 δ 表示。

边界层开始于平板的首端，越往下游，边界层越发展，即黏滞性的影响逐渐从边界向流区内部发展。在边界层的前部，由于厚度较小，流速梯度更大，因此黏滞应力 $\tau = \mu \dfrac{du}{dy}$ 作用较大，这时边界层内的流动将属于层流状态，这种边界层称为层流边界层。之后，随着边界层厚度增大，流速梯度减小，黏性作用也随之减小，边界层内的流态将从层流经过过渡段变为紊流，边界层也将转变为紊流边界层，如图 4.15 所示。紊流边界层内流动结构存在不同层次，板面附近是层流底层，向外依次是过渡层和紊流层。

4.7.2 平板边界层的厚度

平板边界层是最简单的边界层，依据普朗特边界层理论，以及在此基础上推导出的边界层运动微分方程和动量积分方程，对平板边界层的流动可以进行求解，得出半经验计算公式，这里限于篇幅略去推导，仅仅介绍一些有关的成果。

边界层内由过渡段转变为紊流的位置称为边界层的转折点 x_c，相应的雷诺数称为临界边界层雷诺数 Re_c，其值大小与来流的紊动强度及壁面粗糙度等因素有关，由实验得到 Re_c 值为

$$Re_c = \frac{u_0 x_c}{\nu} = 3.0 \times 10^5 \sim 3.0 \times 10^6 \tag{4.53}$$

当平板很长时，层流边界层和过渡段的长度与紊流边界层的长度相比，是很短的。通过理论分析和实验都证实了层流边界层的厚度为

$$\frac{\delta}{x} = \frac{5}{\sqrt{Re_x}} \tag{4.54}$$

紊流边界层的厚度为

$$\frac{\delta}{x} = \frac{0.37}{(Re_x)^{0.2}} \tag{4.55}$$

有关平板边界层的这些研究成果，在工程实际中可以得到应用。例如，边界层在管道进口或河渠进口开始发生，逐渐发展，最后边界层厚度 δ 等于圆管半径或河渠的全部水深，以后的全部流动都属于边界层流动。通常分析管流或河渠流动都只针对边界层已发展完毕以后的流动，所以进口段长度的确定需要参照平板边界层厚度的计算。

4.7.3　边界层分离

边界层分离是边界层流动在一定条件下发生的一种极重要的流动现象。下面分析一个典型的边界层分离的例子。

有一等速平行的平面流动，流速为 u，在该流场中放置一个固定的圆柱体，如图 4.16 所示。现取一条正对圆心的流线分析，沿该流线的流速，越接近圆柱体时流速越小。由于这条流线是水平线，根据能量方程，压强沿该流线越接近圆柱体就越大。在到达圆柱体表面一点 a 时，流速减至零，压强增到最大，该点称为停滞点或驻点。流体质点到达驻点后便停滞不前，但由于流体是不可压缩的，故继续流来的流体质点已无法在驻点停滞，而是在比圆柱体两侧压强较高的 a 点压力的作用下，将压强部分转化为动能，改变原来的运动方向，沿圆柱面两侧向前流动。

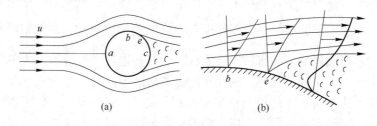

图 4.16　边界层分离现象

由于圆柱壁面的黏滞作用，从 a 点开始形成边界层内流动。从 a 点到 b 点区间，因圆柱面的弯曲，使流线密集，边界层内流动处于加速减压的情况，但在过了 b 点断面之后，情况正好相反，由于流线的扩散，边界层内流动转而处在减速加压的情况下，此时在切应力消耗动能和减速加压的双重作用下，边界层迅速扩大，边界层内流速和横向流速梯度迅速降低，到达一定的地点，例如过 e 点的断面，靠近 e 点的质点流速 $u=0$，横向流速梯度 $\left(\dfrac{\partial u}{\partial y}\right)_{y=0}=0$，故又出现了驻点。同样又由于流体的不可压缩性，继续流来的质点势必要改变原有的流向，脱离边界，向外侧流去，如图 4.16（a）、（b）所示，这种现象称为边界层分离，e 点称为分离点。边界层离体后，e 点的下游，必将有新的流体来补充，形成反向的回流，即出现旋涡区，时均流速分布沿程将急剧改变。

以上是边界缓变、实际流体流动减速增压而导致的边界层分离。此外，在边界有突变或局部突出时，由于流动的流体质点具有惯性，不能沿着突变的边界作急剧的转折，因而也将产生边界层的分离，出现旋涡区，时均流速分布则沿程急剧改变，如图 4.17 所示。这种流动分离现象产生的原因，仍可解释为流体由于突然发生很大减速增压的缘故，它与边界情况缓慢变化时产生的边界层分离原因本质上是一样的。

边界层分离现象以及回流旋涡区的产生，在工程实际的流体流动中是很常见的。例如

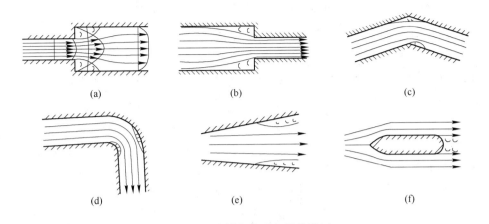

图 4.17 边界突变引起的旋涡区

(a) 突然扩大；(b) 突然缩小；(c) 折管；(d) 弯管；(e) 扩大渠段；(f) 桥墩或闸墩

管道或渠道的突然扩大、突然缩小、转弯以及连续扩大等，或在流动中遇到障碍物，如闸阀、桥墩、拦物栅等。由于在边界层分离产生的回流区中存在着许多大小尺度的涡体，它们在运动、破裂、形成等过程中，经常从流体中吸取一部分机械能，通过摩擦和碰撞的方式转化为热能而损耗掉，这就形成了能量损失，即局部阻力损失。

边界层分离现象还会导致物体的绕流阻力，绕流阻力是指物体在流场中所受到的流动方向向上的流体阻力（垂直流动方向上的作用力为升力）。例如飞机、舰船、桥墩等，都存在流动中的绕流阻力，所以这也是一个很重要的概念。根据实际流体的边界层理论，可以分析得出绕流阻力实际上由摩擦阻力和压强阻力（或称压差阻力）两部分组成。当发生边界层分离现象时，特别是分离旋涡区较大时，压强阻力较大，将起主导作用。在工程实际中减小边界层的分离区，就能减小阻力损失及绕流阻力。因此，管道、渠道的进口段，闸墩、桥墩的外形，汽车、飞机、舰船的外形，都要设计成流线型，以减少边界层的分离。

4.8　管路中的局部损失

不均匀流动中，各种局部阻力形成的原因很复杂，目前还不能逐一进行理论分析和建立计算公式。本节仅对管径突然扩大的局部阻力加以理论分析，其他类型的局部阻力，则用类似的经验公式或实验方法处理。

4.8.1　管径突然扩大的局部损失

图 4.18 为流体在一突然扩大的圆管中的流动情况，流量已知。设小管径为 d_1，大管径为 d_2，水流从小管径断面进入大管径断面后，脱离边界，产生回流区，回流区的长度约为 $(5 \sim 8)d_2$，断面 1—1 和 2—2 为缓变流断面。由于 l 较短，该段的沿程阻力损失 h_{f} 与局部阻力损失

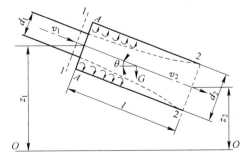

图 4.18　管径突然扩大的局部阻力

h_r 相比可以忽略。取断面 1—1 和 2—2，写出总流的伯努利方程

$$z_1 + \frac{p_1}{\gamma} + \frac{\alpha_1 v_1^2}{2g} = z_2 + \frac{p_2}{\gamma} + \frac{\alpha_2 v_2^2}{2g} + h_r \qquad (4.56)$$

再取位于断面 A—A 和 2—2 之间的流体作为分离体，忽略边壁切应力，写出沿管轴向的总流动量方程

$$\Sigma F = p_1 A_1 + P + G\sin\theta - p_2 A_2 = \rho Q(\alpha_{02} v_2 - \alpha_{01} v_1) \qquad (4.57)$$

式中，P 为位于断面 A—A 上环形面积 A_2—A_1 的管壁反作用力。根据实验观测可知，此环形面上的动压强符合静压强分布规律，即有

$$P = p_1(A_2 - A_1) \qquad (4.58)$$

由图 4.18 还可知，重力 G 在管轴上的投影为

$$G\sin\theta = \gamma A_2 l \frac{z_1 - z_2}{l} = \gamma A_2(z_1 - z_2) \qquad (4.59)$$

将式 (4.58)、式 (4.59) 及连续性方程 $Q = A_1 v_1 = A_2 v_2$ 代入上面的动量方程，整理后得

$$(z_1 - z_2) + \left(\frac{p_1}{\gamma} - \frac{p_2}{\gamma}\right) = \frac{(\alpha_{02} v_2 - \alpha_{01} v_1) v_2}{g}$$

再将上式代入式(4.56)得

$$h_r = \frac{(\alpha_{02} v_2 - \alpha_{01} v_1) v_2}{g} + \frac{\alpha_1 v_1^2 - \alpha_2 v_2^2}{2g}$$

雷诺数较大时，α_1，α_2，α_{01} 及 α_{02} 均接近于 1，故上式又可改写为

$$h_r = \frac{(v_1 - v_2)^2}{2g} \qquad (4.60)$$

上式称为包达（Borda）公式。将 $v_2 = A_1 v_1/A_2$ 及 $v_1 = A_2 v_2/A_1$ 分别代入上式，则分别得到

$$h_r = \left(1 - \frac{A_1}{A_2}\right)^2 \frac{v_1^2}{2g} = \zeta_1 \frac{v_1^2}{2g} \qquad (4.61)$$

$$h_r = \left(\frac{A_2}{A_1} - 1\right)^2 \frac{v_2^2}{2g} = \zeta_2 \frac{v_2^2}{2g} \qquad (4.62)$$

式中，ζ_1、ζ_2 称为管径突然扩大的局部阻力系数，其值与 A_1/A_2 相关。

4.8.2　其他类型的局部损失

由以上分析可以看出，局部损失可用流速水头乘上一个系数来表示，即

$$h_r = \zeta \frac{v^2}{2g} \qquad (4.63)$$

局部阻力系数 ζ 对于不同的局部装置，有不同的值。如果局部装置是装在等径管路中间，则局部阻力系数只有一个。但如果局部装置是装在两种直径的管路中间，则会出现两个局部阻力系数。取局部阻力系数往往是与主要管路上的速度水头相配合，如果不加说

明，变径段的局部阻力系数则是与局部阻力装置后速度水头相配合的 ζ_2。

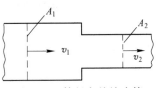

图 4.19 管径突然缩小管

几种常见局部装置的阻力系数确定如下：

（1）管径突然缩小管（图 4.19）。ζ 值随截面缩小 A_2/A_1 的比值不同而异，见表 4.4。

表 4.4 管径突然缩小的局部阻力系数 ζ

A_2/A_1	0.01	0.1	0.2	0.3	0.4	0.5	0.6	0.7	0.8	0.9	1
ζ	0.490	0.469	0.431	0.387	0.343	0.298	0.257	0.212	0.161	0.070	0

（2）逐渐扩大管（图 4.20）。ζ 值可由下式确定：

$$\zeta = \frac{\lambda}{8\sin\dfrac{\alpha}{2}}\left[1-\left(\frac{A_1}{A_2}\right)^2\right] + K\left(1-\frac{A_1}{A_2}\right) \tag{4.64}$$

式中，K 为与扩张角 α 有关的系数，当 $\dfrac{A_1}{A_2}=\dfrac{1}{4}$ 时的 K 值列于表 4.5 中。

表 4.5 计算逐渐扩大管局部阻力系数 ζ 时的 K 值

$\alpha/(°)$	2	4	6	8	10	12	14	16	20	25
K	0.022	0.048	0.072	0.103	0.138	0.177	0.221	0.270	0.386	0.645

（3）逐渐缩小管（图 4.21）。ζ 值可用下式计算：

$$\zeta = \frac{\lambda}{8\sin\dfrac{\alpha}{2}}\left[1-\left(\frac{A_2}{A_1}\right)^2\right] \tag{4.65}$$

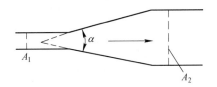

图 4.20 逐渐扩大管

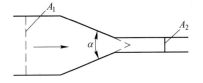

图 4.21 逐渐缩小管

（4）弯管（图 4.22）与折管（图 4.23）。由于流动惯性，在弯管和折管内侧往往产生流线分离形成旋涡区。在外侧，流体冲击壁面增加液流的混乱。

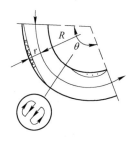

图 4.22 弯管

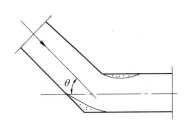

图 4.23 折管

弯管 ζ 值的计算公式为

$$\zeta = \left[0.131 + 1.847 \left(\frac{r}{R} \right)^{3.5} \right] \frac{\theta}{90°} \tag{4.66}$$

当 $\theta = 90°$ 时，可得常用弯管的阻力系数，如表4.6所示。

表4.6   90°弯管的局部阻力系数

$\frac{r}{R}$	0.1	0.2	0.3	0.4	0.5	0.6	0.7	0.8	0.9	1
ζ	0.132	0.138	0.158	0.206	0.294	0.440	0.661	0.977	1.408	1.978

一般铸铁管弯头 $\frac{r}{R} = 0.75$，其阻力系数 $\zeta = 0.9$。

折管 ζ 值的计算公式为

$$\zeta = 0.946 \sin^2 \left(\frac{\theta}{2} \right) + 2.407 \sin^4 \left(\frac{\theta}{2} \right) \tag{4.67}$$

折管的局部阻力系数见表4.7。

表4.7   折管的局部阻力系数

$\theta/(°)$	20	40	60	80	90	100	110	120	130	160
ζ	0.046	0.139	0.364	0.741	0.985	1.260	1.560	1.861	2.150	2.431

（5）三通管。在水管、油管上的三通管处可能有各种方式的流动，其局部阻力系数列于表4.8中。

表4.8   三通管的局部阻力系数

90°三通				
ζ	0.1	1.3	1.3	3
45°三通				
ζ	0.15	0.05	0.5	3

（6）闸板阀（图4.24）与截止阀（图4.25）。其局部阻力系数依开度而异，ζ 值列于表4.9中。

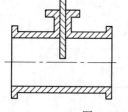

图4.24   闸板阀

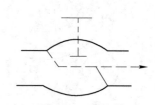

图4.25   截止阀

表 4.9 闸板阀与截止阀的局部阻力系数

开度/%	10	20	30	40	50	60	70	80	90	全开
闸板阀 ζ	60	15	6.5	3.2	1.8	1.1	0.60	0.30	0.18	0.1
截止阀 ζ	85	24	12	7.5	5.7	4.8	4.4	4.1	4.0	3.9

（7）管路的进口、出口及其他常用管件。它们的 ζ 值列于表 4.10 中。

表 4.10 管路的进口、出口及其他常用管件的局部阻力系数

锐缘进口		$\zeta = 0.5$	圆角进口		$\zeta = 0.2$
锐缘斜进口		$\zeta = 0.505 + 0.303\sin\theta + 0.226\sin^2\theta$	管道出口		$\zeta = 1$
闸门		$\zeta = 0.12$（全开）	蝶阀		$\alpha = 20°$时 $\zeta = 1.54$ $\alpha = 45°$时 $\zeta = 18.7$
旋风分离器		$\zeta = 2.5 \sim 3.0$	吸水网（有底阀）		$\zeta = 10$ 无底阀时，$\zeta = 5 \sim 6$
逆止阀		$\zeta = 1.7 \sim 14$ 视开启大小而定	渐缩短管（锥角5°）		$\zeta = 0.06$（水枪喷嘴同此）

由以上分析可知，凡是管道中设有局部装置的地方，都会对运动流体产生局部阻力，造成能量损失。为了避免或减少这一类能量损失，在管路的设计中，要求不装设过多的局部装置，如避免突然扩大或突然缩小，弯管角度不要过大等。

4.8.3 水头损失的叠加原则

上述局部阻力系数多是在不受其他阻力干扰的孤立条件下测定的，如果几个局部阻力互相靠近、彼此干扰，则每个阻力系数与孤立的测定值又会有些不同。实际安装情况千变万化，不可能预先知道不同安装情况下的组合影响。因此，在计算一条管道上的总水头（压强、能量）损失时，只能将管道上所有沿程损失与局部损失按算术加法求和计算。这就是所谓的水头损失的叠加原则。

根据叠加原则，一条管道上的总水头损失可表示为

$$h_1 = h_f + \Sigma h_r = \left(\lambda\frac{l}{d} + \Sigma\zeta\right)\frac{v^2}{2g} \tag{4.68}$$

虽然它有时比实际值略大，有时比实际值略小，但一般情况下这种叠加原则还是可信可行

的。用已有的经验数据计算管道阻力损失，不可能是尽善尽美的，过分苛求水头损失叠加原则的理论正确性并没有实际价值。只要谨慎选取阻力系数，用式（4.68）完全能够满足工程计算的要求。

为了使用方便，有时可以将式（4.68）化简。如果将局部阻力损失折合成一个适当长度上的沿程阻力损失，即令

$$\zeta = \lambda \frac{l_e}{d} \quad 或 \quad l_e = \frac{\zeta}{\lambda} d \tag{4.69}$$

式中，l_e 称为局部阻力的当量管长。于是一条管道上的总水头损失可以简化为

$$h_1 = \lambda \frac{l + \Sigma l_e}{d} \frac{v^2}{2g} = \lambda \frac{L}{d} \frac{v^2}{2g} \tag{4.70}$$

式中，$L = l + \Sigma l_e$ 称为管道的总阻力长度。各种常用局部装置的当量管长可查有关表，例如 90° 圆弯管（$R = d = 25 \sim 400$mm）的当量管长 $l_e = (0.25 \sim 4.0)d$，闸阀的当量管长 $l_e = (10 \sim 15)d$，管道进口的 $l_e = 20d$。

实际工程中的管路，多是由几段等径管道和一些局部装置构成的，因此其水头损失可由下式计算：

$$h_1 = \Sigma h_f + \Sigma h_r$$

$$h_1 = \sum_{i=1}^{n} \frac{\lambda_i l_i}{d_i} \frac{v_i^2}{2g} + \sum_{j=1}^{m} \zeta_j \frac{v_j^2}{2g} = \sum_{i=1}^{n} \frac{\lambda_i l_i}{d_i} \frac{v_i^2}{2g} + \sum_{j=1}^{m} \frac{\lambda_j l_{ej}}{d_j} \frac{v_j^2}{2g} \tag{4.71}$$

［例题 4.6］　冲洗用水枪，出口流速为 $v = 50$m/s，问经过水枪喷嘴时的水头损失为多少？

［解］　查表 4.10 可得，流经水枪喷嘴的局部阻力系数 $\zeta = 0.06$，故其水头损失为

$$h_r = \zeta \frac{v^2}{2g} = 0.06 \times \frac{50^2}{2 \times 9.8} = 7.65 \text{mH}_2\text{O}$$

由此可见，因水枪出口流速高，其局部损失是很大的，因此应改善喷嘴形式，降低管嘴内表面的粗糙度，以改善射流质量、减少水头损失。

［例题 4.7］　某厂在高位水池加装一条管路，向低位水池供水，如图 4.26 所示。已知两水池高差 $H = 40$m，管长 $l = 200$m，管径 $d = 50$mm，弯管 $r/R = 0.5$，管道为普通镀锌管（绝对粗糙度 $\Delta = 0.4$mm）。问：在平均水温为 20℃ 时，这条管路一昼夜能供多少水？

［解］　当 $t = 20$℃ 时，查表得水的运动黏度 $\nu = 1.007 \times 10^{-6}$ m²/s。

以低位水池水面为基准面，并取如图所示过水断面 1—1 及 2—2，列出伯努利方程

$$H + \frac{p_a}{\gamma} + \frac{\alpha_1 v_1^2}{2g} = 0 + \frac{p_a}{\gamma} + \frac{\alpha_2 v_2^2}{2g} + \frac{\lambda l}{d} \frac{v^2}{2g} + \Sigma \zeta \frac{v^2}{2g}$$

$$\tag{4.72}$$

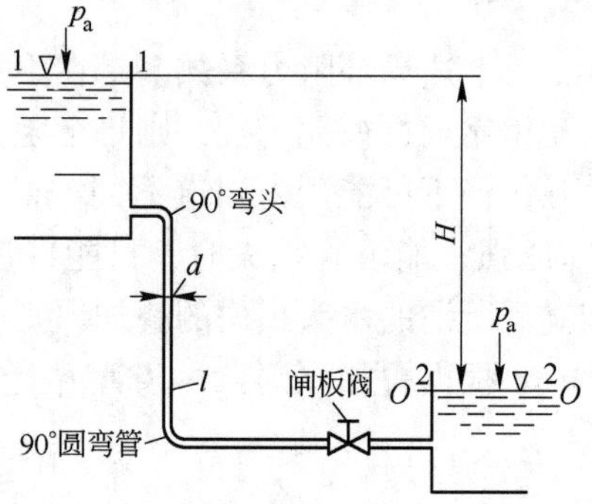

图 4.26　供水管路

由已知条件可知，　　　　　　　　　　$v_1 = v_2 \approx 0$

管道进口的局部阻力系数　　　　　　$\zeta_1 = 0.5$

90° 圆弯管

$$\zeta_2 = 0.294 \times 2 = 0.588$$

闸阀(全开)　　　　　　　　　　$\zeta_3 = 0.1$

管道出口　　　　　　　　　　　$\zeta_4 = 1.0$

故

$$\Sigma\zeta = \zeta_1 + \zeta_2 + \zeta_3 + \zeta_4 = 2.188$$

代入式(4.72) 可得

$$H = \left(\frac{\lambda l}{d} + 2.188\right)\frac{v^2}{2g}$$

$$= (4000\lambda + 2.188)\frac{v^2}{2g} \tag{4.73}$$

管道的相对粗糙度 $\dfrac{\Delta}{d} = \dfrac{0.4}{50} = 0.008$，设管中流动在过渡区，从莫迪图的相当位置暂取 $\lambda = 0.036$，代入式（4.73）可解得

$$v = \sqrt{\frac{2 \times 9.8 \times 40}{4000 \times 0.036 + 2.188}} = 2.316\text{m/s}$$

$$Re = \frac{vd}{\nu} = \frac{2.316 \times 0.05}{0.01007 \times 10^{-4}} = 1.15 \times 10^5$$

由 $\dfrac{\Delta}{d}$ 及 Re 查莫迪图可知，管中流动确实属于过渡区，并且 λ 的取值也是合适的。

管中流量　　　　$Q = Av = \dfrac{\pi}{4} \times 0.05^2 \times 2.316 = 0.00455\text{m}^3/\text{s}$

一昼夜的供水量为

$$V = 24 \times 3600Q = 24 \times 3600 \times 0.00455 = 392.7\text{m}^3$$

流体力学实验发现 4　雷诺数

虽然早在 1839 年 G. H. L. 哈根（1797~1884）进行圆管中的流动实验时，就已观察到流体的运动有层流和湍流两种不同的状态，和 1873 年 H. 亥姆霍兹（1821~1894）在给柏林科学院的一份报告中就曾阐述了黏性-惯性相似性条件，但 1883 年 O. 雷诺（1842~1912）的著名文章表明：他是第一个引入黏度系数组成一无量纲参数 $\dfrac{\rho Uc}{\mu}$，并用它来划分层流与湍流状态的人。通过他的大量实验也证实这一无量纲参数是描述黏性流体运动的相似性参数，有趣的是，雷诺自己和他以后的各英国科学家均未给这无量纲参数一个专有的

名称，直至 1908 年，A. 萨默菲尔德（1868~1950）为了纪念他，才建议命名为雷诺数。

　　雷诺仔细分析纳维-斯托克斯方程组之后，认为方程组还可能含有流体的运动性质依赖于量纲性质与运动的外部环境之间的关系被忽视的迹象，这种已被发现的迹象表明它们之间不仅有联系而且有确定的联系，即使在方程组没有被积分的情况下。为了说明这一点，他假定管内的平均流动速度为 U，管的半径为 c，用通常的方法消去方程组中的压强项后，加速度项被表示为两种不同的形式，一种的因子为 U^2/c^3，另一种的因子为 $\mu U^2/(\rho c^4)$，它们的相对值分别随 U 与 $\mu/(\rho c)$ 变化。其比值为 $U\rho c/\mu$，这就是他所寻求的确定关系。当然，如果不积分方程组只给出这个关系式，那是完全无法表明运动是如何依赖于它的，但似乎可以肯定，如果涡是由于某一特定原因，则积分以后会表明涡的诞生依赖于 $U\rho c/\mu$ 的某一确定值。

　　为了证实这一论断，雷诺利用各种管径（大至 5.08cm），与不同长度（长至137.15cm）的玻璃管和各种流体进行了大量而有系统的实验。他用苯胺染液作为示踪剂，在早期阶段由于缺乏实验室，他的实验是在家中进行的，而设备的加工却是在他工作的学校完成的。这些实验结果的确表明：流体开始出现涡运动的速度随管径与流体性质而变，但在出现涡的瞬时，它们的值总可以构成一具有相同确定数值的无量纲参数，即现在所谓的下临界雷诺数。最初他对这一参数的具体数值并未给予足够重视，随即将注意力转移至研究流动变为不稳定后，流体阻力的变化。他发现流体的阻力在下临界雷诺数前后有很大的改变，于是他就利用这一事实来比较精确地确定下临界速度。具体的做法是：将流体的阻力用水头损失来表示，对一给定圆管，只需通过实验画出水头损失对速度的曲线，其下转折点所对应的速度即为下临界速度。至于下临界雷诺数的具体数值，根据雷诺的圆管实验结果为 1900~2000。

　　早在 1840 与 1839 年，J.L.M. 泊肃叶（1799~1869）与 G.H.L. 哈根（1797~1884）分别发表了在细小玻璃圆管中进行实验的结果。1857 年，H.P.G. 达西（1803~1858）又发表了他在大、中型熟铁、铸铁、铝、沥青和玻璃圆管中进行实验的结果，前二者认为流体的阻力与速度成正比，而后者则认为与速度的平方成正比，这两种不同的结果构成了一个悬而未决的问题，直至 1883 年，雷诺发现流体的阻力在下临界雷诺数前后有很大改变，从而使泊肃叶与达西的实验结果获得了合理的解释。

习　题　4

4.1　有一圆管，直径为 10mm，断面平均流速为 0.25m/s，水温为 10℃，试判断水流形态。若直径改为25mm，断面平均流速与水温同上，问水流形态如何？若直径仍为 25mm，水温同上，问流态由紊流变为层流时的流量为多少？

4.2　如图 4.27 所示，有一梯形断面的排水沟，底宽 $b=70$cm，断面的边坡为 1∶1.5，当水深 $h=40$cm，断面平均流速 $v=5.0$cm/s，试判断水温 10℃时的水流形态。如果水深和水温都保持不变，问断面平均流速变为多少时才能使水流的形态改变？

4.3　如图 4.28 所示，管径 $d=5$cm，管长 $l=6$m 的水平管中有相对密度为 0.9 的油液流动，汞差压计读数为 $h=13.5$cm，3min 内流出的油重为 5000N，试求油的动力黏度 μ。

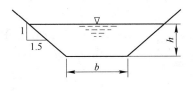

图 4.27　习题 4.2 图

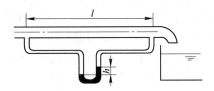

图 4.28　习题 4.3 图

4.4　运动黏度 $\nu = 0.2 \text{cm}^2/\text{s}$ 的油在圆管中流动的平均速度为 $v = 1.5 \text{m/s}$，每 100m 长度上的沿程损失为 40cm，试求其沿程阻力系数与雷诺数的关系。

4.5　相对密度 0.85，$\nu = 0.125 \text{cm}^2/\text{s}$ 的油在粗糙度 $\Delta = 0.04 \text{mm}$ 的无缝钢管中流动，管径 $d = 30 \text{cm}$，流量 $Q = 0.1 \text{m}^3/\text{s}$，试判断流动状态并求：
(1) 沿程阻力系数 λ；（2）层流底层的厚度 δ；（3）管壁上的切应力 τ_0。

4.6　如图 4.29 所示，水从直径 d、长 l 的铅垂管路流入大气中，水箱中液面高为 h，管路局部阻力可以忽略，其沿程阻力系数为 λ。（1）试求管路起始断面 A 处的压强；（2）h 等于多少，可使 A 点压强为大气压？（3）试求管中平均速度；（4）h 等于多少，可使管中流量与 l 无关？（5）如果 $d = 4 \text{cm}$，$l = 5 \text{m}$，$h = 1 \text{m}$，$\lambda = 0.04$，试求 A 点（即 $x = 0$）及 $x = 1$，2，3，4m 各处的压强。

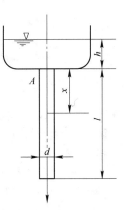

图 4.29　习题 4.6 图

4.7　温度为 5℃ 的水在 $d = 10 \text{cm}$ 的管路中，以 $v = 1.5 \text{m/s}$ 的均速流动。管壁的绝对粗糙度 $\Delta = 0.3 \text{mm}$。问：（1）是水力光滑管还是水力粗糙管？（2）λ 值为多少？

4.8　20℃ 的原油（其运动黏度 $\nu = 7.2 \text{mm}^2/\text{s}$），流过长 800m，内径为 300mm 的新铸铁管（$\Delta = 0.24 \text{mm}$），若只计管道摩擦损失，当流量为 0.25m³/s 时，需要多大的压头？

4.9　设圆管直径 $d = 20 \text{cm}$，管长 $l = 1000 \text{m}$，输送石油的流量 $Q = 40 \text{L/s}$，运动黏度 $\nu = 1.6 \text{cm}^2/\text{s}$，试求沿程损失 h_f。

4.10　长度 $l = 1000 \text{m}$，直径 $d = 150 \text{mm}$ 的管路用来输送原油。当油的温度为 $t = 38℃$，油的运动黏度 $\nu = 0.3 \text{cm}^2/\text{s}$ 时，如果维持流量 $Q = 40 \text{L/s}$，则油泵克服阻力所需功率 $N = 7.35 \text{kW}$；若温度降到 $t = -1℃$，$\nu = 3 \text{cm}^2/\text{s}$ 时，问维持原油量油泵所需功率为多少？（假定原油重度 $\gamma = 8.829 \text{kN/m}^3$，不随温度而变）

4.11　一矩形风道，断面为 1200mm×600mm，通过 45℃ 的空气，风量为 42000m³/h，风道壁面材料的当量绝对粗糙度 $\Delta = 0.1 \text{mm}$，在 $l = 12 \text{m}$ 长的管段中，用倾斜角 30° 的装有酒精的微压计测得斜管中读数 $a = 7.5 \text{mm}$，酒精密度 $\rho = 860 \text{kg/m}^3$，求风道的沿程阻力系数 λ。并与用莫迪图查得的值进行比较。

4.12　如图 4.30 所示一突然扩大管路，ΔH 为扩大前后的测压管水头差。若大、小管中的流速分别保持不变，试求能使 ΔH 达到最大值的大管径 D 和小管径 d 之比，并以小管的流速来表示 ΔH 的最大值 ΔH_{max}。

4.13　水平管路直径由 $d = 100 \text{mm}$ 突然扩大到 $D = 150 \text{mm}$，水的流量 $Q = 2 \text{m}^3/\text{min}$，如图 4.30 所示。（1）试求突然扩大的局部水头损失；（2）试求突然扩大前后的压强水头之差；（3）如果管道是逐渐扩大而忽略损失，试求逐渐扩大前后的压强水头之差。

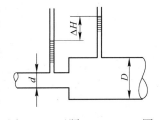

图 4.30　习题 4.12、4.13 图

4.14　如图 4.31 所示，水平突然缩小管路的 $d_1 = 15\text{cm}$，$d_2 = 10\text{cm}$，水的流量为 $Q = 2\text{m}^3/\text{min}$，用汞测压计测得 $h = 8\text{cm}$，试求突然缩小的水头损失。

4.15　如图 4.32 所示，流量为 $15\text{m}^3/\text{h}$ 的水在一管道中流动，其直径 $d = 50\text{mm}$，$\lambda = 0.0285$，水银差压计连接于 A、B 两点。设 A、B 两点间的管道长度为 0.8m，差压计中水银面高差 $\Delta h = 20\text{mm}$，求管道弯曲部分的局部阻力系数。

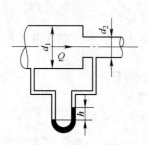

图 4.31　习题 4.14 图

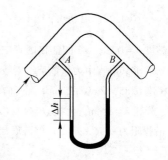

图 4.32　习题 4.15 图

4.16　如图 4.33 所示，从压强为 $p_0 = 5.49 \times 10^5\text{Pa}$ 的水管处接出一个橡皮管，长为 $l = 16\text{m}$，直径 $d_1 = 15\text{mm}$，橡皮管的沿程阻力系数 $\lambda = 0.0285$，阀门的局部阻力系数 $\zeta = 7.5$，试求下列两种情况下的出口速度 v_2 及两种情况下的出口动能之比：（1）末端装有直径为 $d_2 = 3\text{mm}$，阻力系数 $\zeta = 0.1$ 的喷嘴；（2）末端无喷嘴。

4.17　如图 4.34 所示，消防水龙带直径 $d_1 = 20\text{mm}$，长 $l = 18\text{m}$，末端喷嘴直径 $d_2 = 3\text{mm}$，入口损失 $\zeta_1 = 0.5$，阀门损失 $\zeta_2 = 3.5$，喷嘴 $\zeta_3 = 0.1$（相对于喷嘴出口速度），沿程阻力系数 $\lambda = 0.03$，水箱计示压强 $p_0 = 4 \times 10^5\text{Pa}$，$h_0 = 3\text{m}$，$h = 1\text{m}$，试求喷嘴出口速度。

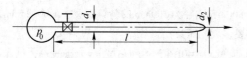

图 4.33　习题 4.16 图

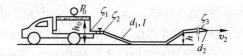

图 4.34　习题 4.17 图

4.18　为测定 90° 弯管的局部水头损失系数 ζ 值，可采用如图 4.35 所示装置。已知 AB 管段长为 10cm，管径为 50mm，在阻力平方区情况下，沿程阻力系数 λ 为 0.03。现通过流量为 2.74 L/s，管中水流处于阻力平方区，测得 1、2 两测压管的水面高差为 62.9cm。试求弯管的局部阻力系数 ζ。

4.19　如图 4.36 所示，管路直径 $d = 25\text{mm}$，$l_1 = 8\text{m}$，$l_2 = 1\text{m}$，$H = 5\text{m}$，喷嘴直径为 $d_0 = 10\text{mm}$，弯头 $\zeta_2 = 0.1$，喷嘴 $\zeta_3 = 0.1$（相对于喷嘴出口速度），$\lambda = 0.03$。试求喷水高度 h。

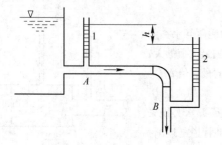

图 4.35　习题 4.18 图

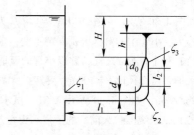

图 4.36　习题 4.19 图

4.20 用两条不同直径的管路将 A、B 两水池连接起来，如图 4.37 所示。已知：$d_1 = 200\text{mm}$，$l_1 = 15\text{m}$，$d_2 = 100\text{mm}$，$l_2 = 20\text{m}$，管壁粗糙度 $\Delta = 0.8\text{mm}$，$H = 20\text{m}$，管路上装有 $d/r = 0.5$ 的 90°弯头两个，闸阀全开，水的温度 $t = 20℃$。问此管路的流量为多少？

4.21 离心式水泵的吸水管路如图 4.38 所示，已知：$d = 100\text{mm}$，$l = 8\text{m}$，$Q = 20\text{L/s}$，泵进口处最大允许真空度 $p_v = 68.6\text{kPa}$。此管路中有带单向底阀的吸水网一个，$d/r = 1$ 的 90°弯头两个。问允许装机高度（即 H_s）为多少？（管子为旧的生锈的钢管）

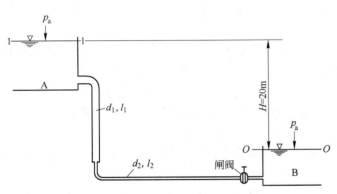

图 4.37　习题 4.20 图

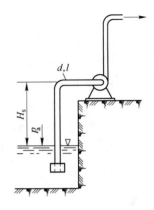

图 4.38　习题 4.21 图

4.22 如图 4.39 所示，通过直径 $d_2 = 50\text{mm}$，高 $h = 40\text{cm}$ 且阻力系数 $\zeta = 0.25$ 的漏斗，向油箱中充灌汽油。汽油从上部蓄油池经短管截门弯头而流入漏斗，短管直径 $d_1 = 30\text{mm}$，截门阻力系数 $\zeta = 0.85$，弯头阻力系数 $\zeta = 0.8$，短管入口阻力系数 $\zeta = 0.5$，不计沿程阻力。试求油池中液面高度 H，以保证漏斗不向外溢流，并求此时进入油箱的流量。

4.23 如图 4.40 所示两水池，底部用一水管连接，水从一池经水管流入另一池。水管直径 $d = 500\text{mm}$，当量粗糙度为 0.6mm，管总长 100m，直角进口，闸阀的相对开度为 60%，90°转弯的转弯半径 $R = 2d$，水温为 $20℃$，管中流量为 $0.5\text{m}^3/\text{s}$，两水池水面保持不变。求两水池水面的高差 H。

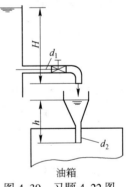

图 4.39　习题 4.22 图

4.24 如图 4.41 所示，水从水箱中经弯管流出，$d = 15\text{cm}$，$l_1 = 30\text{m}$，$l_2 = 60\text{m}$，$H_2 = 15\text{m}$。已知管道中沿程阻力系数 $\lambda = 0.023$，弯头局部阻力系数 $\zeta_1 = 0.9$，40°开度蝶阀的局部阻力系数 $\zeta_2 = 10.8$，水箱到管路的进口局部阻力系数 $\zeta = 0.5$，取动能校正系数为 1。试求：
（1）当 $H_1 = 10\text{m}$ 时，通过弯管的流量 Q；
（2）如果管中流量为 $0.06\text{m}^3/\text{s}$，箱中水头 H_1 应为多少？

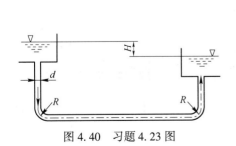

图 4.40　习题 4.23 图

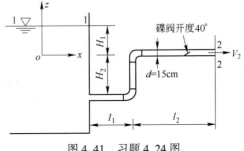

图 4.41　习题 4.24 图

5 有压管流与孔口、管嘴出流

前几章介绍了流体平衡和运动的基本规律,第 5~7 章将利用这些规律解决工程中常见的流体力学计算问题。

有压管流是管道被液体充满,无自由表面的流动。在管路的计算中,按管路的结构常分为简单管和复杂管。简单管又可分为长管和短管,复杂管包括串联管、并联管、连续出流管等。由多个复杂管可构成管网。孔口及管嘴出流是一个有广泛应用的实际问题,例如水处理工程中的供水、通风工程中通过门窗的气流、安全工程中的排水、水利水电工程中的泄水闸泄水、消防及水力采矿用的水枪等。

本章内容包括简单管路的水力计算、管网的水力计算基础、孔口出流、管嘴出流。要求理解串联管路、并联管路、连续均匀出流管路、管网类型、小孔口与大孔口出流、管嘴出流类型、管嘴的真空度与使用条件等概念,掌握短管与长管的水力计算、串联管路与并联管路的水力计算、薄壁小孔口定常出流的计算、圆柱形外管嘴定常出流的计算,重点掌握长管的水力计算、小孔口与管嘴定常出流速度与流量的计算。

5.1 简单管路的水力计算

管路计算是流体力学工程应用的一个重要方面,在环境、矿冶、安全、土建、水利、石化等工程中都会遇到。管路中的能量损失一般包括沿程损失和局部损失,根据它们所占比例的不同,可将管路分为短管与长管两种类型。短管是指管路中局部损失与速度水头之和超过沿程损失或与沿程损失相差不大,在计算时不能忽略局部损失与速度水头。长管是指管路中局部损失与速度水头之和与沿程损失相比很小,以至于可以忽略不计。

简单管路是一种直径不变且没有支管分出即流量沿程不变的管路。它是管路中最简单的一种情况,是计算各种管路的基础。

5.1.1 短管的水力计算

水泵的吸水管、虹吸管、液压传动系统的输油管等,都属于短管,它们的局部损失在水力计算时不能忽略。短管的水力计算没有什么特殊的原则,主要是如何运用前一章的公式和图表,下面举一例加以说明。

[例题 5.1] 水泵管路如图 5.1 所示,铸铁管直径 d = 150mm,管长 l = 180m,管路上装有吸水网(无底阀)一个,全开截止阀一个,管半径与曲率半径之比为 r/R = 0.5 的弯头三个,高程 h = 100m,流量 Q = 225m³/h,水温为 20℃。试求水泵的输出功率。

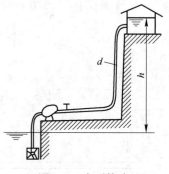

图 5.1 水泵管路

[**解**]　当 $t = 20℃$ 时，查表得水的运动黏度 $\nu = 1.007 \times 10^{-6} \mathrm{m^2/s}$，于是

$$Re = \frac{vd}{\nu} = \frac{4Q}{\pi d \nu} = \frac{4 \times 225}{3600\pi \times 0.15 \times 1.007 \times 10^{-6}} = 5.25 \times 10^5$$

铸铁管　　　　　　$\Delta = 0.30 \mathrm{mm}$，　　$\dfrac{\Delta}{d} = 0.002$，　　$\dfrac{d}{\Delta} = 500$

$22.2\left(\dfrac{d}{\Delta}\right)^{\frac{8}{7}} = 22.2 \times 500^{\frac{8}{7}} = 26970 < Re$，而 $597\left(\dfrac{d}{\Delta}\right)^{\frac{9}{8}} = 597 \times 500^{\frac{9}{8}} = 6.49 \times 10^5 > Re$

故管中流体的流动状态为过渡区。先用阿里特苏里公式求 λ 的近似值

$$\lambda = 0.11\left(\frac{\Delta}{d} + \frac{68}{Re}\right)^{0.25} = 0.0236$$

再将此值代入柯列布茹克公式的右端，从其左端求 λ 的第二次近似值，于是

$$\frac{1}{\sqrt{\lambda}} = -2\lg\left(\frac{\Delta}{3.7d} + \frac{2.51}{Re\sqrt{\lambda}}\right) = 6.486$$

解得 $\lambda = 0.0238$，与第一次近似值相差不多，即以此值为准。

由已知条件可知，局部阻力系数为：吸水网 $\zeta_1 = 6$，进口 $\zeta_2 = 0.5$，弯头 $\zeta_3 = 0.294 \times 3$，截止阀 $\zeta_4 = 3.9$，出口 $\zeta_5 = 1$。因此 $\Sigma\zeta = \zeta_1 + \zeta_2 + \zeta_3 + \zeta_4 + \zeta_5 = 12.28$，局部阻力的当量管长为

$$\Sigma l_e = \frac{\Sigma\zeta}{\lambda}d = \frac{12.28}{0.0238} \times 0.15 = 77.39\mathrm{m}$$

将 $v = \dfrac{4Q}{\pi d^2}$ 代入公式 $h_1 = \lambda\dfrac{l + \Sigma l_e}{d}\dfrac{v^2}{2g}$ 中可得

$$h_1 = \frac{8\lambda(l + \Sigma l_e)Q^2}{g\pi d^5} = \frac{8 \times 0.0238 \times (180 + 77.39) \times 225^2}{9.8 \times \pi^2 \times 0.15^5 \times 3600^2} = 26.06\mathrm{m}$$

水泵的扬程　　　　$H = h + h_1 = 100 + 26.06 = 126.06\mathrm{m}$

最后得水泵的输出功率为

$$P = \gamma QH = 9800 \times \frac{225}{3600} \times 126.06 = 77211\mathrm{W} = 77.2\mathrm{kW}$$

5.1.2　长管的水力计算

如图 5.2 所示，由水池接出一根长为 l，管径为 d 的简单管路，水池的水面距管口的高度为 H。现分析其水力特点和计算方法。

以 O—O 作为基准面，写出 1—1 和 2—2 断面的总流伯努利方程

$$H + \frac{p_a}{\gamma} + \frac{\alpha_1 v_1^2}{2g} = 0 + \frac{p_a}{\gamma} + \frac{\alpha_2 v_2^2}{2g} + h_1$$

上式中 $v_1 \approx 0$，因为是长管，忽略局部阻力 h_r 和速

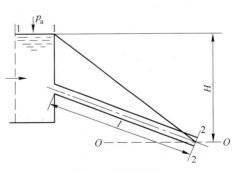

图 5.2　简单管路

度水头 $\dfrac{\alpha_2 v_2^2}{2g}$，则 $h_1 = h_f$，故

$$H = h_f \tag{5.1}$$

上式表明，长管的全部水头都消耗于沿程损失中，总水头线与测压管水头线重合。此时管路的沿程阻力可用蔡西公式计算，即

$$h_f = \dfrac{Q^2 l}{K^2} \tag{5.2}$$

上式是工程中长管水力计算的基本公式，式中流量模数（也称特性流量）K 为

$$K = cA\sqrt{R} = \sqrt{\dfrac{8g}{\lambda}} \times \dfrac{1}{4}\pi d^2 \sqrt{\dfrac{d}{4}} = 3.462 \sqrt{\dfrac{d^5}{\lambda}} \quad \text{m}^3/\text{s}$$

阻力系数 λ 与蔡西系数 c 的关系为

$$\lambda = \dfrac{8g}{c^2} \quad \text{或} \quad c = \sqrt{\dfrac{8g}{\lambda}}$$

c 值可按巴甫洛夫斯基公式计算，即

$$c = \dfrac{1}{n}R^y \tag{5.3}$$

$$y = 2.5\sqrt{n} - 0.13 - 0.75\sqrt{R}(\sqrt{n} - 0.10) \tag{5.4}$$

式中，n 为管壁的粗糙系数，公式的适用范围为 $0.1\text{m} \leqslant R \leqslant 3\text{m}$。对于一般输水管道，常取 $y = \dfrac{1}{6}$，即曼宁公式

$$c = \dfrac{1}{n}R^{\frac{1}{6}} \tag{5.5}$$

管壁的粗糙系数 n 值随管壁材料、内壁加工情况以及铺设方法的不同而异。一般工程初步估算时可采用表 5.1 数值。

表 5.1   粗糙系数 n 值

序　号	壁面种类及状况	n
1	安装及联接良好的新制清洁铸铁管及钢管，精刨木板	0.0111
2	混凝土和钢筋混凝土管道	0.0125
3	焊接金属管道	0.012
4	铆接金属管道	0.013
5	大直径木质管道	0.013
6	岩石中不衬砌的压力管道	0.025~0.04
7	污秽的给水管和排水管，一般情况下渠道的混凝土面	0.014

因流量模数 K 是管径 d 及壁面粗糙系数 n 的函数，因此对不同粗糙度及不同直径的管道，可预先将流量模数 K 的值列成表，以方便水力计算，如表 5.2 所示。

表 5.2 不同粗糙系数 n 及不同管径 d 的流量模数 K

管径 d/mm	K/L·s^{-1}		
	$n=0.0111$ 时，$\frac{1}{n}=90$ 清洁铸铁圆管	$n=0.0125$ 时，$\frac{1}{n}=80$ 正常铸铁圆管	$n=0.0143$ 时，$\frac{1}{n}=70$ 污垢铸铁圆管
50	9.624	8.46	7.043
75	28.31	24.94	21.83
100	61.11	53.72	47.01
125	110.8	97.4	85.23
150	180.2	158.4	138.6
200	388.0	341.0	298.5
250	703.5	618.5	541.2
300	1144	1006	880
350	1727	1517	1327
400	2464	2166	1895
450	3373	2965	2594
500	4467	3927	3436
600	7264	6386	5587
700	10960	9632	8428
800	15640	13750	12030
900	21420	18830	16470
1000	28360	24930	21820

根据式（5.2）可解决下列三类问题：

（1）当已知流量 Q、管长 l、管壁粗糙系数 n 及能量损失时，可通过流量模数 K 求出管道直径 d；

（2）当已知流量 Q、管长 l 和管径 d 时，可求出能量损失；

（3）当已知管长 l、管径 d 和能量损失时，可求出流量 Q。

[例题 5.2] 已知管中流量 $Q=250$L/s，管路长 $l=2500$m，作用水头 $H=30$m。如用新的铸铁管，求此管的直径是多少？

[解] 此题属于上述第一类问题，先求出流量模数 K，再确定管径 d。

$$K = \frac{Q}{\sqrt{\dfrac{H}{l}}} = \frac{250}{\sqrt{\dfrac{30}{2500}}} = 2283\text{L/s}$$

查表 5.2，当 $n=0.0111$，$K=2283$L/s 时，所需管径在 350mm 和 400mm 之间，可用插值法确定

$$d = 350 + \frac{400-350}{2464-1727} \times (2283-1727) = 378\text{mm}$$

也可以利用标准管，做成两种直径（350mm 和 400mm）串联起来的管路，这将在下一节介绍。

5.2 管网的水力计算基础

实际管路通常由许多简单管路组合，构成一网状系统，称为管网。简单管路通过组合后变成了复杂管路，其水力计算通常按长管算。常见的复杂管路有串联管路、并联管路、连续均匀出流管路、分叉管路等。

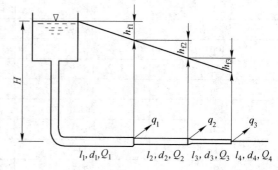

图 5.3　串联管路

5.2.1 串联管路

如图 5.3 所示，管路由直径不同的几段简单管道依次连接而成，这种管路称为串联管路。串联管路的流量可沿程不变，也可在每一段的末端有流量分出，从而各管段的流量不同。

设串联管路中各管段的长度为 l_i，直径为 d_i，流量为 Q_i，各段末端分出的流量为 q_i。根据连续性方程，流量关系式为

$$Q_i = Q_{i+1} + q_i \tag{5.6}$$

各管段的流量与水头损失的关系式为

$$h_{\mathrm{fi}} = \frac{Q_i^2 l_i}{K_i^2}$$

串联管路的总水头损失等于各管段水头损失之和，即

$$H = h_{\mathrm{f}} = \sum_{i=1}^{n} h_{\mathrm{fi}} = \sum_{i=1}^{n} \frac{Q_i^2 l_i}{K_i^2}$$

$$= \frac{Q_1^2 l_1}{K_1^2} + \frac{Q_2^2 l_2}{K_2^2} + \cdots + \frac{Q_n^2 l_n}{K_n^2} \tag{5.7}$$

联立式（5.6）、式（5.7）可解出 H、Q、d 等参数。

若各管段末端无流量分出，则

$$H = h_{\mathrm{f}} = Q^2 \sum_{i=1}^{n} \frac{l_i}{K_i^2} \tag{5.8}$$

[**例题 5.3**]　利用串联管路求解例题 5.2。

[**解**]　取管径 $d_1 = 350\mathrm{mm}$ 的管长为 l_1，则管径为 $d_2 = 400\mathrm{mm}$ 的管长 $l_2 = l - l_1$，按串联管路的计算公式（5.8），有

$$H = Q^2 \left(\frac{l_1}{K_1^2} + \frac{l - l_1}{K_2^2} \right)$$

即

$$30 = 250^2 \times \left(\frac{l_1}{1727^2} + \frac{2500 - l_1}{2464^2} \right)$$

解得　　　　　　　　　　　　　　　　$l_1 = 400\text{m}$

因此得出串联管路 $d_1 = 350\text{mm}$ 的管长为400m，$d_2 = 400\text{mm}$ 的管长为 $2500 - 400 = 2100\text{m}$。

5.2.2　并联管路

凡是两根或以上的简单管道在同一点分叉而又在另一点汇合而组成的管路称为并联管

路。如图5.4所示，在 A、B 两点间有三根
管道并联，总流量为 Q，各管的直径分别为
d_1、d_2、d_3，长度分别为 l_1、l_2、l_3，流量分
别为 Q_1、Q_2、Q_3，水头损失为 h_{f1}、h_{f2}、
h_{f3}，A、B 两点的测压管水头差为 h_f。由于
A、B 两点是各管共有，而每点只能有一个
测压管水头，因此 A、B 两点的测压管水头
差就是各管的水头损失，也就是说，并联
管路的特点是各并联管段的水头损失相等，即有

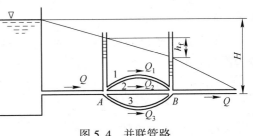

图5.4　并联管路

$$h_f = h_{f1} = h_{f2} = h_{f3} \tag{5.9}$$

由于每个管段都是简单管路，所以

$$\frac{Q_1^2 l_1}{K_1^2} = \frac{Q_2^2 l_2}{K_2^2} = \frac{Q_3^2 l_3}{K_3^2} = h_f \tag{5.10}$$

根据连续性方程，有　　　　　$Q = Q_1 + Q_2 + Q_3 \tag{5.11}$

根据式（5.10）和式（5.11）可以解决并联管路水力计算的各种问题。

必须强调指出：虽然各并联管路的水头损失相等，但这只说明各管段上单位重量的液
体机械能损失相等。由于并联各管段的流量并不相等，所以各管段上全部液体重量的总机
械能损失并不相等，流量大的管段，其总机械能损失也大。

[**例题5.4**]　一并联管路如图5.4所示，各并联管段的直径和长度分别为 $d_1 = 150\text{mm}$，
$l_1 = 500\text{m}$；$d_2 = 150\text{mm}$，$l_2 = 350\text{m}$；$d_3 = 200\text{mm}$，$l_3 = 1000\text{m}$。管路总的流量 $Q = 80\text{L/s}$，所有
管段均为正常管。试求：并联管路各管段的流量是多少？并联管路的水头损失是多少？

[**解**]　查表5.2可得 $K_1 = K_2 = 158.4$，$K_3 = 341.0$

管段1的流量为 Q_1，根据式（5.10）得

管段2的流量为　　　$Q_2 = Q_1 \dfrac{K_2}{K_1} \sqrt{\dfrac{l_1}{l_2}} = Q_1 \times \sqrt{\dfrac{500}{350}} = 1.195 Q_1$

管段3的流量为　　　$Q_3 = Q_1 \dfrac{K_3}{K_1} \sqrt{\dfrac{l_1}{l_3}} = Q_1 \times \dfrac{341.0}{158.4} \times \sqrt{\dfrac{500}{1000}} = 1.522 Q_1$

总流量　　　$Q = Q_1 + Q_2 + Q_3 = Q_1 + 1.195 Q_1 + 1.522 Q_1 = 3.715 Q_1$

解得　　　　$Q_1 = 21.5\text{L/s}$，　　$Q_2 = 25.8\text{L/s}$，　　$Q_3 = 32.7\text{L/s}$

并联管路的水头损失为　　　$h_f = \dfrac{Q_1^2 l_1}{K_1^2} = \dfrac{21.5^2 \times 500}{158.4^2} = 9.2\text{mH}_2\text{O}$

5.2.3 连续均匀出流管路

图 5.5 为连续出流管路，其通过流量为 Q_T，向外泄出流量为 Q_P。如果沿管段任一单位长度上分出的流量都一样，即 $\dfrac{Q_P}{l} = q$ 为常数，则此管路为连续均匀出流管路。

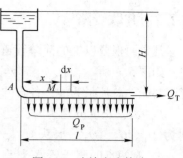

图 5.5   连续出流管路

在离起点 A 距离为 x 处的 M 点，取长度 dx 的管段，该管段的流量为

$$Q_M = Q_T + Q_P - \frac{Q_P}{l}x$$

按管路计算的基本公式有

$$dh_f = \frac{Q_M^2 dx}{K^2} = \frac{1}{K^2}\left(Q_T + Q_P - \frac{Q_P}{l}x\right)^2 dx$$

积分得整个连续出流管路的水头损失

$$
\begin{aligned}
h_f &= \frac{1}{K^2}\int_0^l \left(Q_T + Q_P - \frac{Q_P}{l}x\right)^2 dx \\
&= \frac{l}{K^2}\left(Q_T^2 + Q_T Q_P + \frac{1}{3}Q_P^2\right)
\end{aligned}
\tag{5.12}
$$

或近似地认为

$$h_f = \frac{l}{K^2}(Q_T + 0.55Q_P)^2 \tag{5.13}$$

在工程计算中常引入计算流量，即 $Q_c = Q_T + 0.55Q_P$，则式（5.13）可写成

$$h_f = \frac{Q_c^2 l}{K^2} \tag{5.14}$$

当通过流量 $Q_T = 0$ 时，式（5.12）变为

$$h_f = \frac{1}{3}\frac{Q_P^2 l}{K^2} \tag{5.15}$$

由上式可以看出，连续均匀出流管路的能量损失，仅为同一通过流量所损失能量的三分之一，这是因为沿管路流速递减的缘故。

5.2.4 管网的类型及水力计算

管网按其布置方式可分为枝状管网和环状管网两种，如图 5.6 所示。枝状管网是管路在某点分出供水后不再汇合到一起，呈一树枝形状。一般地说，枝状管网的总长度较短，建筑费用较低。当干管某处发生事故切断管路时，位于该处后的管段无水，故供水的可靠度差。电厂的机组冷却用水常采用这种供水方式。

环状管网的管路连成闭合环路，管线的总长度较长，供水的可靠度高，不会因为某处

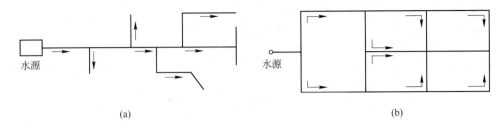

图 5.6 管网

（a）枝状管网；（b）环状管网

故障而中断该点以后各处供水，但这种管网需要管材较多、造价较高。因此，一般比较大的、重要的用水单位通常采用环状管网供水，例如城镇的供水管网一般采用环状管网。

管网中各管段的管径是根据流量及平均流速来决定的。在一定的流量条件下，管径的大小是随着所选取平均速度大小而不同。如果管径选择较小时，管路造价较低，由于流速大而管路的水头损失大，水泵的电耗大；如果管径选择过大，由于流速小，减少了水头损失，减少了水泵的日常运营费用，但是提高了管路造价。解决这个矛盾只有选择适当的平均流速，使得供水的总成本为最小，这种流速称为经济流速，用 v_e 表示。经济流速的选择可参阅有关书籍，以下经验值供参考：

$d = 100 \sim 400\text{mm}$ 时，$v_e = 0.6 \sim 0.9\text{m/s}$；

$d = 400 \sim 1000\text{mm}$ 时，$v_e = 0.9 \sim 1.4\text{m/s}$。

5.2.4.1 枝状管网的水力计算

枝状管网的水力计算主要是确定管径和水头损失，并在此基础上确定水塔高度。计算时从管路最末端支管起，逐段向干管起点计算，一般计算步骤如下：

（1）根据已知流量和经济流速，按公式 $Q = Av_e = \dfrac{\pi}{4}d^2 v_e$ 计算各管段直径，然后按产品规格选用接近计算结果而又能满足输水要求的管径。

（2）依据选用的管径，按公式 $h_f = \dfrac{Q^2 l}{K^2}$ 计算各管段的水头损失，同时按各用水设备的要求，在管网末端保留一定的压强水头 h_e。

（3）确定水塔的高度 H。按下式计算：

$$H = \sum_{i=1}^{n} h_{fi} + h_e + z_0 - z_B \tag{5.16}$$

式中　$\displaystyle\sum_{i=1}^{n} h_{fi}$——从水塔到最不利点的总水头损失；

　　　　z_0——最高的地形标高；

　　　　z_B——水塔处的地形标高。

[例题 5.5]　一枝状管网从水塔 B 沿 B—1 干线输送用水，如图 5.7 所示。已知每一段的流量及管路长度，B 处地形标高为 28m，供水点末端点 4 和点 7 处标高为 14m，保留水头均为 16m，管道用普通铸铁

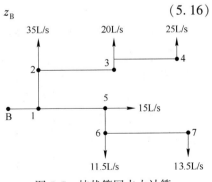

图 5.7 枝状管网水力计算

管。求各管段直径、水塔离地面的高度。

[解] 为了计算方便,将全部已知数和计算结果列成表5.3。

表5.3 枝状管路的水力计算

管　段		已 知 数 值		计算所得数值		
		管段长度 l/m	管段流量 $q/\text{L·s}^{-1}$	管道直径 d/mm	流速 $v/\text{m·s}^{-1}$	水头损失 h_f/m
上侧支管	3—4	350	25	200	0.79	1.88
	2—3	350	45	250	0.92	1.82
	1—2	200	80	300	1.13	1.28
下侧支管	6—7	500	13.5	150	0.76	3.63
	5—6	200	25	200	0.79	1.08
	1—5	300	40	250	0.81	1.27
水塔到分叉点	B—1	400	120	350	1.25	2.50

(1) 根据经济流速选取各管段管径。例如对管段3—4,流量 $Q=25\text{L/s}$,采用经济流速 $v_e=1\text{m/s}$,则管径

$$d = \sqrt{\frac{4Q}{\pi v}} = \sqrt{\frac{4 \times 0.025}{\pi \times 1}} = 0.18\text{m} = 180\text{mm}$$

采用 $d=200\text{mm}$,则管中实际流速

$$v = \frac{4Q}{\pi d^2} = \frac{4 \times 0.025}{\pi \times 0.2^2} = 0.79\text{m/s} \quad (\text{在经济流速范围内})$$

(2) 水头损失的计算。采用粗糙系数 $n=0.0125$,查表5.2可得 K 值,然后计算各管段水头损失。

对管段3—4　　　　$$h_f = \frac{Q^2 l}{K^2} = \frac{25^2 \times 350}{341^2} = 1.88\text{m}$$

(3) 确定水塔高度。由水塔到最远点4和点7的沿程损失分别为:

沿 4—3—2—1—B 线,$\Sigma h_f = 1.88+1.82+1.28+2.50 = 7.48\text{m}$;

沿 7—6—5—1—B 线,$\Sigma h_f = 3.63+1.08+1.27+2.50 = 8.48\text{m}$。

选 7—6—5—1—B 线确定水塔高度,即

$$H = \Sigma h_f + h_e + z_0 - z_B = 8.48 + 16 + 14 - 28 = 10.48\text{m}$$

5.2.4.2 环状管网的水力计算

环状管网的计算比较复杂。在计算环状管网时,首先根据地形图确定管网的布置及确定各管段的长度,根据需要确定节点的流量。接着用经济流速决定各管段的通过流量,并确定各管段管径及计算水头损失。环状管网的计算必须遵循下列两个原则:

(1) 在各个节点上流入的流量等于流出的流量,如以流入节点的流量为正,流出节点的流量为负,则二者的总和应为零,即

$$\Sigma Q_i = 0 \tag{5.17}$$

(2) 在任一封闭环内,水流由某一节点沿两个方向流向另一节点时,两方向的水头损

失应相等。如以水流顺时针方向的水头损失为正，逆时针方向的水头损失为负，则二者的总和应为零，即

$$\Sigma h_{\mathrm{fi}} = 0 \qquad (5.18)$$

根据以上两个条件进行环状管网的水力计算时，在理论上没有什么困难，但在计算上却相当繁杂。详细内容可参考有关管网的专门书籍和资料。

5.3 孔 口 出 流

容器侧壁或底部开一孔，孔的形状规则，液体自孔口流入另一部分流体中，这种流动称为孔口出流。当液体经孔口出流直接与大气接触，称为自由出流。若出流进入充满液流的空间，则称为淹没出流。

孔口直径 d 小于等于孔口前水头 H 或孔口前后水头差 H 的十分之一，即 $d \leqslant H/10$，称为小孔口出流，否则为大孔口出流。当孔口具有尖锐的边缘，且器壁厚度不影响孔口出流形状和出流条件，即壁厚小于等于 $3d$ 时，称为薄壁孔口。壁厚大于 $3d$ 的厚壁孔口则按管嘴出流考虑，这将在下节中讨论。

5.3.1 薄壁小孔口定常出流

5.3.1.1 小孔口自由出流

如图 5.8 所示，孔口中心的水头 H 保持不变，由于孔径较小，可以认为孔口各处的水头都为 H。水流由各个方向向孔口集中射出，由于惯性的作用，液流的流线不能急剧改变而形成圆滑曲线，约在离孔口 $\dfrac{d}{2}$ 处的 c—c 断面收缩完毕后流入大气。c—c 断面称为收缩断面，设收缩断面的面积为 A_c，孔口的面积为 A，则

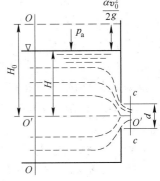

图 5.8 薄壁小孔口自由出流

$$\frac{A_c}{A} = \varepsilon < 1, \qquad \varepsilon \text{ 称为收缩系数}$$

以过孔口中心的水平面 O'—O' 为基准面，写出上游符合缓变流的 O—O 断面及收缩断面 c—c 的能量方程

$$H + \frac{p_{\mathrm{a}}}{\gamma} + \frac{\alpha_0 v_0^2}{2g} = 0 + \frac{p_c}{\gamma} + \frac{\alpha_c v_c^2}{2g} + h_1 \qquad (5.19)$$

c—c 断面的水流与大气接触，故 $p_c = p_{\mathrm{a}}$。因孔口出流是在一极短的流程上完成的，可以只计流经孔口的局部阻力，即 $h_1 = h_r = \zeta \dfrac{v_c^2}{2g}$，$\zeta$ 为孔口出流的局部阻力系数。因为是小孔口，流速分布均匀，可取 $\alpha_0 = \alpha_c = 1.0$，于是式（5.19）可写成

$$H + \frac{v_0^2}{2g} = \frac{v_c^2}{2g} + \zeta \frac{v_c^2}{2g} = (1 + \zeta) \frac{v_c^2}{2g}$$

因而
$$v_c = \frac{1}{\sqrt{1+\zeta}}\sqrt{2g\left(H+\frac{v_0^2}{2g}\right)} \tag{5.20}$$

令 $\varphi = \dfrac{1}{\sqrt{1+\zeta}}$，$\varphi$ 称为流速系数；$H_0 = H + \dfrac{v_0^2}{2g}$，$H_0$ 为考虑行近流速 v_0 时的水头，称为作用水头或有效水头。则式（5.20）成为

$$v_c = \varphi\sqrt{2gH_0} \tag{5.21}$$

因为行近流速 v_0 很小，与 v_c 相比可以忽略，因此 v_c 的近似计算公式为

$$v_c = \varphi\sqrt{2gH} \tag{5.22}$$

将式（5.21）、式（5.22）代入流量公式 $Q = A_c v_c$，则

$$Q = \varepsilon A\varphi\sqrt{2gH_0} = \mu A\sqrt{2gH_0} \tag{5.23}$$

或
$$Q = \varepsilon A\varphi\sqrt{2gH} = \mu A\sqrt{2gH} \tag{5.24}$$

式中，$\mu = \varepsilon\varphi$，为孔口出流的流量系数。

式（5.23）、式（5.24）是薄壁小孔口定常水头自由出流流量计算的基本关系式。它表明孔口出流能力与作用水头 $\sqrt{H_0}$ 或 $\sqrt{H}$ 成正比，这个规律适用于任何形式的孔口出流。但随着孔口形状的不同，阻力不同，断面收缩不同，则 φ 与 ε 将有所不同，亦即流量系数 μ 不是常数。根据对薄壁圆形小孔口充分收缩时的实验可得：$\varepsilon = 0.60 \sim 0.64$，$\varphi = 0.97 \sim 0.98$，则 $\mu = \varepsilon\varphi = 0.58 \sim 0.62$。

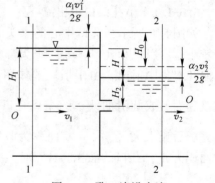

图 5.9 孔口淹没出流

5.3.1.2 淹没出流

如图 5.9 所示，液体由孔口出流进入充满液流的空间，即孔口被液流淹没。由于孔口断面各点的水头差 H 是定值，所以淹没出流无大、小孔口之分。

以过孔口中心的水平面作为基准面，写出符合缓变流条件的 1—1 断面和 2—2 断面的能量方程

$$H_1 + \frac{p_1}{\gamma} + \frac{\alpha_1 v_1^2}{2g} = H_2 + \frac{p_2}{\gamma} + \frac{\alpha_2 v_2^2}{2g} + h_1 \tag{5.25}$$

设孔口前后自由液面行近流速相等，即 $v_1 = v_2$，并取 $\alpha_1 = \alpha_2 = 1.0$，$p_1 = p_2 = p_a$，且 $h_1 = h_r = \zeta_s \dfrac{v_c^2}{2g}$，$\zeta_s$ 为淹没出流时的局部阻力系数，它包括孔口收缩断面的损失和收缩断面到自由液面 2—2 突然扩大的局部损失（其局部阻力系数为 1）两部分，即 $\zeta_s = \zeta + 1$。因此式（5.25）可写成

$$H_1 = H_2 + (1+\zeta)\frac{v_c^2}{2g}$$

因而
$$v_c = \frac{1}{\sqrt{1+\zeta}}\sqrt{2g(H_1-H_2)} = \varphi\sqrt{2gH} \tag{5.26}$$

式中, $H = H_1 - H_2$, 为孔口前后的水头差。

流量的计算公式为

$$Q = A_c v_c = \varepsilon A \varphi \sqrt{2gH} = \mu A \sqrt{2gH}$$

上式中的 μ 为淹没出流的流量系数。由于淹没出流时液体通过孔口因惯性产生的断面收缩和局部阻力受孔口出流后的水头影响较小,所以淹没出流时的 ε、φ 和 μ 值与自由出流时基本相同。

[例题5.6] 设有一薄壁圆形小孔口自由出流,孔口直径 $d = 50\text{mm}$,作用水头 $H = 1\text{m}$,求孔口出流量。如孔口改为淹没出流,孔口出流后水头 $H_2 = 0.4\text{m}$,求孔口淹没出流量。

[解] 忽略行近速度水头,取孔口流量系数 $\mu = 0.6$,由式(5.24)可得孔口自由出流时的流量为

$$Q = \mu A \sqrt{2gH} = \mu \times \frac{\pi}{4} d^2 \sqrt{2gH} = 0.6 \times \frac{\pi}{4} \times 0.05^2 \times \sqrt{2 \times 9.8 \times 1}$$

$$= 0.0052 \text{m}^3/\text{s} = 5.2 \text{L/s}$$

当孔口改为淹没出流时,孔口前后的水头差为 $Z = H - H_2 = 1 - 0.4 = 0.6\text{m}$, 则淹没出流时的出流量

$$Q = \mu A \sqrt{2gZ} = \mu \times \frac{\pi}{4} d^2 \sqrt{2gZ} = 0.6 \times \frac{\pi}{4} \times 0.05^2 \times \sqrt{2 \times 9.8 \times 0.6}$$

$$= 0.00402 \text{m}^3/\text{s} = 4.02 \text{L/s}$$

5.3.2 大孔口定常自由出流

由前所述,大孔口在铅垂方向的尺寸,与孔口中心以上的水头或水头差相比较是相当大的。大孔口自由出流时,断面内任意一点处其水头是不同的,沿垂线上不同点的流速亦不能认为是常数,如图5.10所示。

在实际应用中,对大孔口自由出流的流量计算,按与小孔口自由出流时形式相同的流量公式计算,而对大孔口不同点处流速不相等的特点,则在公式中引用流量系数 μ 值予以考虑,μ 随大孔口形状和孔口出流时收缩程度变化的值用实验方法测定,则定常水头大孔口自由出流时的流量计算公式可写成

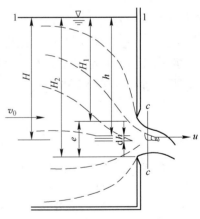

图5.10 大孔口自由出流

$$Q = \mu' A \sqrt{2gH} \tag{5.27}$$

式中,μ' 为大孔口自由出流时的流量系数,根据实验 $\mu' = 0.6 \sim 0.9$。

5.3.3 孔口非定常出流

液流经孔口出流,容器内自由液面逐渐下降,则形成孔口非定常出流。孔口非定常出流的计算,主要是解决孔口出流时间问题。

图 5.11 为一孔口非定常出流，设容器水平段面积 A 为定值，孔口面积为 a。当容器自由液面距孔口中心高度为 y 时，在 dt 时间段内，孔口出流量可用定常出流公式计算

$$Q = \mu a \sqrt{2gy}$$

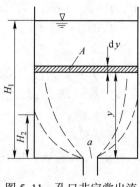

如在 dt 时段，液流下降 dy 高度，根据连续性方程，则经孔口流出的液体体积应等于容器内下降的液体体积，即

$$A dy = Q dt = \mu a \sqrt{2gy}\, dt$$

$$dt = \frac{A dy}{\mu a \sqrt{2gy}}$$

图 5.11　孔口非定常出流

对上式积分得容器内液面从 H_1 降至 H_2 所需的时间 t 为

$$t = \int_{H_2}^{H_1} dt = \int_{H_2}^{H_1} \frac{A}{\mu a \sqrt{2g}} \frac{dy}{\sqrt{y}}$$

$$= \frac{A}{\mu a \sqrt{2g}} \left[2\sqrt{y} \right]_{H_2}^{H_1} = \frac{2A}{\mu a \sqrt{2g}} \left[\sqrt{H_1} - \sqrt{H_2} \right] \tag{5.28}$$

当 $H_2 = 0$，即孔口以上容器内液体全部泄空时，所需时间为

$$t = \frac{2A\sqrt{H_1}}{\mu a \sqrt{2g}} = \frac{2AH_1}{\mu a \sqrt{2gH_1}} = \frac{2V}{Q_{\max}} \tag{5.29}$$

式中　V——容器放空体积；

　　　$Q_{\max}$——开始出流的最大流量。

上式表明，非定常出流时，容器的放空时间等于在起始水头 H_1 的作用下，流出同样体积液体所需时间的 2 倍。

5.4　管　嘴　出　流

当容器开孔的器壁较厚或在容器孔口上加设短管，泄流的性质发生了变化，这种出流称为管嘴出流。管嘴按其形状可分为圆柱形外管嘴（图 5.12 中 a）、圆柱形内管嘴（图 5.12 中 b）、圆锥形收缩管嘴（图 5.12 中 c）、圆锥形扩张管嘴（图 5.12 中 d）和流线型管嘴（图 5.12 中 e）。

管嘴长 l 一般约为管径 d 的 3~4 倍，液流经管嘴出流，先是在管内收缩形成真空，而后扩张充满全断面泄流出去，因而管嘴既影响出流的流速系数和出流的收缩，同时又影响流量系数，亦即改变出流的流速和流量。管嘴出流与孔口出流一样，有管嘴自由出流和淹没出流，并且可以是定常流，也可以是非定常流。

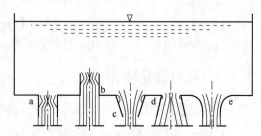

图 5.12　不同类型的管嘴出流

5.4.1　圆柱形外管嘴定常出流

图 5.13 为圆柱形外管嘴定常水头出流，管嘴长 $l = (3 \sim 4)d$，液流进入管嘴后因惯性作用在距入口约 $L_c = 0.8d$ 处形成收缩断面 c—c，然后逐渐扩张并充满全断面流出。分析时只考虑局部阻力。

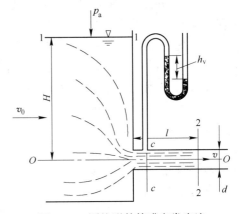

图 5.13　圆柱形外管嘴定常出流

设管嘴断面面积为 A，以管轴线为基准面，对管嘴自由液面 1—1 与管嘴出口断面 2—2 列伯努利方程，即

$$H + \frac{p_a}{\gamma} + \frac{\alpha_1 v_1^2}{2g} = \frac{p_a}{\gamma} + \frac{\alpha v^2}{2g} + h_1 \quad (5.30)$$

式中，$h_1 = h_r = \Sigma \zeta \dfrac{v^2}{2g}$，$\Sigma \zeta$ 是包括管嘴进口断面和管嘴收缩到出口断面时重新扩大的局部阻力系数；取 $\alpha_1 = \alpha = 1.0$，v_1 用行近流速 v_0 代替，并令

$$H_0 = H + \frac{v_0^2}{2g}$$

则式（5.30）可写成

$$H_0 = (1 + \Sigma \zeta) \frac{v^2}{2g}$$

即

$$v = \frac{1}{\sqrt{1 + \Sigma \zeta}} \sqrt{2gH_0} = \varphi \sqrt{2gH_0} \quad (5.31)$$

管嘴的流量为

$$Q = Av = \varphi A \sqrt{2gH_0} = \mu A \sqrt{2gH_0} \quad (5.32)$$

式中　φ——管嘴的流速系数，$\varphi = \dfrac{1}{\sqrt{1 + \Sigma \zeta}}$；

　　　μ——管嘴的流量系数，$\mu = \varphi$。

如不考虑行近速度水头，则

$$v = \varphi \sqrt{2gH} \quad (5.33)$$

$$Q = \mu A \sqrt{2gH} \quad (5.34)$$

根据实验测定，圆柱形外管嘴的流量系数 $\mu = 0.82$。式（5.23）与式（5.32）形式完全相同，但孔口出流的流量系数为 $\mu = 0.62$，因此，在相同的断面积 A 与相同的水头 H 的条件下，管嘴的出流量是孔口出流量的 1.32 倍（$\dfrac{0.82}{0.62} = 1.32$），即在容器孔上加设一段管嘴后，有增大出流量的作用。

5.4.2　管嘴的真空度与使用条件

由以上分析可知：在孔口处接上管嘴以后，增加了阻力，但管嘴的出流量不是减少而是加大。这是因为管嘴在收缩断面处有真空存在，如同水泵一样，对液流产生抽吸作用。根据实验，把一 U 形测压计接于管嘴壁上收缩断面处，如图 5.13 所示，则 U 形管内液体由于管嘴真空的存在被抽吸上升高度 $h_v = 0.75H_0$。这是由于真空的存在使管嘴出流量的增加，要比由管嘴阻力增加而减少的出流量大得多。下面从理论上加以分析。

如图 5.13 所示，列 1—1 断面与 $c—c$ 断面的能量方程

$$H + \frac{p_a}{\gamma} + \frac{\alpha_1 v_1^2}{2g} = \frac{p_c}{\gamma} + \frac{\alpha_c v_c^2}{2g} + \zeta \frac{v_c^2}{2g}$$

如略去 $\frac{\alpha_1 v_1^2}{2g}$ 不计，且取 $\alpha_c = 1.0$，于是

$$\frac{p_a - p_c}{\gamma} = (1 + \zeta) \frac{v_c^2}{2g} - H \tag{5.35}$$

由连续性方程有

$$v_c^2 = \left(\frac{A}{A_c}\right)^2 v^2 = \frac{v^2}{\varepsilon^2}$$

由式(5.33) 得

$$\frac{v^2}{2g} = \varphi^2 H$$

则式(5.35) 可写成

$$\frac{p_a - p_c}{\gamma} = \frac{p_v}{\gamma} = (1 + \zeta) \frac{\varphi^2 H}{\varepsilon^2} - H$$

如以 $\zeta = 0.07$（渐缩短管的局部阻力系数）、$\varepsilon = 0.64$ 及 $\varphi = 0.82$ 代入上式，则

$$\frac{p_v}{\gamma} = 0.756H \approx 0.75H_0 \tag{5.36}$$

由此可知，在管嘴收缩断面处产生了真空，真空度为作用水头的 0.75 倍。真空对液流起抽吸作用，相当于把孔口的作用水头增大 75%，致使管嘴出流量大于孔口出流量。

由式（5.36）知，作用水头越大，收缩断面的真空值越大，出流量也增大。但如果管嘴真空度过大，当收缩断面 $c—c$ 的绝对压强低于液体的汽化压强时，液流将汽化而不断发生气泡，这种现象称为空化。低压区放出的气泡随液流带走，当到达高压区时，由于压差的作用使气泡突然溃灭，气泡溃灭的过程时间极短，只有几百分之一秒，四周的水流质点以极快的速度去填充气泡空间，以致这些质点的动量在极短的时间变为零，从而产生巨大的冲击力，不停地冲击固体边界，致使固体边界产生剥蚀，这就是气蚀。另外，当气泡被液流带出管嘴时，管嘴外的空气将在大气压的作用下冲进管嘴内，使管嘴内液流脱离内管壁，成为非满管出流，即孔口出流，此时管嘴已不起作用。因此，对管嘴内的真空值应有所限制。根据对水的实验，管嘴收缩断面处的真空度不应超过 7mH$_2$O，即

$$\frac{p_v}{\gamma} = 0.75H_0 \leqslant 7, \ H_0 \leqslant 9\mathrm{m}$$

其次，管嘴的长度也有一定的限制。长度太短，液流经收缩后还来不及扩大到整个断面，或虽充满管嘴，但因真空距管嘴出口太近，极易引起真空的破坏。若管嘴太长，沿程损失不能忽略，成为短管，达不到增加出流量的目的。因此，为保证管嘴正常工作，必须具备的条件是：（1）作用水头 $H_0 \leqslant 9\mathrm{m}$；（2）管嘴长度 $l = (3 \sim 4)d$。

　　当管嘴不能满足其使用条件时，应将其按薄壁孔口出流考虑，采用相应的孔口出流的流量系数 μ 值。同样，对于容器的壁厚为孔口直径的 3～4 倍的厚壁孔口出流，可按圆柱形外管嘴出流处理。

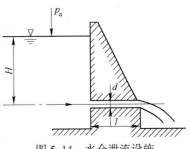

图 5.14　水仓泄流设施

　　[**例题 5.7**]　一水仓建筑物，安设三个圆柱形的泄流孔，如图 5.14 所示。泄流孔直径 $d=0.2$m，水仓壁厚 $l=0.7$m，泄流孔中心以上水头 $H=1.5$m。若忽略行近流速，试求泄流孔的流量。

　　[**解**]　因为水仓壁厚 $l=3.5d$，故可将水仓的泄流看作圆柱形外管嘴出流，取其流量系数 $\mu=0.82$，则每个泄流孔的流量为

$$q = \mu A \sqrt{2gH} = 0.82 \times \frac{\pi}{4} \times 0.2^2 \times \sqrt{2 \times 9.8 \times 1.5} = 0.14\text{m}^3/\text{s}$$

通过三个泄流孔的出流量为　　　　　　$Q = 3q = 0.42\text{m}^3/\text{s}$

　　由于泄流孔中心以上水头 $H=1.5$m<9m，因此泄流孔的出流状态正常，工作是稳定的。

5.4.3　其他形状的管嘴出流

5.4.3.1　圆柱形内管嘴
　　这种管嘴的工作和液体经管嘴出流现象的物理本质与圆柱形外管嘴相似，但因流体在入口前扰乱较大，与外管嘴的区别是进入管嘴时摩擦阻力较大，因而其流速系数和流量系数比圆柱形外管嘴的小。圆柱形内管嘴一般在容器外形需隐蔽时采用。

5.4.3.2　圆锥形收缩管嘴
　　这种管嘴向出口断面方向逐渐收缩，液流经管嘴收缩后不需过分扩张，出流分散较小，所以管嘴阻力损失小，流速系数和流量系数均比圆柱形管嘴大。圆锥形收缩管嘴的流速系数与流量系数与圆锥角的大小有关，流速系数随圆锥角 θ 的增加而增加，如当 $\theta=30°$ 时，$\varphi=0.98$。流量系数在 $\theta=13°$ 时达到最大，$\mu_{max}=0.95$，过此角以后又开始下降。

　　圆锥形收缩管嘴的液流出流后可形成高速的、连续不断的射流，因此最适用于需要大动能而不需要大流量的场所，如水枪的喷嘴、射流的管嘴、冲击式水轮机喷管等。

5.4.3.3　圆锥形扩张管嘴
　　这种管嘴逐渐扩张，出口断面为圆锥形的底面，管嘴阻力损失大，出口流速很小。管嘴的系数也与 θ 角有关，当圆锥角 $\theta=5°～7°$ 时，管嘴出口断面的流速系数和流量系数 $\varphi=\mu\approx0.5$，管嘴阻力系数 $\zeta=3.0$，收缩系数 $\varepsilon=1.0$，若 θ 角大于 7°，则将从管嘴出口处吸入空气，破坏真空，流线将脱离壁面而成为薄壁孔口。

　　圆锥形扩张管嘴收缩断面处的真空度比圆柱形管嘴大，抽吸力强，出流量大，故多应用于出流速度不大而要求具有较大出流量的工程装置中，如排水用的泄流管、喷射水泵、文丘里流量计等。

5.4.3.4　流线型管嘴
　　其外形与薄壁孔口出流流线形状相似，但没有收缩。这种管嘴阻力损失最小，流速系

数与流量系数均较大，但加工需圆滑。

各种类型管嘴系数的实验值列于表 5.4 中。分析表 5.4 时，需要注意两点：

（1）在同一水头作用下，流速系数大的，流速也大，因为 $v = \varphi\sqrt{2gH}$。

（2）在同一水头作用下，且器壁孔口面积相等时，流量系数大的，流量却不一定大。

表 5.4　各种类型的管嘴与薄壁孔口系数实验值

种　类	名　称			
	阻力系数 ζ	收缩系数 ε	流速系数 φ	流量系数 μ
薄壁圆形小孔口	0.06	0.64	0.97	0.62
圆柱形外管嘴	0.50	1.00	0.82	0.82
圆柱形内管嘴	1.00	1.00	0.71	0.71
圆锥形收缩管嘴（$\theta = 13°$）	0.99	0.98	0.96	0.94
圆锥形扩张管嘴（$\theta = 5° \sim 7°$）	3.00	1.00	0.45	0.45
流线型管嘴	0.04	1.00	0.98	0.98

因为 $Q = \mu A\sqrt{2gH}$，A 为管嘴出口面积，与管嘴进口面积不一定相等。故管嘴出流量的大小，不仅根据流量系数的大小，还要依据管嘴出口面积及其真空度的大小来确定。如圆锥形扩张管嘴的流量系数虽不大，但由于其真空度高，抽吸力大，出口面积大，它的出流量却较大。圆锥形收缩管嘴的流量系数虽不小，但由于抽吸力及出口面积均较小，所以出流量也较小。

流体力学实验发现 5

A　托里拆里原理

在自然界、工程技术和日常生活中，存在着许多与容器排水有关的问题。E. 托里拆里（1608~1647）用实验方法来研究容器出流时的射流形状、速度和流量问题，获得了具有里程碑性质的结果，他实际上是第一个研究流体动力学问题的人。

托里拆里用一盛满水的容器，在其底部附近的侧壁上开一小孔，插入各种外形的短管，如直管与 90° 弯管等。进行实验时，他首先发现插入短管后射流流动"增强"了。通过仔细观察与测量，他又发现对一给定直短管，从射流与底面的接触点至小孔在底面上的投影点之间的距离 L，与小孔中心至容器内自由面之间的距离 H（即水柱高）成正比，同时还证明射流的形状为一抛物线。

为了研究射流的排放速度和它所能达到的最大高度，托里拆里将直短管换为 90° 弯管，并使出口向上，通过实验他发现射流所能达到的最大高度略低于水柱高度 H，经过分析，他把这一微小差异归因于小孔与短管的摩擦阻力和周围空气对射流的阻力，于是他认为如果不考虑这些阻力的影响，射流应送到容器内自由面的高度 H。他还进一步发现射流的速度 v_j 与一物体从自由面自由下落至小孔时（距离为 H）所达到的速度 v_f 成正比，即 $v_j \propto v_f$，根据落体定律 $v_f \propto t$ 和距离 $H \propto t^2$，其中 t 为时间，于是有 $H \propto v_f^2$ 或 $v_f \propto \sqrt{H}$，随即有 $v_j \propto \sqrt{H}$，亦即射流速度 v_j 与水柱高度 H 的平方根成正比。约 100 年后，J. 伯努利（1667~1748）与 D. 伯努利（1700~1782）才精确地确定这一比例常数为 $\sqrt{2g}$，g 为重力加速度，于是最后有 $v_j = \sqrt{2gH}$，这就是所谓的托里拆里原理。

B 空化现象

在自然的水体（如海洋、江河、湖泊等）中往往含有未溶于水的微小气泡，通常称之为空化核或气核，其直径大约在 $10^{-5} \sim 10^{-3}$cm 之间。当水流经一速度较高，绝对静压等于或低于水的绝对蒸汽压强的局部区域时，由于水的迅速蒸发和气体的少量析出，立即形成一些充满蒸汽或气体的空泡。如果水流继续流动，压强将重新回升，蒸汽也会出现凝结现象，使空泡破裂并伴以剧烈的响声，这就是所谓的空化现象，它往往发生在液-固的交界面处。

1873 年，O. 雷诺就曾预言，船桨与水之间的相对高速运动会产生影响船桨性能的真空腔，1894 年，S. J. 桑尼克罗夫特与 S. W. 巴纳比首先在鱼雷驱逐舰的螺旋桨背面观察到使螺旋效率急剧下降的空化现象。两年后，C. A. 帕森斯建造了第一座供水流实验用的水洞，1916 年，他在实验室的模型螺旋桨上观察到同样的现象，并对它的剥蚀机理做了初步研究。除水以外，其他液体在类似情况下也会出现空化现象。

研究空化机理亦即研究空泡的形成、发展与破裂过程具有十分重要的工程实用价值。因为水上交通工具的船用螺旋桨、舵、水翼，水力机械的水泵、水轮机，水工建筑与结构的高速涵洞、闸门槽，动力系统的液体火箭泵、柴油机和各种水下兵器中均会遇到空化问题，它不仅限制了运转速度，降低了效率，而且还产生了振动、噪声和材料剥蚀，极大地缩短了设备的使用寿命。但空化现象也不是完全有害的，在化工、医药、核工程中它也能做一些有益的事，如工业清洗，水力钻孔等。

习 题 5

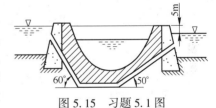

图 5.15　习题 5.1 图

5.1 如图 5.15 所示的一等直径铸铁输水管（$\Delta = 0.4$mm），管长 $l = 100$m，管径 $d = 500$mm，水流在阻力平方区。已知进口局部阻力系数为 0.5，出口为 1.0，每个折弯的局部阻力系数 $\zeta = 0.3$，上、下游水位差 $H = 5$m，求通过管道的流量 Q。

5.2 水从高位水池流向低位水池，如图 5.16 所示。已知水面高差为 $H = 12$m，管长 $l = 300$m，水管直径为 100mm 的清洁钢管。问：水管中流量为多少？当流量为 $Q = 150$m³/h 时，水管的直径应该多大？

5.3 两水池间的水位差恒定为 40m，被一根长为 3000m，直径为 200mm 的铸铁管连通，不计局部水头损失，求由上水池泄入下水池的流量 Q。

5.4 如图 5.17 所示，设输水管路的总作用水头 $H = 12$m，管路上各管段的管径和管长分别为：$d_1 = 250$mm，$l_1 = 1000$m，$d_2 = 200$mm，$l_2 = 650$m，$d_3 = 150$mm，$l_3 = 750$m。试求各管段中的损失水头，并

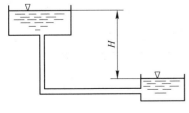

图 5.16　习题 5.2 图

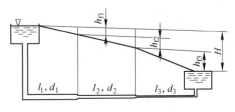

图 5.17　习题 5.4 图

作出测压管水头线。管子为清洁管，局部损失忽略不计。

5.5　如图 5.18 所示的并联管路，流量 $Q_1 = 50\text{L/s}$，$Q_2 = 30\text{L/s}$，管长 $l_1 = 1000\text{m}$，$l_2 = 500\text{m}$，管径 $d_1 = 200\text{mm}$，管子为清洁管，问管径 d_2 应为多少？

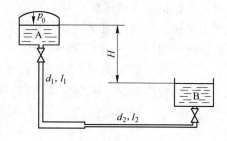

图 5.18　习题 5.5 图

5.6　如图 5.19 所示，水由水塔 A 流出至 B 点后有三支管路，至 C 点又合三为一，最后流入水池 D，各管段尺寸分别为 $d_1 = 300\text{mm}$，$l_1 = 500\text{m}$，$d_2 = 250\text{mm}$，$l_2 = 300\text{m}$，$d_3 = 400\text{mm}$，$l_3 = 800\text{m}$，$d_{AB} = 500\text{mm}$，$l_{AB} = 800\text{m}$，$d_{CD} = 500\text{mm}$，$l_{CD} = 400\text{m}$。管子为正常情况，流量在 B 点为 250L/s，试求全段管路的损失水头。

5.7　一连续出流管路，长 10m，其通过流量为 35L/s，连续分配流量为 30L/s。管子为正常管，若水头损失为 4.5m 时，其管径应为多少？

5.8　水塔 A 中其表面相对压强 $p_0 = 1.313 \times 10^5 \text{Pa}$，水经水塔 A 通过不同断面的管道流入开口水塔 B 中，如图 5.20 所示。设两水塔的水面差 $H = 8\text{m}$，各管段的管径和长度分别为：$d_1 = 200\text{mm}$，$l_1 = 200\text{m}$，$d_2 = 100\text{mm}$，$l_2 = 500\text{m}$。管子为正常管，仅计阀门所形成的局部阻力，试求水的流量 Q。

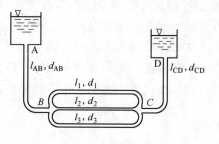

图 5.19　习题 5.6 图

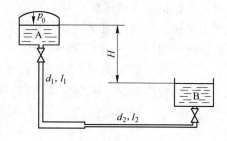

图 5.20　习题 5.8 图

5.9　水泵站用一根管径为 60cm 的输水管时，沿程损失水头为 27m。为了降低水头损失，取另一根相同长度的管道与之并联，并联后水头损失降为 9.6m，假定两管的沿程阻力系数相同，两种情况下的总流量不变，问新加的管道的直径是多少？

5.10　如图 5.21 所示，两水池的水位差 $H = 24\text{m}$，$l_1 = l_2 = l_3 = l_4 = 100\text{m}$，$d_1 = d_2 = d_4 = 100\text{mm}$，$d_3 = 200\text{mm}$，沿程阻力系数 $\lambda_1 = \lambda_2 = \lambda_4 = 0.025$，$\lambda_3 = 0.02$，除阀门外，其他局部阻力忽略。

（1）阀门局部阻力系数 $\zeta = 30$，试求管路中的流量；（2）如果阀门关闭，求管路流量。

5.11　一枝状管网如图 5.22 所示，已知点 5 较水塔地面高 2m，其他供水点与水塔地面标高相同，各点要求自由水头为 8m，管长 $l_{1-2} = 200\text{m}$，$l_{2-3} = 350\text{m}$，$l_{1-4} = 300\text{m}$，$l_{4-5} = 200\text{m}$，$l_{0-1} = 400\text{m}$，管道采用铸铁管，试设计水塔高度。

5.12　已知某水处理厂的供水管路为枝状管网，如图 5.23 所示。已知各管段的长度为 $l_1 = 100\text{m}$，$l_2 = 50\text{m}$，$l_3 = 100\text{m}$，$l_4 = 60\text{m}$，$l_5 = 200\text{m}$。各点高程为 $z_1 = 165\text{m}$，$z_2 = 167\text{m}$，$z_D = 168\text{m}$，$z_3 = 170\text{m}$，$z_C =$

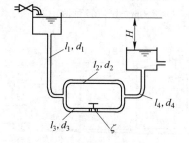

图 5.21　习题 5.10 图

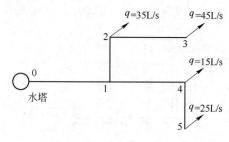

图 5.22　习题 5.11 图

171m，$z_B = 175$m。需要的流量为：点1，$Q_1 = 10$L/s；点2、3，$Q_2 = Q_3 = 5$L/s。要求给水管出口的自由水头分别为 $h_1 = 20$m，$h_2 = 18$m，$h_3 = 15$m。试计算该管网各段管径及所需水塔高度（按正常管计算）。

5.13　一水箱中水经薄壁孔口定常出流，已知出流量 $Q = 200$cm^3/s，孔直径 $d = 10$mm，问该水箱充水高度 H 为多少？

5.14　如图5.24所示，用隔板将水流分成上、下两部分水体，已知小孔直径 $d = 200$mm，$v_1 \approx v_2 \approx 0$，上、下游水位差 $H = 2.5$m，求泄流量 Q。

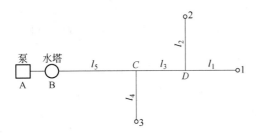

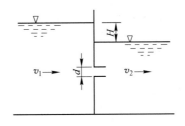

图5.23　习题5.12图　　　　　　　　图5.24　习题5.14图

5.15　如图5.25所示，水箱水面距地面高为 H，在侧壁何处开口，可使射流的水平射程为最大？x_{max} 是多少？

5.16　一孔口直径 $d = 100$mm，水头 $H = 3$m，量得收缩断面处的流速 $v_c = 7$m/s，流量 $Q = 36$L/s，试求：（1）孔口的流速系数 φ 及收缩系数 ε；（2）若在孔口壁上加一流量系数 $\mu = 0.82$ 的圆柱形外管嘴，其流量应为多少？

5.17　一密闭容器，内盛重度 $\gamma = 7850$N/m^3 的液体，在 O—O 面位置上装一直径 $d = 30$mm，长 $l = 100$mm 的圆柱形外管嘴，如图5.26所示。若压力表在 O—O 面以上0.5m，读数 $p_M = 4.9 \times 10^4$Pa，求管嘴开始出流时的流速与流量。

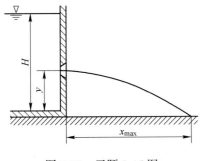

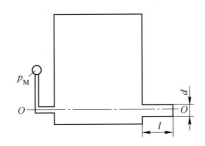

图5.25　习题5.15图　　　　　　　　图5.26　习题5.17图

5.18　一矩形蓄液槽，长 $l = 3$m，宽 $B = 2$m，在液深 $H = 1.5$m 处装有两个泄流底孔，孔径 $d = 100$mm，问槽内液面若下降1m时，需要多少时间？

5.19　如图5.27所示，求船闸闸室充满或泄空所需时间。已知闸室长68m，宽12m，上游进水孔孔口面积为3.2m^2，孔中心以上水头 $h = 4$m，上、下游水位差 $H = 7.0$m，上、下游水位固定不变。

5.20　如图5.28所示，在水位 $H = 2.75$m 的水箱侧壁装一个收缩-扩张管嘴，其喉部直径为 $d_1 = 5$cm。收缩段的损失可忽略不计。

（1）如果喉部产生空化时的真空度为8.5m水柱，试求不发生空化时的最大流量；

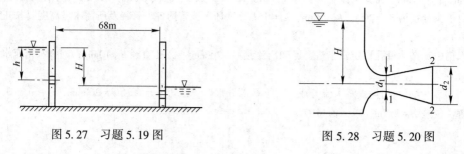

图 5.27　习题 5.19 图　　　　　　图 5.28　习题 5.20 图

（2）如果扩张段的损失为同样面积比的突然扩大管的损失的 1/4，试求不发生空化时出口直径 d_2 的最大值。

6　明渠均匀流与堰流

本章内容包括明渠流的概念、明渠定常均匀流的水力计算、明渠的水力最佳断面、堰流。要求理解明渠流、明渠定常均匀流、明渠水力最佳断面、堰流等概念，掌握明渠定常均匀流的基本计算公式、平均流速的计算及流速的分布规律、水力最佳断面尺寸的确定、矩形薄壁堰自由出流流量的计算，重点掌握明渠平均流速的计算、矩形薄壁堰自由出流流量的计算。

6.1　明渠流的概念

明渠流是指流体在地心引力作用下形成的重力流动。其特点是渠槽具有自由表面，自由面上各点均受相同的大气压强作用，相对压强为零。因此，明渠流又称为无压流。对于那种封闭式或不充满管中流动的暗渠，其流动情况与明渠相同，也属于无压流动。明渠流动理论将为输水、排水、灌溉渠道的设计和运行控制提供科学的依据。

明渠流的断面形式多种多样，且具有自由表面，因而处理明渠问题要比有压管路问题麻烦，没有通用公式，一般求其平均值。

常常碰到和应用较多的明渠流断面形式有矩形、圆形、梯形等，如图 6.1 所示。

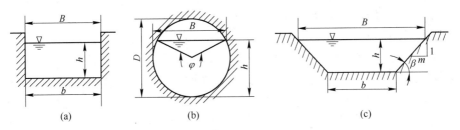

图 6.1　明渠流的断面形式

h—水深；b—渠底宽；m—边坡系数，$m = \cot\beta$；β—渠边坡与水平面夹角；
D—直径；φ—圆心角，以弧度表示

明渠流各断面的水力要素计算公式见表 6.1。

表 6.1　明渠断面水力要素计算公式

断面形式	面积 A	湿周 χ	水力半径 R	水面宽 B
矩　形	bh	$b + 2h$	$\dfrac{bh}{b + 2h}$	b
梯　形	$(b + mh)h$	$b + 2h\sqrt{1 + m^2}$	$\dfrac{(b + mh)h}{b + 2h\sqrt{1 + m^2}}$	$b + 2mh$
圆　形	$\dfrac{D^2}{8}(\varphi - \sin\varphi)$	$\dfrac{D}{2}\varphi$	$\dfrac{D}{4}\left(1 - \dfrac{\sin\varphi}{\varphi}\right)$	$2\sqrt{h(D - h)}$

明渠流中水力要素如不随时间变化称为明渠定常流,否则为非定常流。在明渠定常流中,渠槽断面形式如不变,液流在固定水深下运动,则所有各断面的平均流速沿流程都不变,这种液流称为明渠定常均匀流,如图6.2所示。此时,其水力坡度 i、水面坡度(即压力坡度)i_p 及渠底坡度 i_b 均相等,即

$$i = i_p = i_b \tag{6.1}$$

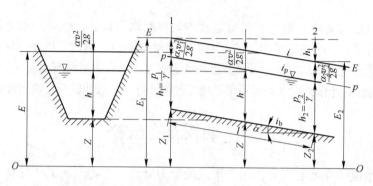

图 6.2   明渠定常均匀流

亦即明渠定常均匀流的总水头线 E—E、压强水头线 p—p 及渠底坡面线是三条平行的直线。

由此可见,形成明渠定常均匀流必须满足以下条件:

(1) 流量固定不变,即 Q=常数;

(2) 过流断面、水深及平均流速沿流程均不变,即 A=常数、h=常数及 v=常数;

(3) 渠底坡度固定不变,且等于水力坡度,$i_b = i_p = i$;

(4) 渠槽粗糙度不变,即粗糙系数 n=常数;

(5) 没有局部摩阻。

严格地讲,在实际生产情况中,要满足这样的一些条件是不可能的;但是对比较规则的、上述各种因素变化不大的明渠流,可以按定常均匀流考虑。

明渠定常均匀流是明渠流运动中最简单的形式,也是分析其他明渠流动的理论基础,如在某些非均匀流的计算中,也可以用分段法近似地按均匀流问题来解决。在环境、土木、水利等工程实际中,有许多有关明渠流的问题,因而研究明渠定常均匀流的运动规律有重要的实用意义。

6.2   明渠定常均匀流的水力计算

6.2.1   基本计算公式

明渠流一方面是受重力的作用形成液流运动,另一方面又受渠槽边壁对液流的摩擦力作用阻碍液流运动,当重力和阻力达到平衡时,则液流形成等速运动成为均匀流。

在明渠定常均匀流中,取沿渠长 l 一段液体为隔离体,如图6.3所示。液体重力 $G = \gamma Al\cos\alpha$。将 G 分解为垂直与平行于渠底之两分力 G_N 与 G_T,则

$$G_T = G\sin\alpha = \gamma Al\cos\alpha \cdot \sin\alpha$$

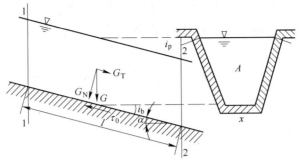

图 6.3 明渠定常均匀流的水力分析

由于明渠流中 α 值一般较小，常以 $\sin\alpha$ 表示渠底坡度，即 $\sin\alpha = i_b = i$；而 $\cos\alpha \approx 1$。因此，$G_T = \gamma A l i$，根据明渠定常均匀流的力学条件，力 G_T 与渠槽边壁对液流的摩擦力相平衡，因而对于渠底湿周面积上所发生的平均切应力

$$\tau_0 = \frac{G_T}{xl} = \frac{\gamma A l i}{xl} = \gamma R i \tag{6.2}$$

明渠流的断面和流速一般都比较大，液流多处于阻力平方区的紊流状态。蔡西根据实验认为，液流单位面积上的内摩擦切应力 τ_0 与平均流速的二次方成正比，即

$$\tau_0 = \frac{\lambda \gamma}{8g} v^2 \tag{6.3}$$

式中　λ——明渠流的沿程阻力系数。

将式（6.2）代入式（6.3），得

$$v = \sqrt{\frac{8g}{\lambda}} \sqrt{Ri} = c \sqrt{Ri}$$

上式即为计算明渠定常均匀流平均流速的基本公式，称为蔡西公式。明渠定常均匀流的流量为

$$Q = Av = cA \sqrt{Ri} = K\sqrt{i} \tag{6.4}$$

式中　K——渠槽的流量模数，$K = cA\sqrt{R}$。

6.2.2　计算平均流速的经验公式

蔡西公式中的 c 是有量纲的系数，单位为 $m^{1/2}/s$。c 值不但随渠槽的粗糙度变化而改变，而且与水力半径、渠底坡度及断面形式都有关，并非常数，约在 $10 \sim 90$ 之间，多在50左右。不少人在这方面进行试验研究，根据不同具体条件得到的经验公式有十多种，我国常用的有：

（1）岗古立（Гангилье）公式

$$c = \frac{\dfrac{1}{n} + 23 + \dfrac{0.00155}{i}}{1 + \left(23 + \dfrac{0.00155}{i}\right)\dfrac{n}{\sqrt{R}}} \tag{6.5}$$

式中　n——粗糙系数。

　　粗糙系数 n 是通过对某些给定的明渠，进行观测、积累的经验数据，它的大小反映了渠槽边壁对液流的阻力作用；因而正确选定粗糙系数很为重要。常用的粗糙系数 n 值列于表 6.2。

表 6.2　明渠粗糙系数 n 值

渠槽性质	表面状况				渠槽性质	表面状况			
	最优	优	一般	劣		最优	优	一般	劣
刨光木渠	0.010	0.012	0.013	0.014	光滑金属渠	0.011	0.012	0.013	0.015
未刨光木渠	0.011	0.013	0.014	0.015	不光滑金属渠	0.022	0.025	0.028	0.030
混凝土渠	0.012	0.014	0.016	0.018	水泥砌石渠	0.017	0.020	0.025	0.030
水泥抹面渠	0.010	0.011	0.012	0.013					

　　式（6.5）中，当 n 增大时，c 减少，n 增加愈大，c 减低愈缓；当 R 增大时，则 c 亦增加，R 增加愈大，c 增加愈缓。如 $R=1$ 时，c 与 i 无关，则 $c = \dfrac{1}{n}$；$R < 1$ 时，i 增加，c 随之增加；$R > 1$ 时，i 增加，c 随之减少，i 愈大，c 随 i 的变化愈小，当 i 在 $1/1000$ 以上时，式（6.5）中的 i 影响很小，因此可以简化成

$$c = \frac{\dfrac{1}{n} + 23}{1 + 23\dfrac{n}{\sqrt{R}}} \tag{6.6}$$

　　岗古立公式适用于渠底坡度较小的明渠。
　　（2）曼宁（Manning）公式

$$v = \frac{1}{n}R^{2/3}i^{1/2} \tag{6.7}$$

将式（6.7）代入蔡西公式得

$$c = \frac{1}{n}R^{1/6} \tag{6.8}$$

　　由式（6.7）知，明渠液流的流速与 $R^{2/3}$ 及 $i^{1/2}$ 成正比，而与 n 成反比。因 $R = \dfrac{A}{\chi}$，若 A 不变，则 R 愈大，χ 就愈小，即液流和渠槽边壁接触面积就愈小，摩擦阻力相应减小，流速就加大；i 愈大，则重力沿流向的分力愈大，所以流速也愈大；n 愈大，渠槽摩擦阻力加大，因而流速就愈小。该式适用于 $n<0.02$ 及 $R<0.5\mathrm{m}$，且渠底坡度较陡的明渠。
　　（3）巴生（Bazin）公式

$$c = \frac{87}{1 + \dfrac{\varepsilon}{\sqrt{R}}} \tag{6.9}$$

式中　　ε——粗糙度系数，其值与 n 不同，见表 6.3。

表 6.3 巴生公式粗糙度系数 ε 值

渠槽性质	表 面 状 况			
	最 优	优	一 般	劣
纯水泥面渠	—	0.06	0.14	0.22
水泥灰浆面渠	0.06	0.11	0.22	0.34
块石渠	0.30	0.70	1.10	1.40
混凝土渠	0.14	0.28	0.42	0.55
刨光木板渠	—	0.14	0.22	0.28
未刨光木板渠	—	0.22	0.28	0.34
新金属渠	0.06	0.14	0.22	0.34
有粗砂沉淀渠	0.80	1.20	1.75	2.15

（4）巴甫洛夫斯基公式
与第 5 章的式（5.3）相同

$$c = \frac{1}{n}R^y$$

适用于 $0.1\text{m} \leq R \leq 3\text{m}$ 的明渠。式中 y 值计算较繁，可查表 6.4。

表 6.4 巴甫洛夫斯基公式 c 值

y ＼ n	0.011	0.013	0.017	0.020	0.025	0.030	0.035
0.10	67.2	54.3	38.1	30.6	22.4	17.3	13.8
0.12	68.8	55.8	39.5	32.6	23.5	18.3	14.7
0.14	70.3	57.2	40.7	33.0	24.0	19.1	15.4
0.16	71.5	58.4	41.8	34.0	25.4	19.9	16.1
0.18	72.6	59.5	42.7	34.8	26.2	20.6	16.8
0.20	73.7	60.4	43.6	35.7	26.9	21.3	17.4
0.22	74.6	61.3	44.4	36.4	27.6	21.9	17.9
0.24	75.5	62.1	45.2	37.1	28.3	22.5	18.5
0.26	76.3	62.9	45.9	37.8	28.8	23.0	18.9
0.28	77.0	63.7	46.5	38.4	29.4	23.5	19.4
0.30	77.7	64.3	47.2	39.0	29.9	24.0	19.6
0.35	79.3	65.8	48.6	40.3	31.1	25.1	20.9
0.40	80.7	67.1	49.8	41.5	32.2	26.0	21.8
0.45	82.0	68.4	50.9	42.5	33.1	26.9	22.6
0.50	83.1	69.5	51.9	43.5	34.0	27.8	23.4

注：$c = \frac{1}{n}R^y$，$y = 2.5\sqrt{n} - 0.13 - 0.75\sqrt{R}(\sqrt{n} - 0.10)$。

对于粗糙系数较低的明渠（$0.010 \leq n \leq 0.015$），经研究，式（5.3）的 $y = \frac{1}{6}$，与曼

宁公式吻合。可见曼宁公式是巴甫洛夫斯基公式的特例，因而在实用上有一定限制。

上述的每个公式，在其使用范围内，都有一定的符合技术要求的精确度，超出这个范围会有相当误差。现将对不同渠槽性质的明渠流的实测流速，与按上述经验公式计算的流速作比较，如表 6.5 所示。在一般工程实践中，考虑演算及分析简便，多采用曼宁公式及巴甫洛夫斯基公式。

表 6.5　明渠流实测流速与经验公式计算流速比较

渠槽性质	R/m	n	i	实测流速 $v/m \cdot s^{-1}$	经验公式计算流速 $v/m \cdot s^{-1}$			
					岗古立公式	曼宁公式	巴生公式	巴甫洛夫斯基公式
混凝土渠	1.950	0.012	0.000161	1.67	1.42	1.44	1.25	1.42
刨光木板渠	0.597	0.012	0.000965	1.83	1.89	1.83	1.77	1.86
粗铁皮渠	0.317	0.0225	0.000892	0.59	0.58	0.62	0.57	0.75
光滑金属渠	0.097	0.013	0.0012	0.56	0.54	0.56	0.55	0.58
土　渠	0.792	0.017	0.00023	0.75	0.75	0.76	0.75	0.76
浆砌石渠	0.262	0.017	0.00558	1.88	1.77	1.80	1.75	1.76

[例题 6.1]　一矩形光滑木质明渠，底宽 $b = 0.4m$，渠底坡度 $i_b = 0.005$，水深 $h = 0.2m$。如液流为定常均匀流，试分别用各经验公式求其流量。

[解]　液流断面积　　　　$A = bh = 0.4 \times 0.2 = 0.08 m^2$

湿周　　　　　　　　　　$\chi = b + 2h = 0.4 + 2 \times 0.2 = 0.8 m$

水力半径　　　　　　　$R = \dfrac{A}{\chi} = \dfrac{0.08}{0.8} = 0.1 m$

选用 $n = 0.012$，$\varepsilon = 0.14$。流量公式 $Q = Av$，或 $Q = cA\sqrt{Ri}$。用各经验公式计算流速和流量如下：

（1）岗古立公式

$$c = \frac{\dfrac{1}{n} + 23 + \dfrac{0.00155}{i}}{1 + \left(23 + \dfrac{0.00155}{i}\right)\dfrac{n}{\sqrt{R}}} = \frac{\dfrac{1}{0.012} + 23 + \dfrac{0.00155}{0.005}}{1 + \left(23 + \dfrac{0.00155}{0.005}\right)\dfrac{0.012}{\sqrt{0.1}}} = 56.5$$

所以，$Q = cA\sqrt{Ri} = 56.5 \times 0.08 \times \sqrt{0.1 \times 0.005} = 0.101 m^3/s$。

（2）曼宁公式

$$c = \frac{1}{n}R^{1/6} = \frac{1}{0.012}(0.1)^{1/6} = 56.8$$

$$Q = \frac{0.101}{56.5} \times 56.8 = 0.102 m^3/s$$

（3）巴生公式

$$c = \frac{87}{1 + \dfrac{\varepsilon}{\sqrt{R}}} = \frac{87}{1 + \dfrac{0.14}{\sqrt{0.1}}} = 60.2$$

$$Q = \frac{0.101}{56.5} \times 60.2 = 0.107 \text{m}^3/\text{s}$$

（4）巴甫洛夫斯基公式

由表 6.4，$R=0.1$，$n=0.012$ 时，$c=60.75$

$$Q = \frac{0.101}{56.5} \times 60.75 = 0.108 \text{m}^3/\text{s}$$

6.2.3 流速分布规律

明渠液体流动也有两种流动状态，即层流与紊流。判断明渠流动状态仍以临界雷诺数 Re_c 作为标准，不过明渠流动的雷诺数是以水力半径 R 代替管径 d，即

$$Re = \frac{vR}{\nu} \tag{6.10}$$

根据实验结果，明渠流的临界雷诺数 $Re_c \leq 300$。

6.2.3.1 层流的速度分布

明渠流中很少出现层流状态，在液流速度相当小，或液流黏性较大情况下，才有可能产生层流运动。如地下水运动，细颗粒高浓度的两相流运动中有可能出现层流。明渠层流运动状态下的速度分布情况和圆管层流运动一样，是抛物线分布规律，如图 6.4 所示。

明渠定常均匀流的水深为 h，经分析得明渠定常均匀流层流的速度分布方程为

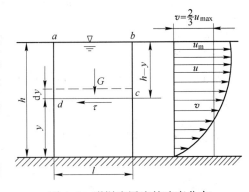

图 6.4 明渠流层流的速度分布

$$u = \frac{\gamma i}{2\mu} y(2h - y) \tag{6.11}$$

把 $y = h$ 代入式（6.11），得液流表面的速度，亦即断面垂线上最大速度 $u_{\max}$，于是

$$u_{\max} = \frac{\gamma i}{2\mu} h^2 \tag{6.12}$$

取通过单位宽度的明渠流的液体深度为 $\mathrm{d}y$，微元面积为 $\mathrm{d}A$，$\mathrm{d}A = \mathrm{d}y \times 1$，沿液流深度积分得流量 Q，即

$$Q = \int_A u \mathrm{d}A = \int_0^h \frac{\gamma i}{2\mu} y(2h - y) \mathrm{d}y$$

$$Q = \frac{\gamma i}{3\mu} h^3 \tag{6.13}$$

断面平均流速

$$v = \frac{Q}{A} = \frac{\frac{\gamma i}{3\mu} h^3}{h \times 1} = \frac{\gamma i}{3\mu} h^2 = \frac{2}{3} u_{\max} \tag{6.14}$$

亦即明渠层流运动时的平均速度是最大速度的 2/3 倍。

6.2.3.2　紊流的速度分布

明渠流绝大多数情况处于紊流运动状态。因而了解明渠流紊流的速度分布尤为重要，特别是研究明渠流紊流状态下沿垂线的速度分布，对于了解明渠两相流中固体物料分布规律有一定帮助。但明渠流在紊流运动状态下，由于紊流脉动速度的产生，给研究明渠流的速度分布带来一定的困难，不能从理论上找出速度分布规律。从对室内实验资料和天然明渠测验资料的分析中，可以看出，明渠紊流沿垂线上的流迹分布情况和圆管紊流速度分布的一半基本是一致的，也符合对数分布规律，如图 6.5 所示。即

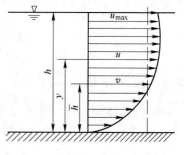

图 6.5　明渠流紊流速度分布

$$u = \frac{u_*}{K}\ln y + c = \frac{2.3u_*}{K}\lg y + c \tag{6.15}$$

式中　u_*——明渠流动力流速，$u_* = \sqrt{ghi}$；

　　　K——紊流系数。

式（6.15）中积分常数 c 与渠槽粗糙度 Δ 有一定关系，即

$$u = \frac{2.3}{K}\sqrt{ghi}\ \lg\left(c_1\frac{y}{\Delta}\right)$$

采用 $K = 0.4$，根据实测资料 $c_1 = 30$，于是

$$u = 5.75\sqrt{ghi}\ \lg\left(30\frac{y}{\Delta}\right) \tag{6.16}$$

式（6.16）为明渠流紊流速度分布的表达式，经实测资料验证，只在接近明渠液面处，由于空气阻力影响，实测值比按此式的计算值稍小些。

由边界条件，当 $y = h$，$u = u_f$（u_f 表示液面速度），即得垂线上最大速度

$$u_{max} = u_f = 5.75\sqrt{ghi}\ \lg\left(30\frac{h}{\Delta}\right) \tag{6.17}$$

垂线上平均速度为 v，则

$$v = \frac{Q}{A} = \frac{1}{h}\int_A u dA = \frac{1}{h}\int_0^h 5.57\sqrt{ghi}\ \lg\left(30\frac{y}{\Delta}\right)dy$$

$$= 5.57\sqrt{ghi}\ \lg\left(30\frac{h}{\Delta}\right) - 2.5\sqrt{ghi}$$

即

$$v = u_f - 2.5\sqrt{ghi} \tag{6.18}$$

将式（6.16）与式（6.18）相减，得

$$u - v = 5.75\sqrt{ghi}\ \lg\left(30\frac{y}{\Delta}\right) - 5.57\sqrt{ghi}\ \lg\left(30\frac{y}{\Delta}\right) + 2.5\sqrt{ghi}$$

$$= \sqrt{ghi}\left(2.5 + 5.75\lg\frac{y}{h}\right) \tag{6.19}$$

当 $u = v$ 时，此时 $y = \bar{h}$（$\bar{h}$ 为平均水深），代入式（6.19）得

$$2.5 + 5.75\lg\frac{\bar{h}}{h} = 0, \qquad \frac{\bar{h}}{h} = 0.367$$

则

$$\bar{h} = 0.367h$$

或

$$h - \bar{h} = 0.633h$$

因此，在明渠流紊流运动中，常采用液面以下 $0.6h$ 处的流速作为断面垂线的平均速度。

根据对明渠紊流运动的实验及量纲分析，可以得到速度分布规律的一组曲线，如图 6.6 所示。曲线方程的一般表达式为

$$\frac{u}{u_{\max}} = \left(\frac{y}{h}\right)^{1/n} \tag{6.20}$$

式（6.20）中的指数 $\frac{1}{n}$ 随雷诺数增加而减小，当雷诺数高到 5×10^3 时，n 值等于 7。由实验得知，当 $n = 1.25 \sim 2$ 时，液流是层流运动；当 $n = 2 \sim 7$ 时，是紊流运动。一般生产实践中 $n = 2 \sim 4$。

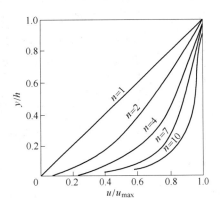

图 6.6 明渠紊流速度分布随 n 值变化关系

由式（6.20）得到液流平均速度为

$$v = \frac{Q}{h} = \frac{1}{h}\int_0^h u_{\max}\left(\frac{y}{h}\right)^{\frac{1}{n}}\mathrm{d}y$$

$$= \frac{u_{\max}}{h}\int_0^h \left(\frac{y}{h}\right)^{\frac{1}{n}}\mathrm{d}y = \frac{1}{1+n}u_{\max} \tag{6.21}$$

式（6.21）说明平均速度与最大速度的关系是随 n 值不同而变化的，当 n 值逐渐加大时，雷诺数就越大，即紊动强度越大，明渠紊流的速度分布越趋于均匀化。

6.3 明渠的水力最佳断面

6.3.1 水力最佳断面尺寸的确定

明渠的输水能力，取决于渠底坡度、渠槽的粗糙系数、断面形式及其尺寸。一般来讲，渠底坡度是由生产实践的具体情况而定的，粗糙系数则取决于所用的渠槽材料。在渠底坡度和粗糙系数一定的前提下，明渠的过流能力仅与断面形式及其尺寸有关。因此，把当明渠渠底坡度一定、过流断面积一定时，所能获得的最大流速即通过最大流量时的那个断面，或者说，当流量一定，所需最小的过流断面，称为水力最佳断面。

应用式（6.4）$Q = Ac\sqrt{Ri}$，并认为蔡西系数 c 是水力半径 R 和粗糙系数 n 的函数 $[c = f(R, n)]$ 时，在相同的 A、n 和 i 值下，最大流量发生于水力半径 R 最大时。又因 $R = \frac{A}{\chi}$，水力半径最大时所对应的湿周为最小。因此，当断面积一定时，湿周最小的那个断面

是水力最佳断面。由几何学可知，面积一定时，湿周最小的断面是圆，因而明渠水力最佳断面是半圆。在生产实践中，圆形的明渠断面在材料加工与施工技术上有一定困难，因此应用较少，一般多应用梯形与矩形的断面。

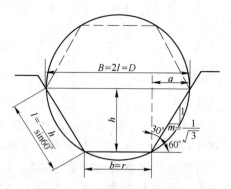

图 6.7 梯形水力最佳断面

设有一梯形过流断面的明渠，底宽 b，水深 h，边坡系数为 m，如图 6.7 所示。渠底坡度 i_b 与粗糙系数一定，为使这个断面成为水力最佳断面，确定其水力最佳尺寸，即过流断面的底宽和水深二者的关系，计算如下。

梯形断面面积
$$A = (b + mh)h \tag{6.22}$$

湿周
$$\chi = b + 2h\sqrt{1 + m^2} \tag{6.23}$$

由式（6.22）得 $b = \dfrac{A}{h} - mh$，代入（6.23），得

$$\chi = \frac{A}{h} - mh + 2h\sqrt{1 + m^2}$$

由水力最佳断面的条件，需要确定湿周 χ 的最小值，即

$$\frac{\mathrm{d}\chi}{\mathrm{d}h} = 0$$

亦即
$$\frac{\mathrm{d}\chi}{\mathrm{d}h} = -\frac{A}{h^2} - m + 2\sqrt{1 + m^2} = 0$$

因而过流断面面积为

$$A = (2\sqrt{1 + m^2} - m)h^2 = \alpha h^2 \tag{6.24}$$

式中 α——系数，$\alpha = 2\sqrt{1 + m^2} - m$。

将式（6.24）代入式（6.22），经简化变形得

$$b = 2h(\sqrt{1 + m^2} - m) \tag{6.25}$$

令
$$\frac{b}{h} = 2(\sqrt{1 + m^2} - m) = \beta \tag{6.26}$$

式中 β——梯形断面水力最佳的相对宽度。

由式（6.26）知，$\beta = f(m)$，即 β 值随 m 值变化，要获得梯形水力最佳断面，应使底宽与水深之比值恰好等于 β。当 m 值一定时，β（等于 $\dfrac{b}{h}$）为一定值。为确定梯形最佳水力断面之边坡系数 m，将式（6.25）代入式（6.23）得

$$\chi = b + 2h\sqrt{1 + m^2} = 2h(\sqrt{1 + m^2} - m) + 2h\sqrt{1 + m^2} = 2h(\sqrt{1 + m^2} - m)$$

因为水力最佳断面，湿周 χ 应为最小值，对上式微分，$\dfrac{\mathrm{d}\chi}{\mathrm{d}m} = 0$

则
$$2 \times \frac{1}{2} \times (1 + m^2)^{\frac{1}{2} - 1} \times 2m - 1 = 0$$

$$\frac{2m}{\sqrt{1 + m^2}} - 1 = 0$$

$$m = \frac{1}{\sqrt{3}} = \tan 30°$$

即梯形水力最佳断面之斜边 l 与水平面成 $60°$ 角（见图 6.7）。

以 $m = \frac{1}{\sqrt{3}}$ 代入式（6.25）得

$$b = 2h \left[\sqrt{1 + \left(\frac{1}{\sqrt{3}} \right)^2} - \frac{1}{\sqrt{3}} \right] = \frac{2}{\sqrt{3}} h \qquad (6.27)$$

$$\tan 30° = \frac{a}{h}, \qquad a = \frac{1}{\sqrt{3}} h$$

$$l = \sqrt{a^2 + h^2} = \frac{2}{\sqrt{3}} h = b$$

由上式可见，梯形水力最佳断面的斜边长 l 与底宽 b 相等，亦即梯形水力最佳断面是正六边形的一半。

梯形水力最佳断面的水力半径为

$$R = \frac{A}{\chi} = \frac{(b + mh)h}{b + 2h\sqrt{1 + m^2}} \qquad (6.28)$$

将式（6.25）中的 b 代入式（6.28）化简得

$$R = \frac{h}{2} \qquad (6.29)$$

即明渠梯形水力最佳断面的水力半径等于水深的一半。这一结论对任何形状的水力最佳断面（如半圆、矩形等）都是适用的。

为了便于选择梯形水力最佳断面尺寸，表 6.6 根据不同的 m 值算出了相应的 α、β 值。由表 6.6，当 $m = 0$ 时，梯形水力最佳断面成为矩形，此时 $\beta = \frac{b}{h} = 2(\sqrt{1 + m^2} - m) = 2$，即矩形水力最佳断面之宽度 b 等于其水深 h 的两倍。

表 6.6　梯形水力最佳断面的 α、β 值

m	0	0.25	0.5	0.75	1.0	1.25	1.5	1.75	2.0	3.0
α	2.00	1.81	1.74	1.75	1.83	1.95	2.11	2.28	2.47	3.32
β	2.00	1.56	1.24	1.00	0.83	1.70	0.61	0.53	0.47	0.32

注：$\alpha = 2\sqrt{1 + m^2} - m$，$\beta = \frac{b}{h} = 2(\sqrt{1 + m^2} - m)$。

应当指出，水力最佳断面是仅从断面的过流性质为最佳来考虑的断面，是狭义的。在生产实践中往往要求的是经济最佳断面。经济最佳断面是从实际可能情况出发，从技术条件、经济效益考虑的断面，是广义的。一般来讲，对宽度不大，水深又比较小的明渠流，其经济最佳与水力最佳较为接近，而对于大断面的明渠，如当 $m \geq 1$ 时，m/b 值小，即断面较窄较深时，其水力最佳常常不是经济最佳。

6.3.2　水力计算的基本类型

在进行明渠的水力计算时，渠槽的边坡系数 m 与粗糙系数 n 通常是已知的。明渠流计算一般有以下三种类型。

（1）给定渠底坡度 i_b，并已知渠槽过流断面尺寸 b 和 h，求过流能力 Q。

解决这类问题是先求出水力要素 A、χ、R 和蔡西系数 c，然后按式（6.4）求得流量 $Q = cA\sqrt{Ri}$。

（2）给定流量 Q，并已知断面的尺寸 b 和 h，求渠底坡度 i_b。

同样先求出水力要素 A、χ、R 和蔡西系数 c，按式（6.4）求得底坡 i_b。

（3）给定流量 Q 及渠底坡度 i_b，求断面尺寸 b 和 h。

在用式（6.4） $Q = cA\sqrt{Ri} = K\sqrt{i}$ 解决这类问题时，因有两个未知数，可有较多的 b 和 h 值都满足这个方程。因此，常把第三类问题分两种情况予以解决。

（1）先给定一个值 h（或 b），设任意值 b（或 h），按式（6.4）用试算法算出一个 Q_c，如算出的 Q_c 值等于已知的 Q，则设计的 b（或 h）即为所求；否则重新设定 b（或 h）再算 Q_c，直到计算的 Q_c 和已知给定的 Q 相等为止。一般经过 3、4 次计算之后，即能得到满意解答。

（2）假定比值 $\beta = \dfrac{b}{h}$，设任意值 h_1、h_2、$\cdots$，求出 $b_1 = \beta h_1$、$b_2 = \beta h_2$、$\cdots$，按式（6.4）计算流量与已知流量进行比较，用选择法或借助曲线 $K = f(h)$ 或 $Q = f(h)$，求出满足已知流量时的水深 h 值。

[**例题 6.2**]　已知明渠过流量 $Q = 0.2\text{m}^3/\text{s}$，渠底坡度 $i_b = 0.005$，边坡系数 $m = 1.0$，粗糙系数 $n = 0.012$，断面为梯形，确定水力最佳断面尺寸 b 和 h。

[**解**]　求流量模数

$$K = \frac{Q}{\sqrt{i}} = \frac{0.2}{\sqrt{0.005}} = 0.28\text{m}^3/\text{s}$$

当 $m = 1.0$ 时，由表 6.6 查得梯形水力最佳断面时的 $\alpha = 1.83$、$\beta = 0.83$，按式（6.24）、式（6.26）和式（6.29）计算得

$$A = \alpha h^2 = 1.83h^2$$

$$b = 2h(\sqrt{1 + m^2} - m) = \beta h = 0.83h$$

$$R = \frac{h}{2}$$

因为 $K = cA\sqrt{R}$，采用试算法，假定一水深 h，计算相应的 K 值，并把计算的 K 值与已知的流量模数值 $K = 2.8\text{m}^3/\text{s}$ 比较，计算结果列于表 6.7。

表 6.7　明渠水深与流量模数计算表

h /m	$b = 0.83h$ /m	$A = 1.83h^2$ /m²	$R = \dfrac{h}{2}$ /m	蔡西系数 c（按巴甫洛夫斯基公式）	$K_D = cA\sqrt{R}$ /m³·s⁻¹
0.20	0.166	0.0732	0.100	66.6	1.54
0.25	0.208	0.115	0.125	68.7	2.76
0.30	0.249	0.165	0.150	70.5	4.50

由表 6.7 可见，$h = 0.25\text{m}$ 时，计算的流量模数 $K_\text{D} \approx K$。或将表 6.7 计算结果画成水深与流量模数曲线，如图 6.8 所示。沿横坐标取 $K = 2.8$ 时，相应纵坐标 $h = 0.25\text{m}$ 即为所求。因而此梯形水力最佳断面尺寸为

$$h = 0.25\text{m}, \qquad b = 0.83h = 0.20\text{m}$$

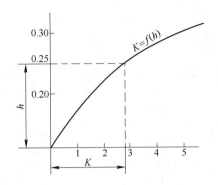

图 6.8 明渠水深与流量模数计算关系曲线

6.4 堰 流

6.4.1 堰流的基本概念

在生产实践中，有时为要拦截液流以抬高水头，而又在一定时候能予以排除，常需修建溢流设施，以满足既能蓄又能泄的要求，这种装置称为堰。大孔口出流如果对溢流不起控制作用时，液流只从孔口侧壁与下缘通过，此时液面是连续的，那么它也可以认为是堰，这种液流称为堰流，如图 6.9 所示。

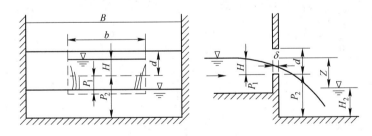

图 6.9 堰流

H—堰前水头；Z—堰前后水头差；P_1—堰前槛高度；P_2—堰后槛高度（有时 $P_1 = P_2 = P$）；

B—堰槽平均宽度；b—堰口液流宽度；δ—堰顶宽度；H_2—堰后水头

由图 6.9 可见，当液流与堰口上缘相接触后，此时液面呈不连续，即形成孔口出流。因此，孔口出流与堰流在一定条件下是可以互相转化的。根据实验：

$$d/h \leqslant 0.65 \qquad 为孔口出流$$

$$d/h > 0.65 \qquad 为堰流$$

堰流装置的主要作用是抬高水头造成集中落差，即将势能转换成为液流运动的动能。

与孔口出流一样，液流经堰顶出流的急变流运动是在很短距离内局部地区引起的。因此，堰流的阻力损失主要是局部水头损失，而沿程摩阻往往忽略不计。

堰的种类与形式名目繁多，最常用的有薄壁堰（$\delta < 0.67H$）、实用堰（$0.67H < \delta < 2.5H$）以及宽顶堰（$2.5H < \delta < 10H$）。因明渠出流能力的测定及实验室中的测流设备常采用薄壁堰，故本节专门予以介绍，而在有些大型工程的溢流设施中，常采用实用堰及宽顶堰，这方面内容可参阅有关资料。

6.4.2　矩形薄壁堰自由出流

堰流计算主要是解决过流能力问题，亦即建立堰上水头和流量之间的关系式。

图 6.10 所示为一无侧壁收缩（即 $B = b$）的矩形薄壁堰的自由出流。

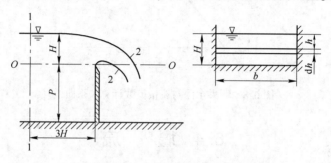

图 6.10　矩形薄壁堰

假设堰前的行进流速是均匀的、平行的，流线是水平的，水舌的压强是大气压强。以通过堰顶的水平线 $O—O$ 为基准，列堰前 1—1 面与堰上过流断面 2—2 的伯努利方程，即

$$H + \frac{p_1}{\gamma} + \frac{v_1^2}{2g} = \frac{p_2}{\gamma} + \frac{v_2^2}{2g} + \zeta \frac{v^2}{2g}$$

因 $\dfrac{p_1}{\gamma} = \dfrac{p_a}{\gamma}$，$\dfrac{p_2}{\gamma} = \dfrac{p_a}{\gamma}$，行进流速以 v_0 表示，以 v 代换过堰流速 v_2

则

$$H + \frac{v_0^2}{2g} = \frac{v^2}{2g}(1 + \xi)$$

故

$$v = \frac{1}{\sqrt{1 + \xi}} \sqrt{2g\left(H + \frac{v_0^2}{2g}\right)} = \varphi \sqrt{2g\left(H + \frac{v_0^2}{2g}\right)} \tag{6.30}$$

式中　φ——堰流流速系数。

从堰口宽 b、水头为 H 的堰流中，在液面下深 h 处，取一微元面积 $dA = bdh$，通过此微元面积的流量为

$$dQ = vdA = \varphi b \sqrt{2g\left(h + \frac{v_0^2}{2g}\right)} dh$$

因侧壁无收缩，即 $\varepsilon = 1.0$，故 $\varphi = \dfrac{\mu}{\varepsilon} = \mu$

则通过整个堰口的流量为

$$Q = \int dQ = \mu b \sqrt{2g} \int_0^h \left(h + \frac{v_0^2}{2g}\right) dh$$

$$= \frac{2}{3}\mu b \sqrt{2g}\left[\left(H + \frac{v_0^2}{2g}\right)^{3/2} - \left(\frac{v_0^2}{2g}\right)^{3/2}\right]$$

因 $\left(\dfrac{v_0^2}{2g}\right)^{3/2}$ 数值较小，可忽略不计，并令

$$H_0 = H + \frac{v_0^2}{2g}$$

式中　H_0——考虑行进流速的堰上水头，即作用水头。

则堰流量为

$$Q = \frac{2}{3}\mu b \sqrt{2g} H_0^{3/2} = mb \sqrt{2g} H_0^{3/2} \tag{6.31}$$

当不考虑行进流速时，则

$$Q = mb \sqrt{2g} H^{3/2} \tag{6.32}$$

式中　m——矩形堰流量系数，$m = \dfrac{2}{3}\mu$。

式（6.31）、式（6.32）即为矩形薄壁堰自由出流计算理论推导的基本关系式，它对于实用堰、宽顶堰均适用。

矩形堰流量系数的大小，由堰的形式、侧壁收缩情况、作用水头等而定。根据实验，无侧壁收缩的矩形薄壁堰的经验公式有：

（1）费兰西斯（J. B. Francis）公式

$$Q = 1.838b H^{3/2} \quad \mathrm{m^3/s} \tag{6.33}$$

式（6.33）为不考虑堰槛高度的影响时流量计算公式，如考虑堰槛高度 P 时，则

$$Q = 1.838b H^{3/2}\left[1 + 0.39\left(\frac{H}{H + P}\right)^2\right] \quad \mathrm{m^3/s} \tag{6.34}$$

（2）巴生公式

$$Q = \left(0.405 + \frac{0.0027}{H}\right)\left[1 + 0.55\left(\frac{H}{H + P}\right)^2\right]b \sqrt{2g} H^{3/2} \quad \mathrm{m^3/s} \tag{6.35}$$

习 题 6

6.1　一刨光矩形木质明渠，底宽 $b = 0.5\mathrm{m}$，渠底坡度 $i_\mathrm{b} = 0.0005$，水深为 $h = 0.2\mathrm{m}$，求过流能力 Q 及断面平均流速 v。

6.2　试求流量 $Q = 3.5\mathrm{L/s}$，坡度 $i = 0.0055$ 的金属集流暗管的直径及管内流速。

6.3　证明梯形水力最佳断面的两边和底边共圆。

6.4　梯形断面明渠，已知 $Q = 0.2\mathrm{m^3/s}$，$i = 0.0001$，$m = 1.0$，$n = 0.02$，求水力最佳断面尺寸。

6.5　矩形混凝土明渠，已知 $Q = 0.1\mathrm{m^3/s}$，$i = 0.0001$，设计水力最佳断面。

6.6　在矩形明渠流中有一矩形薄壁堰自由出流，已知该堰无侧壁收缩，堰宽 $b = 1.5\mathrm{m}$，不考虑堰槛高度的影响，试求堰上水头 H 为 $0.3\mathrm{m}$ 时的过堰流量。

6.7　在矩形明渠流的末端有一矩形薄壁堰自由溢流，已知堰口与渠槽同宽 $B = b = 1.0\mathrm{m}$，堰槛高 $0.2\mathrm{m}$，试求堰上水头 H 为 $0.2\mathrm{m}$ 时的过堰流量。

7 渗流力学基础

渗流现象普遍存在于自然界和人造材料中。渗流力学在许多应用科学和工程技术领域有着广泛的应用，如土壤力学、地下水水文学、石油工程、矿业工程、环境工程、地热工程、给水工程、化工和微机械等。此外，在国防工业中，如航空航天工业中的发热冷却、核废料的处理以及防毒面罩的研制等都涉及渗流力学问题。本章内容包括渗流的基本概念、渗流的基本定律、单相液体渗流、两相渗流基本知识。要求理解孔隙度、渗透率、渗透系数、流体饱和度、相对渗透率等概念，了解多孔介质的特性、渗流数学模型、非稳态渗流数学模型，掌握达西定律、渗透率或渗透系数的确定、稳态渗流数学模型的解，重点掌握渗透率或渗透系数的确定。为运用渗流力学知识解决实际问题提供理论和实践依据。

7.1 渗流的基本概念

7.1.1 渗流和渗流力学

渗流是流体通过多孔介质的流动。渗流力学就是研究流体在多孔介质中的流动规律的科学。渗流力学是流体力学的一个重要分支，是流体力学与多孔介质理论、表面物理、物理化学以及生物学交叉渗透而发展起来的一门学科。

渗流具有以下特点：

（1）多孔介质单位面积孔隙的表面积比较大，表面作用明显，任何时候都必须考虑黏性作用；

（2）在地下渗流中往往压力较大，因而通常要考虑流体的压缩性；

（3）渗流孔道形状复杂、阻力大、毛管力作用较普遍，有时还要考虑分子力；

（4）往往伴随有复杂的物理化学变化过程。

渗流力学是一门既有较长历史又年轻活跃的科学。从达西定律的出现至今已过去一个半世纪，20世纪，石油工业的崛起极大地推动了渗流力学的发展。随着相关科学技术的发展，如高性能计算机的出现，核磁共振、CT扫描成像以及其他先进试验方法用于渗流，又将渗流力学大大推进了一步。近年来，随着非线性力学的发展，将交叉、混沌以及分形理论用于渗流，更使渗流力学的发展进入一个全新的阶段。

7.1.2 多孔介质及孔隙性

7.1.2.1 多孔介质的定义

简单说来，多孔介质是指含有大量空隙的固体，也就是说，是指固体材料中含有孔隙、微裂缝等各种类型毛细管体系的介质。由于是从渗流的角度定义多孔介质，还需规定从介质一侧到另一侧有若干连续的通道，并且孔隙和通道在整个介质中有着广泛的分布。

概括起来，可用以下几点来描述多孔介质：

（1）多孔介质（或多孔材料）是多相介质占据一块空间，其中固相部分称为固体支架，而未被固相占据的部分空间称为孔隙。孔隙内可以是气体或者液体，也可以是多相流体。

（2）固相应遍布整个介质，孔隙亦应遍布整个介质。就是说，在介质中取一适当大小的体元，该体元内必须有一定比例的固体颗粒和孔隙。

（3）孔隙空间应有一部分或大部分是相互连通的，且流体可在其中流动，这部分孔隙空间称为有效孔隙空间，而不连通的孔隙空间或虽然连通但属于死端孔隙的这部分空间是无效孔隙空间。对于流体通过孔隙的流动而言，无效孔隙空间实际上可视为固体骨架。

7.1.2.2 多孔介质的种类

地层中多孔介质的内部空间结构有很多种，若按其内部空间结构特点可分为三种介质，即单纯介质、双重介质和多重介质。其中，单纯介质包括：粒间孔隙结构、纯裂缝结构和纯溶洞结构。

（1）粒间孔隙结构。这种结构是由大小及形状不同的颗粒组成，颗粒之间被胶结物填充，由于胶结不完全，在颗粒之间便形成了孔隙，成为储集流体的空间和流动的通道，如图 7.1 所示。

（2）纯裂缝结构。这种结构一般存在于致密的碳酸盐岩层中，裂缝是储存流体的空间和通道，如图 7.2 所示。

图 7.1　粒间孔隙结构

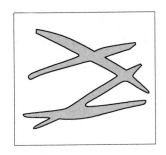

图 7.2　纯裂缝结构

（3）纯溶洞结构。这种结构多存在于碳酸盐岩层中，严格地讲，在溶洞中的流动已不属于渗流范畴，其流动规律应遵循纳维尔-斯托克斯方程。

7.1.2.3 多孔介质的孔隙性

A　孔隙度的概念

多孔介质的孔隙结构为流体的储存和流动提供了空间，一般用孔隙度来表征多孔介质的孔隙性。

多孔介质的总体积 V_b（外表体积、视体积）是由孔隙体积 V_p 及固相颗粒体积（基质体积）V_s 两部分组成，即

$$V_b = V_p + V_s \tag{7.1}$$

孔隙度 ϕ 是指多孔介质中孔隙体积 V_p 与多孔介质总体积 V_b 的比值：

$$\phi = \frac{V_p}{V_b} \times 100\% \tag{7.2}$$

$$\phi = \frac{V_b - V_s}{V_b} \times 100\% = \left(1 - \frac{V_s}{V_b}\right) \times 100\% \tag{7.3}$$

B   不同孔隙度的概念

岩石的微毛管孔隙和孤立的孔隙对流体储集是毫无意义的，只有那种既能储集流体，又能让流体渗流通过的连通孔隙才更具有实际意义。因此，根据实际工程应用的需要，引出了不同孔隙度的概念。

根据孔隙的连通状况可分为连通孔隙（敞开孔隙）和不连通孔隙（封闭孔隙）。参与渗流的连通孔隙为有效孔隙，不参与渗流的则为无效孔隙。因此，又可将孔隙度分成绝对孔隙度、连通孔隙度、有效孔隙度。

（1）绝对孔隙度 ϕ_a。绝对孔隙度是指岩石的总孔隙体积 V_a 与岩石外表体积 V_b 之比，即

$$\phi_a = \frac{V_a}{V_b} \times 100\% \tag{7.4}$$

（2）连通孔隙度 ϕ_c。连通孔隙度是指岩石中相互连通的孔隙体积 V_c 与岩石总体积 V_b 之比，即

$$\phi_c = \frac{V_c}{V_b} \times 100\% \tag{7.5}$$

（3）有效孔隙度 ϕ_e。有效孔隙度是指岩石中流体体积 V_e 与岩石总体积 V_b 之比。岩石的有效孔隙度仅是连通孔隙度中的一部分。

$$\phi_e = \frac{V_e}{V_b} \times 100\% \tag{7.6}$$

由上述分析不难理解，绝对孔隙度 ϕ_a、连通孔隙度 ϕ_c 以及有效孔隙度 ϕ_e 的关系应该是 $\phi_a > \phi_c \geq \phi_e$。

7.1.3   多孔介质的压缩性

严格地讲，任何物质都有弹性，都可以被压缩，具有一定孔隙性的多孔介质也是如此。例如：岩石是多孔介质，岩石颗粒受到外界压力挤压变形，会导致排列更加紧密，从而孔隙体积缩小。

一般用岩石的弹性压缩系数 C_f 表示其弹性状态

$$C_f = \frac{\dfrac{dV_p}{V_p}}{dp} \tag{7.7}$$

其中

$$\frac{dV_p}{V_p} = \frac{d\phi}{\phi} \tag{7.8}$$

则

$$C_f = \frac{1}{\phi}\frac{d\phi}{dp} \tag{7.9}$$

式中　C_f——岩石的压缩系数，一般为$(1\sim2)\times10^{-4}\mathrm{MPa}^{-1}$；

　　　V_p——孔隙体积。

7.2　渗流的基本定律

流体在孔隙介质中流动时，由于黏性作用，必然存在能量损失。达西在 1852~1855 年间通过大量试验研究，总结得出渗流能量损失与渗流速度之间的基本关系，后人称之为达西定律，是渗流理论中最基本的关系式。

7.2.1　达西定律及渗透率

达西实验装置如图 7.3 所示。在上端开口的直立圆筒侧壁上装有两支测压管，在距筒底以上一定距离处，安装一滤板 C，上盛有均质砂土，水由上端注入圆筒，并通过溢水管 B 保持筒内水位恒定，渗流过砂体的水由短管 T 流入容器 V 中，并以此来计算渗流量。

经一定时间后，当由上端流入流量与 T 管流出流量相等，测压管中水面恒定时，则筒中呈恒定渗流。由于渗流流速极其微小，所以流速水头可忽略不计。因此，总水头即等于测压管水头，水头损失 h_w 即等于两断面间测压管水头差，即

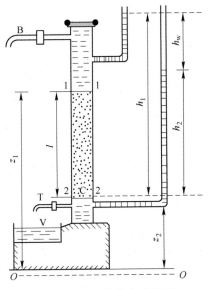

图 7.3　达西定律实验装置

$$h_w = h_1 - h_2 \tag{7.10}$$

$$h_1 = z_1 + \frac{p_1}{\rho g} + \frac{v_1^2}{2g} \tag{7.11}$$

$$h_2 = z_2 + \frac{p_2}{\rho g} + \frac{v_2^2}{2g} \tag{7.12}$$

水力坡度 J 可以用测压管水头坡度来表示，即

$$J = \frac{h_w}{l} = \frac{h_1 - h_2}{l} = \frac{(z_1 - z_2) + \dfrac{p_1 - p_2}{\rho g}}{l}$$

$$= \frac{l + \dfrac{p_1 - p_2}{\rho g}}{l} = 1 + \frac{p_1 - p_2}{l\rho g} \tag{7.13}$$

式中，l 为过流断面 1—1、2—2 之间的距离；h_w 为上述两断面间的水头损失；h_1、h_2 分别为断面 1—1、2—2 的测压管水头。

达西分析了大量的实验资料，认为圆筒内的渗流量 Q 与圆筒断面面积 A 和水力坡度 J 成正比，并与土壤的渗流性能有关，建立了如下关系式：

$$Q = kAJ \qquad (7.14)$$

式中，k 为渗透系数，是反映孔隙介质渗透性能的一个综合系数，具有速度量纲。

渗流的断面平均流速

$$v = \frac{Q}{A} = kJ = k\left(1 + \frac{p_1 - p_2}{\rho g l}\right) = k\left(\frac{\rho g + \dfrac{p_1 - p_2}{l}}{\rho g}\right) \qquad (7.15)$$

实验表明：渗透系数 k 与流体重度 ρg 成正比，与流体黏度 μ 成反比，用 K 作比例系数，即

$$k = \frac{K\rho g}{\mu} \qquad (7.16)$$

K 称为渗透率，只与多孔介质本身的结构特性有关，具有长度平方量纲。

由式（7.16）和式（7.15），得到达西定律为

$$v = \frac{K}{\mu}\left(\frac{p_1 - p_2}{l} + \rho g\right) = \frac{K}{\mu}\left(\frac{\partial p}{\partial z} + \rho g\right) \qquad (7.17)$$

若砂层水平放置，则忽略重力影响，达西定律简化为

$$Q = Av = A\frac{K}{\mu}\frac{p_1 - p_2}{l} = A\frac{K}{\mu}\frac{\mathrm{d}p}{\mathrm{d}x} \qquad (7.18)$$

可见流量 Q 与压差呈线性关系，故达西定律也称为线性渗流定律。在相同压差和截面积渗流的前提下，影响阻力的因素两个方面，一是流体物性即黏度，另一个方面是多孔介质的物性，即渗透率。

7.2.2 达西定律适用范围

达西定律是通过均质砂土系统实验而归纳出来的基本规律，必有其相应的适用范围。由达西定律可知，渗流的水头损失和流速一次方成正比，这就是流体做层流运动所遵循的规律，由此可见达西定律只能适用于层流渗流或者线形渗流。凡是超出达西定律适用范围的渗流，统称为非达西渗流。

当渗流速度增大到一定值之后，除产生黏滞阻力外，还会产生惯性阻力，此时流量与压差不再是线性关系，这个渗流速度值就是达西定律的临界渗流速度（图 7.4 中曲线 1）。若超过此临界渗流速度，流动由线性渗流转变为非线性渗流，达西定律也不再适用。图中压力梯度超过 b，则为非达西流。

对于低渗致密岩石，在低速渗流时，由于流体与岩石之间存在吸附作用，或在黏土矿物表面形成水化膜，当压力梯度很低时，流体不流动，因而存在一个启动压力梯度（图 7.4 中 a 点）。

7.2.3 渗透率或渗透系数的确定

渗透系数 k 是综合反映多孔介质渗透能力的一个指标，其数值的正确确定对渗透计算有着非常重要的意义。影响渗透系数大小的因素很多，主要取决于多孔介

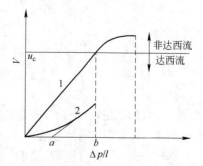

图 7.4 压力梯度与渗流速度的关系

质颗粒的形状、大小、不均匀系数和流体的黏滞性等，要建立计算渗透系数 k 的精确理论公式比较困难，通常可通过试验方法或经验估算法来确定 k 值。

（1）实验室测定法。实验室测得水头损失和流量，再利用理论公式反求渗透系数或渗透率。

（2）现场测定法。现场钻井，注、抽流体，测定流量、水头等数值，再利用理论公式反求渗透系数或渗透率。由式（7.18）可得：$K = \dfrac{Q\mu L}{A\Delta p}$，从而可以求得渗透率。

（3）经验法。在有关各种手册或规范中，都列有各类土壤的渗透系数值或计算公式，大都是经验性的，各有其局限性，只可作粗略估算时用。现将各类土壤的渗透系数 k 值列于表 7.1，供参考。

表 7.1　土壤的渗透系数参考值

土壤名称	渗透系数 k 值		土壤名称	渗透系数 k 值	
	m/d	cm/s		m/d	cm/s
黏　土	<0.005	$<6\times10^{-6}$	粗　砂	$20\sim50$	$2\times10^{-2}\sim6\times10^{-2}$
亚黏土	$0.005\sim0.1$	$6\times10^{-6}\sim1\times10^{-4}$	均质粗砂	$60\sim75$	$7\times10^{-2}\sim8\times10^{-2}$
轻亚黏土	$0.1\sim0.5$	$1\times10^{-4}\sim6\times10^{-4}$	圆　砾	$50\sim100$	$6\times10^{-2}\sim1\times10^{-1}$
黄　土	$0.25\sim0.5$	$3\times10^{-4}\sim6\times10^{-4}$	卵　石	$100\sim500$	$1\times10^{-1}\sim6\times10^{-1}$
粉　砂	$0.5\sim1.0$	$6\times10^{-4}\sim1\times10^{-3}$	无填充物卵石	$500\sim1000$	$6\times10^{-1}\sim1\times10$
细　砂	$1.0\sim5.0$	$1\times10^{-3}\sim6\times10^{-3}$	稍有裂缝卵石	$20\sim60$	$2\times10^{-2}\sim7\times10^{-2}$
中　砂	$5.0\sim20.0$	$6\times10^{-3}\sim2\times10^{-2}$	裂缝多的卵石	>60	$>7\times10^{-2}$
均质中砂	$35\sim50$	$4\times10^{-2}\sim6\times10^{-2}$			

[**例题 7.1**]　在两个容器之间，连接一条水平放置的方管，如图 7.5 所示，边长均为 $a = 20\text{cm}$，长度 $l = 100\text{cm}$，管中填满粗砂，其渗透系数 $k = 0.05\text{cm/s}$，已知容器水深 $H_1 = 80\text{cm}$，$H_2 = 40\text{cm}$，求通过管中的流量。若管中后一半换为细砂，渗透系数 $k = 0.005\text{cm/s}$，求通过管中的流量。

[**解**]　（1）管中填满粗砂时，由式（7.14）

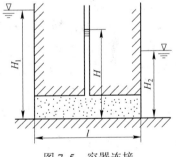

图 7.5　容器连接

$$Q = kAJ$$

其中 $A = a^2$，$J = \dfrac{H_1 - H_2}{l}$，得

$$Q = ka^2\frac{H_1 - H_2}{l}$$

$$= 0.05 \times 20^2 \times \frac{80 - 40}{100} = 8\text{cm}^3/\text{s} = 0.008\text{L/s}$$

（2）前一半为粗砂，$k_1 = 0.05\text{cm/s}$，后一半为细砂 $k_2 = 0.005\text{cm/s}$，设管道中点过流断面上的测压管水头为 H，则由式（7.14）可知，通过粗砂段和细砂段的渗透流量分别为

$$Q_1 = k_1 \frac{H_1 - H}{0.5l} A$$

$$Q_2 = k_2 \frac{H - H_2}{0.5l} A$$

由连续原理得 $Q_1 = Q_2$，即

$$k_1 \frac{H_1 - H}{0.5l} A = k_2 \frac{H - H_2}{0.5l} A$$

解得

$$H = \frac{k_1 H_1 + k_2 H_2}{k_1 + k_2} = \frac{0.05 \times 80 + 0.005 \times 40}{0.05 + 0.005} = 76.36 \text{cm}$$

渗透流量：

$$Q = Q_1 = k_1 \frac{H_1 - H}{0.5l} A = 0.05 \times \frac{80 - 76.36}{0.5 \times 100} \times 20^2$$

$$= 1.456 \text{cm}^3/\text{s}$$

7.3   单相液体渗流

研究渗流力学问题的方法一般分为四步（图 7.6）：

（1）对复杂的实际问题进行合理的抽象和简化，建立比较理想的物理模型；

（2）对物理模型建立相应的数学模型；

（3）对数学模型求解；

（4）把求得的理论结果应用到实际问题中去，在应用过程中找到理论结果与实际问题的差距，进一步修正已建立的物理模型和数学模型，使之更接近实际问题。

重复进行第一步到第四步。每一次重复进行的过程都是对实际问题不断深入的过程，以期得到最佳的结果。

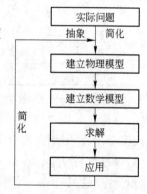

图 7.6   研究渗流力学
问题的一般步骤

7.3.1   渗流数学模型的建立

用数学的语言综合表达渗流过程中全部力学现象与物理化学现象的内在联系和一般运动规律的方程（或方程组），称为渗流的数学模型。完整的数学模型包括两部分：一是基本微分方程式；二是定解条件。因为渗流的数学模型描述的是渗流过程的基本规律，所以建立基本微分方程式必须考虑以下几方面的因素：

（1）质量守恒定律是自然界的一般规律，因此基本微分方程式的建立必须以表示物质守恒的连续性方程为基础。

（2）渗流过程是流体运动的过程，因此必然受运动方程的支配。

（3）渗流过程又是流体和岩石的状态不断改变的过程，所以需要建立流体和岩石的状态方程。

（4）在渗流过程中，有时伴随发生一些物理化学现象，此时还应建立描述这种特殊现象的特征方程。

7.3.1.1 连续性方程

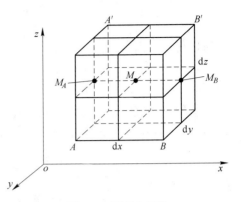

图 7.7 平行六面体

采用无穷小单元体分析法（或称微分法）建立连续性方程。在地层中取一微小的平行六面体 $AA'B'B$ 如图 7.7 所示，其边长分别为 dx、dy、dz，设中心点 M 的质量渗流速度为 $\rho(p)v$，则其在 x、y、z 方向上的分量为 $\rho(p)v_x$、$\rho(p)v_y$、$\rho(p)v_z$，其中 $\rho(p)$ 为液体的密度。

在 x 方向，质点 M_A 的质量分速度为

$$\rho(p)v_x - \frac{\partial[\rho(p)v_x]}{\partial x} \cdot \frac{dx}{2} \tag{7.19}$$

经 dt 时间后流经 AA' 面的质量为

$$\left\{\rho(p)v_x - \frac{\partial[\rho(p)v_x]}{\partial x} \cdot \frac{dx}{2}\right\} dydzdt \tag{7.20}$$

同理 M_B 质点的质量分速度为

$$\rho(p)v_x + \frac{\partial[\rho(p)v_x]}{\partial x} \cdot \frac{dx}{2} \tag{7.21}$$

经 dt 时间后流经 BB' 面的质量为

$$\left\{\rho(p)v_x + \frac{\partial[\rho(p)v_x]}{\partial x} \cdot \frac{dx}{2}\right\} dydzdt \tag{7.22}$$

沿 x 方向在 dt 时间内流体流入与流出平行六面体的质量差则为

$$-\frac{\partial[\rho(p)v_x]}{\partial x}dxdydzdt \tag{7.23}$$

同理，在 y 方向和 z 方向流入和流出平行六面体的质量差分别为

y 方向
$$-\frac{\partial[\rho(p)v_y]}{\partial y}dxdydzdt$$

z 方向
$$-\frac{\partial[\rho(p)v_z]}{\partial z}dxdydzdt$$

由此可以得到，在 dt 时间内流入和流出平行六面体的总的质量差为

$$-\left\{\frac{\partial[\rho(p)v_x]}{\partial x} + \frac{\partial[\rho(p)v_y]}{\partial y} + \frac{\partial[\rho(p)v_z]}{\partial z}\right\} dxdydzdt \tag{7.24}$$

式（7.24）从数量上应等于 dt 时间在平行六面体内流体质量的变化量，具体如下：

六面体的空隙体积为 $\phi dxdydz$

六面体的液体质量为 $\rho(p)\phi dxdydz$

dt 时间内液体质量变化量为

$$\frac{\partial[\rho(p)\phi]}{\partial t}\mathrm{d}x\mathrm{d}y\mathrm{d}z\mathrm{d}t \tag{7.25}$$

所以得到下面等式：

$$-\left\{\frac{\partial[\rho(p)v_x]}{\partial x}+\frac{\partial[\rho(p)v_y]}{\partial y}+\frac{\partial[\rho(p)v_z]}{\partial z}\right\}=\frac{\partial[\rho(p)\phi]}{\partial t} \tag{7.26}$$

对于稳定渗流，流入与流出六面体的流体质量相等，并且流体的密度是一个常数，不随压力改变。故式（7.26）右端为零，即

$$\frac{\partial(\rho v_x)}{\partial x}+\frac{\partial(\rho v_y)}{\partial y}+\frac{\partial(\rho v_z)}{\partial z}=0 \tag{7.27}$$

式（7.27）即为单向液体稳定渗流的连续性方程，它表示了渗流过程所遵循的质量守恒定律。式（7.27）还可写成

$$\nabla\cdot(\rho\boldsymbol{v})=0 \tag{7.28}$$

对于不稳定渗流，由于可压缩液体渗流是一个不稳定的过程，流入的质量与六面体内释放的质量的总和等于流出的质量。即式（7.26）为弱可压缩不稳定渗流的连续性方程。

式（7.26）还可写成

$$-\nabla\cdot[\rho(p)\boldsymbol{v}]=\frac{\partial[\rho(p)\phi]}{\partial t} \tag{7.29}$$

7.3.1.2 运动方程

本章讨论的渗流为线性渗流，运动方程服从达西定律。在直角坐标系中，达西公式的形式为

$$v_x=-\frac{K}{\mu}\frac{\partial p}{\partial x}$$

$$v_y=-\frac{K}{\mu}\frac{\partial p}{\partial y}$$

$$v_z=-\frac{K}{\mu}\frac{\partial p}{\partial z}$$

其统一的矢量形式为

$$\boldsymbol{v}=-\frac{K}{\mu}\nabla p \tag{7.30}$$

7.3.1.3 状态方程

A 液体的状态方程

表示液体弹性状态的主要参数是液体的压缩系数 C_L：

$$C_\mathrm{L}=\frac{-\dfrac{\mathrm{d}V}{V}}{\mathrm{d}p} \tag{7.31}$$

由物理学中已知液体密度 ρ 与质量 m 及体积 V 有关：

$$V = \frac{m}{\rho} \qquad (7.32)$$

对式（7.32）两边微分：

$$\mathrm{d}V = m\mathrm{d}\left(\frac{1}{\rho}\right) = -m\rho^{-2}\mathrm{d}\rho \qquad (7.33)$$

将 V 及 $\mathrm{d}V$ 代入式（7.31）中，得

$$C_{\mathrm{L}} = \frac{\dfrac{\mathrm{d}\rho}{\rho}}{\mathrm{d}p} \qquad (7.34)$$

分离变量并积分：

$$C_{\mathrm{L}}\int_{p_{\mathrm{a}}}^{p}\mathrm{d}p = \int_{\rho_{\mathrm{a}}}^{\rho}\frac{\mathrm{d}\rho}{\rho}$$

$$C_{\mathrm{L}}(p - p_{\mathrm{a}}) = \ln\frac{\rho}{\rho_{\mathrm{a}}}$$

$$\rho = \rho_{\mathrm{a}}\mathrm{e}^{C_{\mathrm{L}}(p-p_{\mathrm{a}})} \qquad (7.35)$$

式（7.35）的指数函数可展开成级数：

$$\mathrm{e}^{C_{\mathrm{L}}(p-p_{\mathrm{a}})} = 1 + C_{\mathrm{L}}(p - p_{\mathrm{a}}) + \frac{C_{\mathrm{L}}^{2}}{2!}(p - p_{\mathrm{a}})^{2} + \cdots \qquad (7.36)$$

由于 C_{L} 是很小的数，故 C_{L} 的平方以上的高次项均可忽略不计，只取前两项，所以

$$\rho = \rho_{\mathrm{a}}\left[1 + C_{\mathrm{L}}(p - p_{\mathrm{a}})\right] \qquad (7.37)$$

式（7.37）即为弱可压缩流体不稳定渗流的密度表达式。对于稳定渗流，流体是不可压缩的，因此密度是一个常数，即为 ρ。

B　岩石的状态方程

用岩石的弹性压缩系数 C_{f} 表示其弹性状态：

$$C_{\mathrm{f}} = \frac{\dfrac{\mathrm{d}V_{\mathrm{p}}}{V_{\mathrm{p}}}}{\mathrm{d}p}$$

式中，V_{p} 为孔隙体积。

$$\frac{\mathrm{d}V_{\mathrm{p}}}{V_{\mathrm{p}}} = \frac{\mathrm{d}\phi}{\phi}$$

$$C_{\mathrm{f}} = \frac{1}{\phi}\frac{\mathrm{d}\phi}{\mathrm{d}p}$$

积分上式，得

$$C_{\mathrm{f}}\int_{p_{\mathrm{a}}}^{p}\mathrm{d}p = \int_{\phi_{\mathrm{a}}}^{\phi}\frac{1}{\phi}\mathrm{d}\phi$$

$$C_{\mathrm{f}}(p - p_{\mathrm{a}}) = \ln\left(\frac{\phi}{\phi_{\mathrm{a}}}\right)$$

$$\phi = \phi_a e^{C_f(p-p_a)} \tag{7.38}$$

式（7.38）展开成级数，并舍去高次项有

$$\phi = \phi_a [1 + C_f (p - p_a)] \tag{7.39}$$

式（7.39）即为弱可压缩流体不稳定渗流的岩石孔隙度表达式。对于稳定渗流，多孔介质是不可压缩的，因此孔隙度是一个常数，即为 ϕ。

7.3.2　稳态渗流数学模型的解

本章所研究的单相液体稳定渗流，其物理模型为：地层是均质、水平、不可压缩且各向同性的；液体是单相、不可压缩且为牛顿流体。同时假设渗流过程等温，无任何物理化学现象发生，稳定渗流且符合达西定律。

前面已经建立了单相液体稳定渗流的数学模型，若求解此数学模型，则需要有具体的定解条件。本节针对两种流动情况分别求解：一是平面单向流，二是平面径向流，将分别给出其压力分布公式和流量公式。

将稳定渗流的运动方程代入到连续性方程中，可得

$$\frac{\partial \left(-\rho \dfrac{K \partial p}{\mu \partial x} \right)}{\partial x} + \frac{\partial \left(-\rho \dfrac{K \partial p}{\mu \partial y} \right)}{\partial y} + \frac{\partial \left(-\rho \dfrac{K \partial p}{\mu \partial z} \right)}{\partial z} = 0 \tag{7.40}$$

由假设条件，K、μ、ρ 均为常数，故可得

$$\frac{\partial^2 p}{\partial x^2} + \frac{\partial^2 p}{\partial y^2} + \frac{\partial^2 p}{\partial z^2} = 0 \tag{7.41}$$

上式即为单向液体的稳定渗流的基本微分方程，也称拉普拉斯方程，或拉氏方程，也可写成

$$\nabla^2 p = 0 \tag{7.42}$$

基本微分方程式与具体的定解条件相结合，便构成了完整的渗流数学模型。

7.3.2.1　平面单向流

简化的物理模型如图 7.8 所示，假设地层均质且水平，渗透率为 K，地层的一端是供给边界，其压力为供给压力 p_e，另一端为排液道，其压力为 p_B，地层的长度为 L，宽度为 W，厚度为 h；同时假设：液体为单相的牛顿流体，其黏度为 μ，且液体沿 x 方向流动；与 z 轴垂直的每一个平面内的运动情况相同。

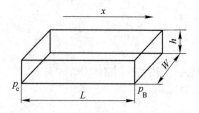

图 7.8　平面单向流简化模型图

在以上假设条件下，可对渗流的数学模型求解，以确定计算平面单向流的压力分布公式和流量公式。

　A　压力分布

由假设条件可知液体只沿 x 方向流动，则基本微分方程式（7.41）可简化为一维形式，即

$$\frac{d^2 p}{dx^2} = 0 \tag{7.43}$$

由物理模型可知其边界条件:

供给边界上 $\qquad\qquad x = 0 \qquad p = p_e$

排液道处 $\qquad\qquad x = L \qquad p = p_B$ (7.44)

将式（7.43）积分得

$$\frac{\mathrm{d}p}{\mathrm{d}x} = C_1 \qquad\qquad (7.45)$$

再对式（7.45）积分得

$$p = C_1 x + C_2 \qquad\qquad (7.46)$$

其中 C_1、C_2 为积分常数。

将边界条件式（7.44）代入式（7.46），联立求解得

$$\left. \begin{array}{l} C_2 = p_e \\[2mm] C_1 = -\dfrac{p_e - p_B}{L} \end{array} \right\} \qquad\qquad (7.47)$$

将 C_1、C_2 代入式（7.46），得到地层内任一点的压力分布公式为

$$p = p_e - \frac{p_e - p_B}{L}x \qquad\qquad (7.48)$$

由式（7.48）可得单向稳定渗流时的压力分布曲线，如图7.9所示。它表明从供给边缘到排液道的压力是线性分布的，直线的斜率为 $-\dfrac{p_e - p_B}{L}$，同时反映了平面单向流的压力消耗特点，即在沿程渗流过程中压力是均匀下降的。

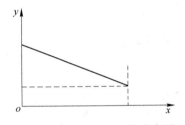

图 7.9 平面单向流压力分布图

B 流量公式

由达西定律 $v = -\dfrac{K \mathrm{d}p}{\mu \mathrm{d}x}$ 可得流量表达式为

$$q = A \cdot v = -\frac{K}{\mu}Wh\frac{\mathrm{d}p}{\mathrm{d}x} \qquad\qquad (7.49)$$

式中 $\quad A$ ——渗流面积，$A = Wh$；

$\qquad W$ ——地层宽度；

$\qquad h$ ——地层厚度。

由式（7.48）可知

$$\frac{\mathrm{d}p}{\mathrm{d}x} = -\frac{p_e - p_B}{L} \qquad\qquad (7.50)$$

将式（7.50）代入到式（7.49），得到单向渗流的流量公式为

$$q = \frac{KWh(p_e - p_B)}{\mu L} \qquad\qquad (7.51)$$

C 平面单向渗流的流场图

由一组等压线和一组流线按一定规则构成的图形称为流场图。等压线是指流场中压力

相同点的连线，与等压线正交的线为流线，"一定规则"意为相邻两条等压线的压差相等，相邻两条流线间的流量相等。

由式（7.48）知，x 相等的所有点的压力均相等，由此可见等压线是平行于 y 轴的一组直线，流线则是与 x 轴平行的一组直线，其流场图如图 7.10 所示，其特点是：等压线和流线组成了均匀的网络图。

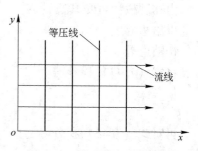

图 7.10　平面单向流流场图

7.3.2.2　平面径向流

对应的物理模型为：地层为水平圆盘状，均质等厚，渗透率为 K，厚度为 h，圆形边界是供给边界，其压力为供给压力 p_e，半径为供给半径 r_e。在圆的中心打一口水力完善井，井的半径为 r_w，井底压力为 p_{wf}。同时假设：液体为牛顿液体，黏度为 μ，与井轴垂直的每一个平面内的运动情况相同。

在这些假设条件下，可求解方程式（7.41），以确定平面径向流的压力分布公式及流量公式。

A　压力分布公式

平面径向流为二维流动，式（7.41）可简化为

$$\frac{\partial^2 p}{\partial x^2} + \frac{\partial^2 p}{\partial y^2} = 0 \tag{7.52}$$

其极坐标形式为

$$\frac{\mathrm{d}^2 p}{\mathrm{d} r^2} + \frac{1}{r}\frac{\mathrm{d} p}{\mathrm{d} r} = 0 \tag{7.53}$$

由物理模型可知其边界条件为

供给边界处　　　　　　　　$r = r_e, \quad p = p_e$

井底处　　　　　　　　　　$r = r_w, \quad p = p_{wf}$　　　　　　（7.54）

将式（7.53）改写为

$$\frac{\mathrm{d}}{\mathrm{d} r}\left(r\frac{\mathrm{d} p}{\mathrm{d} r} \right) = 0 \tag{7.55}$$

积分得

$$r\frac{\mathrm{d} p}{\mathrm{d} r} = C_1 \tag{7.56}$$

分离变量

$$\mathrm{d} p = C_1\frac{1}{r}\mathrm{d} r \tag{7.57}$$

积分可得

$$p = C_1 \ln r + C_2 \tag{7.58}$$

把边界条件式（7.54）代入式（7.58）得 C_1、C_2，再将 C_1、C_2 代入式（7.58），可以得到径向流的压力分布公式为

$$p = p_e - \frac{p_e - p_{wf}}{\ln \dfrac{r_e}{r_w}} \ln \frac{r_e}{r} \tag{7.59}$$

从式（7.59）可知，从供给边界到井底，地层中的压力降落过程是按对数关系分布的，如图 7.11 所示，从空间形态看，它形似漏斗，所以习惯上称之为"压降漏斗"。由图 7.11 可知平面径向流压力消耗的特点：压力主要消耗在井底附近，这是因为愈靠近井底渗流面积愈小而渗流阻力愈大的缘故。

B　流场图

从式（7.59）可知，凡是半径 r 相同的点其压力分布均相等，故等压线是一组同心圆，流线则是一组径向射线，如图 7.12 所示，其特点是：愈靠近井底，等压线和流线愈密集，反之则愈稀疏。这也说明了径向流压力消耗的特点，与以上所述是一致的。

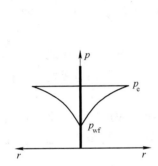

图 7.11　平面径向流压力分布曲线

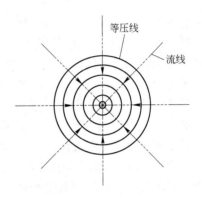

图 7.12　平面径向流流线图

C　流量公式

由平面径向流的达西定律：

$$q = 2\pi rh \frac{K}{\mu}\left(\frac{\mathrm{d}p}{\mathrm{d}r}\right) \tag{7.60}$$

对上式整理得

$$\frac{q\mu}{2\pi hK} \frac{1}{r}\mathrm{d}r = \mathrm{d}p \tag{7.61}$$

由边界条件对上式两边分别积分

$$\frac{q\mu}{2\pi hK}\int_{r_w}^{r_e} \frac{1}{r}\mathrm{d}r = \int_{p_w}^{p_e} \mathrm{d}p$$

得流量公式如下：

$$q = \frac{2\pi Kh(p_e - p_w)}{\mu \ln \dfrac{r_e}{r_w}} \tag{7.62}$$

上式即为平面径向流的流量公式，在实际工作中被广泛应用。

[**例题 7.2**]　采用重力水压方式打一口生产水井，已知水层厚度为 10m，渗透率为

$0.4\times10^{-12}\text{m}^2$，地下水黏度为 $9\times10^{-12}\text{Pa}\cdot\text{s}$。该井供水面积为 0.3km^2，水井半径为 0.1m。水层静止压力为 10.5MPa，流动压力为 7.5MPa，求此井日产水量。

[解] 已知：$A=0.3\text{km}^2$，$r_\text{w}=0.1\text{m}$，$p_\text{e}=10.5\text{MPa}$，$p_\text{w}=7.5\text{MPa}$，$K=0.4\times10^{-12}\text{m}^2$，$\mu=9\times10^{-12}\text{Pa}\cdot\text{s}$，$h=10\text{m}$。

由 $A=\pi r_\text{e}^2=0.3\text{km}^2$ 得 $r_\text{e}=309\text{m}$。

由式（7.62）可得

$$q=\frac{2\pi Kh(p_\text{e}-p_\text{w})}{\mu\ln\dfrac{r_\text{e}}{r_\text{w}}}=\frac{2\times3.14\times0.4\times10^{-12}\times10\times(10.5-7.5)\times10^6}{1.5\times10^{-3}\times\ln\dfrac{309}{0.1}}$$

$$=6.25\times10^{-3}\text{m}^3/\text{s}$$

7.3.3 非稳态渗流数学模型描述

在油气田开采过程中，当地层压力高于饱和压力时，油井的生产主要依靠岩层及液体本身的可压缩性，油藏出现不稳定渗流。在开采过程中，当地层压力逐渐下降，原来处于高压状态的岩石和液体的体积就要发生膨胀。

在压力降落传递到的范围内，岩石及液体释放弹性能，形成一个压降漏斗，而压降漏斗范围以外的地区，由于没有压差，液体并不流动。压力降落传到边界之前，称为压力波传播的第一阶段，传到边界之后称为第二阶段。

对于单相液体不稳定渗流，其物理模型为：假定所研究的地层是水平、均质、各向同性的，液体是单相、均质、弱可压缩的牛顿液体，并假设渗流过程为等温，无任何特殊的物理化学现象发生，渗流过程符合达西定律。

对于弱可压缩的不稳定渗流，将运动方程和状态方程代入到连续性方程中整理后就可得到基本的微分方程。

$$\frac{K}{\phi\mu C_\text{t}}\left(\frac{\partial^2 p}{\partial x^2}+\frac{\partial^2 p}{\partial y^2}+\frac{\partial^2 p}{\partial z^2}\right)=\frac{\partial p}{\partial t} \tag{7.63}$$

令 $\dfrac{K}{\phi\mu C_\text{t}}=\eta$，称为导压系数，其物理意义为单位时间内压力传播的面积，单位为 m^2/s，式（7.63）可写成

$$\eta\left(\frac{\partial^2 p}{\partial x^2}+\frac{\partial^2 p}{\partial y^2}+\frac{\partial^2 p}{\partial z^2}\right)=\frac{\partial p}{\partial t} \tag{7.64}$$

或 $$\eta\,\nabla^2 p=\frac{\partial p}{\partial t} \tag{7.65}$$

这就是弱可压缩液体不稳定渗流的基本微分方程，是热传导型方程，在数理方程中一般为扩散方程。它是解决弱可压缩液体不稳定渗流的理论基础。

7.4 两相渗流基本知识

7.4.1 流体饱和度

当多孔介质的孔隙中充满一种流体时，称为饱和了一种流体。当储层岩石孔隙中同时

存在多种流体（原油、地层水或天然气）时，某种流体所占的体积百分比称为该种流体的饱和度，它表征了孔隙空间为某种流体所占据的程度。

根据以上定义，储层岩石孔隙中油、水、气的饱和度可以分别表示为

$$S_o = \frac{V_o}{V_p} = \frac{V_o}{V_b \phi} \tag{7.66}$$

$$S_w = \frac{V_w}{V_p} = \frac{V_w}{V_b \phi} \tag{7.67}$$

$$S_g = \frac{V_g}{V_p} = \frac{V_g}{V_b \phi} \tag{7.68}$$

式中　S_o，S_w，S_g——含水、含油、含气饱和度，小数；

　　　V_o，V_w，V_g——油、气、水在岩石孔隙中所占体积，m^3；

　　　V_p，V_b——岩石孔隙体积和岩石视体积，m^3；

　　　ϕ——岩石的孔隙度，小数。

根据饱和度的概念，S_o、S_w、S_g 三者之间有如下关系

$$S_o + S_w + S_g = 1 \tag{7.69}$$

$$V_g + V_o + V_w = V_p \tag{7.70}$$

当岩芯中只有油、水两相，即 $S_g = 0$ 时，S_o 和 S_w 有如下关系：

$$S_o + S_w = 1 \tag{7.71}$$

$$V_o + V_w = V_p \tag{7.72}$$

7.4.2　相对渗透率

润湿性是指流体附着在固体上的性质，是一种吸附作用。不同流体与不同岩石会表现出不同的润湿性。易附着在岩石上的流体称为润湿流体，反之为非润湿流体。在多相流体共存且不相溶的流体中，润湿体又称为润湿相，非润湿体称为非润湿相。

如在油水两相共存的孔隙中，如果水易附着在岩石上，则水为润湿相，油为非润湿相，岩石具亲水性；反之，则油为润湿相，水为非润湿相，岩石具亲油性。

对于两种不溶混流体同时通过多孔介质的流动，实验研究的结果表明：各种流体建立各自曲折而又稳定的通道，设润湿相流体和非润湿相流体的饱和度分别为 S_w 和 S_{nw}，随着非润湿流体饱和度逐渐减小，非润湿相流体通道逐渐遭到破坏，最终只有一些孤立的区域中保留着非润湿流体的残余饱和度。对于润湿相流体而言，同样如此，随着 S_w 逐渐减小，润湿相流体的通道也会受到破坏，当润湿相流体处于束缚饱和度时变成不连续。这两种流体中任意一相流体在整个渗流区域中变为不连续时，该相流体就不再流动。

为了研究两种不溶混流体的同时流动，人们把达西定律从描述单相流体推广到两相流体。设两相流体分别用下标 1 和 2 表示，这可写成

$$V_1 = -\frac{K_1}{\mu_1}(\nabla p_1 - \rho_1 g) \tag{7.73}$$

$$V_2 = -\frac{K_2}{\mu_2}(\nabla p_2 - \rho_2 g) \tag{7.74}$$

其中，V_1 和 V_2 分别为第 1 种流体和第 2 种流体的渗流速度，K_1 和 K_2 分别称为流体 1 和流体 2 的有效渗透率或相渗透率。相渗透率与多孔介质的结构有关，即与介质的绝对渗透率 K 有关；同时还与该相流体的饱和度有关；实际上，还和与之相伴随的另一相流体的特征有关。通常在使用中，人们习惯采用它们与绝对渗透率 K 的比值。

$$K_{1r} = \frac{K_1}{K}, \qquad K_{2r} = \frac{K_2}{K} \tag{7.75}$$

K_{1r} 和 K_{2r} 分别称为流体 1 和流体 2 的相对渗透率。实验表明，对于两相流体渗流

$$K_1 + K_2 \neq K \tag{7.76}$$

或者说

$$K_{1r} + K_{2r} \neq 1 \tag{7.77}$$

这表明，对于某一相的相渗透率而言，不能把另一相看做与介质相同的固体存在于渗流区域中。实际上两相流体通过多孔介质时，相互之间存在着一些附加作用力。此外，当其中一相成液滴状或者气泡状分散在另一相中运动时，由于毛管中孔隙直径变化而引起液滴或气泡的半径由 r_2 变成 r_1，则这种变形会产生附加的毛管力。

习 题 7

7.1　在实验室中，根据达西定律测定某种土壤的渗透系数，将土样装在直径 $D = 30\text{cm}$ 的圆管中，在 80cm 的水头作用下，6h 的渗透水量为 85L，两测压管的距离为 40cm，该土壤的渗透系数为

（A）0.4m/d　　　　　（B）1.4m/d　　　　　（C）2.4m/d　　　　　（D）3.4m/d

7.2　管状地层模型中通过的流量 $Q = 12\text{cm}^3/\text{min}$，模型直径 $D = 2\text{cm}$，实验液体黏度 $\mu = 9 \times 10^{-3}\text{Pa} \cdot \text{s}$，密度 850kg/m³，模型孔隙度 $\phi = 0.2$。求液体的渗流速度 v 和真实速度 u。

7.3　在均质的潜水含水层中做抽水试验以测定渗透系数 k 值。含水层厚度为 12m，井的直径为 20cm，直达水平不透水层，距井轴 20m 处钻一观测井孔，当抽水稳定为 2L/s 时，井中水位下降 2.5m，观测孔水位下降 0.38m，求 k 值。

7.4　某实验室做实验测定圆柱形岩芯渗透率。已知岩芯半径为 1cm，长度为 5cm，在岩芯两端建立压差，使黏度为 0.001Pa·s 的液体通过岩芯。2min 内测量出通过的液量为 15cm³，从水银压差计上知道岩芯两端压差为 157mmHg 高，试计算岩芯的渗透率 K。

7.5　已知一个边长为 5cm 正方形截面岩芯，长 100cm，倾斜放置如图 7.13 所示，入口端压力 $p_1 = 0.2\text{MPa}$，出口端压力 $p_2 = 0.1\text{MPa}$，$h = 50\text{cm}$，液体密度为 850kg/m³，渗流段长度 $L = 100\text{cm}$，液体黏度 $\mu = 0.002\text{Pa} \cdot \text{s}$，岩石渗透率 $K = 1 \times 10^{-12}\text{m}^2$，求流量 Q。

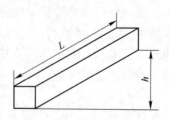

图 7.13　习题 7.5 图

8 气体的一元流动与气-固两相流

气体动力学研究可压缩流体的运动规律及其应用,它与航空、动力工程、通风空调工程等有密切联系。气体的一元流动是气体动力学中最初步的基本知识,它只讨论气体的速度、压强、密度等流动参数在过流断面上的平均值的变化规律,而不研究气流流场的空间变化情况。气体的一元流动虽然比较简单,但却有重要的实用价值。许多技术领域中的气体流动问题大都可以简化为一元流动问题,如气体管流、发动机的空气供给、通风机、压气机等许多问题都可用一元流动方法求得一些简化而实用的结果。

多相流是流体力学的一个重要分支,在自然界和工程中广泛存在。多相流中又以两相流最为普遍,如降雾、下雪、流沙、沙尘暴等是自然界中的一些例子,各种发动机和窑炉中的喷雾燃烧、宇航飞行器的两相绕流、石油和天然气的开采和运输、含尘风机、煤粉和煤浆燃烧、固体污染物在空气和水中的扩散和流动、水利工程中的泥沙运动和高速渗气流等工程中都涉及两相流。两相流的运动比较复杂,在流态化技术、两相传热、两相流的数值模型等方面都取得了一定的成果。

本章将介绍气体一元流动的基本概念和流动特性,等熵气流与正激波,两相流力的分析,两相流模型。要求理解声速和马赫数、曳力与曳力系数、两相流模型等概念,了解等熵气流与正激波、固体颗粒流态化特性,掌握气体一元流动的流动特性,流体通过固定床的流动。

8.1 声速和马赫数

气体压缩性对流动性能的影响,是由气流速度接近声速的程度来决定的。为了讨论气体的压缩性,必须首先了解声速和马赫(Mach)数这两个概念。

8.1.1 声速方程式

声速是微弱扰动波在介质中的传播速度。例如弹拨琴弦,振动了空气,空气的压强、密度发生了微弱变化,这种状态变化在空气中形成一种不平衡的扰动,扰动又以波的形式迅速外传。人耳所能接收的振动频率有一定的范围,气体动力学中的声速概念,则不仅限于人耳收听范围,只要是介质中的扰动传播速度皆称为声速。这里是把它作为压强、密度状态变化在流体中的传播过程来看待的。

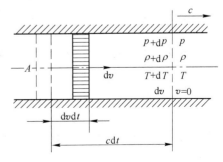

图 8.1 声速传播过程

如图 8.1 所示,面积为 A 的活塞在充满静止空气的管道中以缓慢的速度 dv 向右移动,活塞运动造成气体压缩，这种不平衡状态的传播速度就是声速 c，$c \gg \mathrm{d}v$，因而经过 $\mathrm{d}t$ 时间虽然活塞只移动 $\mathrm{d}v\mathrm{d}t$ 距离，而扰动波却早已传至 $c\mathrm{d}t$ 处了。

波前气体处于静止状态，$v = 0$，其状态参数为 p、ρ、T。波后气体处于扰动状态，并在活塞推动下产生了一个随活塞一起缓慢运动的速度 $\mathrm{d}v$，其他状态参数亦均有微小变化，变为 $p+\mathrm{d}p$、$\rho+\mathrm{d}\rho$、$T+\mathrm{d}T$。

现在分析一下受到扰动的这部分气体在 $\mathrm{d}t$ 时间前和 $\mathrm{d}t$ 时间后的质量守恒表达式。

$\mathrm{d}t$ 前气体质量为 $\rho c\mathrm{d}tA$，$\mathrm{d}t$ 后气体质量为 $(\rho + \mathrm{d}\rho)(c - \mathrm{d}v)\mathrm{d}tA$，由质量守恒则可得

$$\rho c\mathrm{d}tA = (\rho + \mathrm{d}\rho)(c - \mathrm{d}v)\mathrm{d}tA$$

消去 $\mathrm{d}tA$ 可得

$$\mathrm{d}v = \frac{c\mathrm{d}\rho}{\rho + \mathrm{d}\rho} \tag{8.1}$$

再分析一下受到扰动这部分气体在 $\mathrm{d}t$ 时间前后的动量变化率和它受到的所有外力矢量和的关系。

$\mathrm{d}t$ 时间之前气体动量为零，$\mathrm{d}t$ 时间之后气体动量为 $\rho c\mathrm{d}tA\mathrm{d}v$，因此动量变化率是 $\rho cA\mathrm{d}v$。

这部分气体左端压强为 $p + \mathrm{d}p$，右端压强为 p，乘以断面面积 A，则可得其合外力为

$$(p + \mathrm{d}p)A - pA = \mathrm{d}pA$$

按照动量定理，动量变化率等于同方向上的所有外力和，故

$$\rho cA\mathrm{d}v = \mathrm{d}pA$$

消去 A，可得

$$\mathrm{d}v = \frac{\mathrm{d}p}{\rho c} \tag{8.2}$$

由式(8.1)和式(8.2)，可得

$$\frac{c\mathrm{d}\rho}{\rho + \mathrm{d}\rho} = \frac{\mathrm{d}p}{\rho c}$$

即

$$c^2 = \frac{\mathrm{d}p}{\mathrm{d}\rho}\frac{\rho + \mathrm{d}\rho}{\rho} = \frac{\mathrm{d}p}{\mathrm{d}\rho}\left(1 + \frac{\mathrm{d}\rho}{\rho}\right) \tag{8.3}$$

因为活塞移动速度很小，气体受到的扰动也很弱，状态参数的相对变化量都是极小的，因此当 $\dfrac{\mathrm{d}\rho}{\rho} \to 0$ 时，即可得弱扰动波的传播速度

$$c = \sqrt{\frac{\mathrm{d}p}{\mathrm{d}\rho}} \tag{8.4}$$

这就是声速方程式的微分形式。

因为 $\dfrac{\mathrm{d}\rho}{\mathrm{d}p}$ 代表密度随压强的变化率，可压缩性越大，$\dfrac{\mathrm{d}\rho}{\mathrm{d}p}$ 也越大，其倒数 $\dfrac{\mathrm{d}p}{\mathrm{d}\rho}$ 则越小，因

而 $c = \sqrt{\dfrac{\mathrm{d}p}{\mathrm{d}\rho}}$ 也越小。这说明声速大小可以作为流体压缩性大小的标志。声速在哪一种介质中传播得越快，说明这种介质的可压缩性越小。由此可见水中声速必然大于空气中的声速。

下面再来推导声速方程式的另外两种形式。

因为微弱扰动波在传播过程中引起的温度变化也很微弱，这种弱扰动波在流体中传播时，流体的压缩或膨胀过程不仅绝热而且可逆。于是式(8.4)中的压强密度关系可以根据绝热或等熵方程式求得，即

$$pv^{\gamma} = \frac{p}{\rho^{\gamma}} = C \quad （式中 v 为气体的比体积，\gamma 为绝热或等熵指数） \tag{8.5}$$

或
$$p = C\rho^{\gamma}$$

p 对 ρ 求导数，则

$$\frac{\mathrm{d}p}{\mathrm{d}\rho} = C\gamma\rho^{\lambda-1} = \frac{p}{\rho^{\gamma}}\gamma\rho^{\lambda-1} = \frac{\gamma p}{\rho} \tag{8.6}$$

又根据理想气体状态方程

$$pv = \frac{p}{\rho} = R_{\mathrm{g}}T \tag{8.7}$$

可得

$$\frac{\mathrm{d}p}{\mathrm{d}\rho} = \gamma R_{\mathrm{g}}T \tag{8.8}$$

由式(8.6)及式(8.8)可以得到声速方程式的另外两种形式。于是将声速方程式的三种形式写在一起，则

$$c = \sqrt{\frac{\mathrm{d}p}{\mathrm{d}\rho}} = \sqrt{\frac{\gamma p}{\rho}} = \sqrt{\gamma R_{\mathrm{g}}T} \tag{8.9}$$

对于空气来说，它的绝热指数 $\gamma = 1.4$，它的气体常数 $R_{\mathrm{g}} = 287\mathrm{J/(kg \cdot K)}$，于是空气中的声速为

$$c = \sqrt{1.4 \times 287T} = 20.1\sqrt{T} \quad \mathrm{m/s} \tag{8.10}$$

在不同温度下，空气中的声速见表 8.1。

表 8.1　空气中的声速

海拔高度/km	30	20	10	2	0	0	0	0
空气温度/℃	-40.2	-56.5	-49.9	2	15	25	50	100
声速/m·s⁻¹	306	295	299	332	340	346	360	387

这样可以进一步看到，声速大小不仅反映不同介质的压缩性，而且它也反映同一种介质在不同温度状态下的压缩性。例如对于空气来说，温度越低它的声速越小，它的可压缩性则越大。这个结论与第 1 章气体的膨胀性和压缩性分析是完全一致的。

声速直接与气体的温度有关，它也是代表气体状态一个重要参数，不同地点不同位置

的气体温度不同，因而不同地点（例如海平面或高空），不同位置（例如压气机的进口或出口等）处的声速是不同的。声速也称为当地声速，因为离开具体地点的温度状况，声速的大小也就无从确定了。由此可以看到，气体中的声速也和速度、压强、温度、密度等参数一样，是坐标和时间的函数。

8.1.2　马赫数

流动运动速度 v 与介质中声速 c 之比，称为马赫数，用 Ma 表示，则

$$Ma = \frac{v}{c} \tag{8.11}$$

根据相对性原理，固体飞行器在静止空气中的运动速度与空气绕固定飞行器的运动速度大小相等、方向相反时，空气作用在飞行器上的力学效果是相同的。因而通常也将飞行器速度与当地声速之比称为飞行器运动的马赫数。

当物体在气体中运动，或者反过来，气流绕物体流动，物体将对气体产生扰动，假如扰动源是物体的前缘点，则由此发出的扰动波将以声速向四周传播，其传播情况有图8.2所示的4种方式。

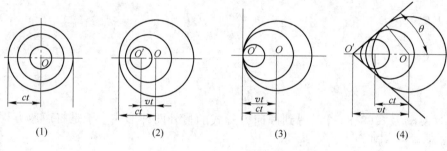

图 8.2　扰动波的传播方式

图（1），扰动源静止，此时扰动波均以 O 点为中心，经过一定时间后，扰动波布满整个空间。

图（2），扰动源运动速度 $v<c$，$Ma<1$，称为亚声速流动。扰动源 t 秒之前在 O 点处，t 秒之后运动到 O' 点处；$OO'=vt$。而 t 秒之前在 O 点所发生的扰动波则已传播至以 O 为圆心，以 ct 为半径的球面，$vt<ct$，波在物体之前。经过一定时间，扰动波布满整个空间。

图（3），扰动源运动速度 $v=c$，$Ma=1$，称为声速流动。扰动源 t 秒之前在 O 点，t 秒之后到 O' 点，$OO'=vt=ct$。物体与扰动波同时到达 O' 点，扰动波始终不会超出物体之前，扰动波只能布满扰动源后的半个空间，而扰动源之前的半个空间则为不受扰动区或寂静区。

图（4），扰动源运动速度 $v>c$，$Ma>1$，称为超声速流动。t 秒之前扰动源在 O 点，t 秒之后扰动源到达 O' 点，$OO'=vt>ct$。物体在扰动波之前。扰动波传播范围只能充满以 O' 为顶点的锥形空间，这个空间称为马赫锥，其半锥角 θ 称为马赫角，由图可得

$$\sin\theta = \frac{ct}{vt} = \frac{c}{v} = \frac{1}{Ma} \tag{8.12}$$

马赫数越大，马赫角越小。一般 $Ma>3$ 称为高超声速流动，此时扰动区域只有 $2\theta<40°$ 的范

围，而马赫锥外 320°空间中皆不受扰动。

上面叙述的 4 种情况，是以马赫数的大小来划分的，马赫数的大小取决于气流速度（或物体运动速度）v 与介质中声速 c 的比值。

在环境温度不变、声速不变时，气流速度越大马赫数越大，而当气流速度不变，环境温度或声速改变时，马赫数也要发生变化。因此马赫数也是一个当地值，它与声速一样也是反映气体状态的参数，不过它反映的是动态气流，因而比反映静态气体可压缩性大小的声速概念更有实用价值。一切航空模型实验都是以马赫数相等作为相似模型实验的依据。

在图 8.3 所示的燃气轮机与图 8.4 所示的废气涡轮增压装置中，燃气轮中气流的温度均比压气机中气流的温度高，因而在同样转数下，压气机中的气流马赫数均大于燃气轮中的马赫数。飞行器的马赫数也有类似情况。同样飞行速度，在高空低温时的马赫数大于低空高温时的马赫数。

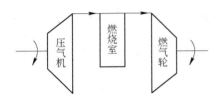

图 8.3　燃气轮机

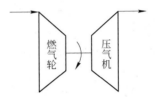

图 8.4　废气涡轮增压器

[**例题 8.1**]　如图 8.5 所示，压气机叶轮入口与出口、扩压器与蜗壳出口分别以 1、2、3、4 点表示。已知 $v_1 = 48\text{m/s}$、$p_1 = 98\text{kPa}$，$\rho_1 = 1.1\text{kg/m}^3$；$v_2 = 220\text{m/s}$，$t_2 = 62℃$；$v_3 = 130\text{m/s}$，$t_3 = 77℃$；$v_4 = 50\text{m/s}$，$p_4 = 149\text{kPa}$，$\rho_4 = 1.5\text{kg/m}^3$。试比较这 4 处的声速和马赫数。

[**解**]　根据式（8.11）与式（8.9），

$$Ma_1 = \frac{v_1}{c_1} = \frac{v_1}{\sqrt{\gamma \dfrac{p_1}{\rho_1}}} = \frac{48}{\sqrt{\dfrac{1.4}{1.1} \times 0.98 \times 10^5}}$$

$$= \frac{48}{353} = 0.136$$

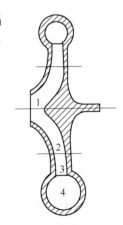

图 8.5　压气机流道

$$Ma_2 = \frac{v_2}{c_2} = \frac{v_2}{\sqrt{\gamma R_g (t_2 + 273)}} = \frac{220}{\sqrt{1.4 \times 287 \times 335}} = \frac{220}{369} = 0.599$$

$$Ma_3 = \frac{v_3}{c_3} = \frac{v_3}{\sqrt{\gamma R_g (t_3 + 273)}} = \frac{130}{\sqrt{1.4 \times 257 \times 350}} = \frac{130}{375} = 0.347$$

$$Ma_4 = \frac{v_4}{c_4} = \frac{v_4}{\sqrt{\gamma \dfrac{p_4}{\rho_4}}} = \frac{50}{\sqrt{\dfrac{1.4}{1.5} \times 1.49 \times 10^5}} = \frac{50}{373} = 0.134$$

可见　　　　　　　　　　　　　$Ma_2 > Ma_3 > Ma_1 > Ma_4$

$$c_3 > c_4 > c_2 > c_1$$

由题知，$v_2 > v_3 > v_4 > v_1$，可见马赫数的大小不是单纯由速度决定，而是由速度和声速的比值来决定的。声速也不是恒定不变的，它与当地温度、压强和密度等状态参数有关。

8.2　一元气流的流动特性

流体动力学中的一些基本原理，不论对可压缩或不可压缩气体都是适用的，因为一元流的连续方程式是 $\rho v A =$ 常数，取对数可得

$$\ln(\rho v A) = \ln\rho + \ln v + \ln A = C$$

微分，则

$$\frac{\mathrm{d}\rho}{\rho} + \frac{\mathrm{d}v}{v} + \frac{\mathrm{d}A}{A} = 0 \tag{8.13}$$

根据一元流动的伯努利方程，可得

$$W + \int\frac{\mathrm{d}p}{\rho} + \frac{v^2}{2} + \int f\mathrm{d}s = C$$

忽略气体的质量力，则力的势函数 $W = 0$。等熵气流不计摩擦，则 $\int f\mathrm{d}s = 0$，将点的速度换成气流平均速度 v，于是

$$\int\frac{\mathrm{d}p}{\rho} + \frac{v^2}{2} = C \tag{8.14}$$

微分，则

$$v\mathrm{d}v = -\frac{\mathrm{d}p}{\rho} \tag{8.15}$$

式(8.13)与式(8.15)对于可压缩或不可压缩气体的一元流动都是普遍适用的，但是再引入声速和马赫数的概念，考虑到气体的可压缩性，可以得出一元气流所独特具有的下述两个重要特性。

8.2.1　气流速度与密度的关系

由式(8.15)得

$$v\mathrm{d}v = -\frac{\mathrm{d}p}{\mathrm{d}\rho}\frac{\mathrm{d}\rho}{\rho} = -c^2\frac{\mathrm{d}\rho}{\rho}$$

或

$$\frac{\mathrm{d}\rho}{\rho} = -\frac{v\mathrm{d}v}{c^2} = -\frac{v^2}{c^2}\frac{\mathrm{d}v}{v} = -Ma^2\frac{\mathrm{d}v}{v} \tag{8.16}$$

由式(8.15)及式(8.16)可以得出以下两点：

（1）不论 $Ma < 1$ 或 $Ma > 1$，只要 $\mathrm{d}v > 0$，则 $\mathrm{d}p < 0$，$\mathrm{d}\rho < 0$。反之，$\mathrm{d}v < 0$ 时，则 $\mathrm{d}p > 0$，$\mathrm{d}\rho > 0$。

这说明，加速气流必然引起压强降低、气体膨胀；而减速气流，则必然压强增大、气体压缩。于是气流沿流线加速或减速运动，实质上相当于气体的膨胀或压缩过程。气体运动伴随着密度变化，这不但与液体流动不同，而且与汽缸中的静止压缩或膨胀过程也有区别。

亚声速和超声速气流都具有上述性质，不过当 Ma 数不同时，速度相对变化量 $\dfrac{dv}{v}$ 与密度相对变化量 $\dfrac{d\rho}{\rho}$ 的数值是不相同的。

（2）$Ma<1$ 时，密度的相对变化量小于速度的相对变化量，即 $\left|\dfrac{d\rho}{\rho}\right| < \left|\dfrac{dv}{v}\right|$；$Ma>1$ 时，密度的相对变化量大于速度的相对变化量，即 $\left|\dfrac{d\rho}{\rho}\right| > \left|\dfrac{dv}{v}\right|$。

这种亚声速和超声速在变化数量上的差别可以从式（8.16）直接得到证明。这种变化数量上的差别，导致亚声速和超声速在速度与流道断面积关系上本质性的差异。

8.2.2 气流速度与流道断面积的关系

由式（8.13）可得

$$\frac{dA}{A} = -\left(\frac{d\rho}{\rho} + \frac{dv}{v}\right) \tag{8.17}$$

将式（8.16）代入，则

$$\frac{dA}{A} = Ma^2 \frac{dv}{v} - \frac{dv}{v} = (Ma^2 - 1)\frac{dv}{v} \tag{8.18}$$

由此可以看到：

（1）亚声速流动，$Ma<1$ 时，如果 $dv>0$，则 $dA<0$；如果 $dv<0$（即 $dp>0$），则 $dA>0$。

这说明，亚声速气流沿流线加速运动时，其过流断面面积一定是逐渐缩小的；沿流线减速扩压运动时，其过流断面面积一定是逐渐扩大的。因此，图 8.6 所示的收缩管道称为亚声速加速管，而图 8.7 所示的扩张管道则称为亚声速扩压管。

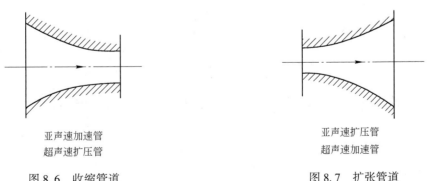

亚声速加速管　　　　　　　　　　　　　　亚声速扩压管
超声速扩压管　　　　　　　　　　　　　　超声速加速管

　　图 8.6　收缩管道　　　　　　　　　　　图 8.7　扩张管道

（2）超声速流动，$Ma>1$ 时，如果 $dv>0$，则 $dA>0$；如果 $dv<0$（即 $dp>0$），则 $dA<0$。

这说明，超声速流动时，沿流线加速，则过流断面必须逐渐扩大；沿流线减速扩压时，过流断面必须逐渐缩小，这情况与亚声速流动完全相反。因而图 8.6 所示的收缩管道又称为超声速扩压管，而图 8.7 所示的扩张管道又称为超声速加速管。

为什么同样一个管道，对亚声速和超声速气流所起的作用截然相反呢？

因为由式(8.16)知道 $\dfrac{\mathrm{d}v}{v} > 0$ 时，$\dfrac{\mathrm{d}\rho}{\rho} < 0$。当 $Ma<1$ 时，$\left|\dfrac{\mathrm{d}\rho}{\rho}\right| < \left|\dfrac{\mathrm{d}v}{v}\right|$，故从式(8.17)可以看到等式右端括号中 $\dfrac{\mathrm{d}\rho}{\rho} + \dfrac{\mathrm{d}v}{v} > 0$，故 $\dfrac{\mathrm{d}A}{A} < 0$。相反，当 $Ma>1$ 时，$\left|\dfrac{\mathrm{d}\rho}{\rho}\right| > \left|\dfrac{\mathrm{d}v}{v}\right|$，故 $\dfrac{\mathrm{d}\rho}{\rho} + \dfrac{\mathrm{d}v}{v} < 0$，由式 (8.17) 可见必然 $\dfrac{\mathrm{d}A}{A} > 0$。

这种推理中究竟包含怎样的物理内容呢？因为从连续方程式(8.17)来看，面积的增减取决于 $\dfrac{\mathrm{d}\rho}{\rho} + \dfrac{\mathrm{d}v}{v}$ 这两项和的正负，而偏偏这两项又永远是一正一负，速度增大则密度减小，速度减小则密度增大。问题就在于速度和密度的变化中，哪一方是矛盾的主要方面。亚声速加速中，速度增加的相对变化量大于密度减小的相对变化量，速度增加是主要的，因而面积必随速度增加而减小。超声速加速中，速度增加的相对变化量小于密度减小的相对变化量。密度减小是主要的，因而面积必随密度减小而增大。这就是亚声速和超声速气流存在着本质性差别的物理原因。

8.3　等熵气流与正激波

8.3.1　等熵气流

对于等熵气流，有绝热方程式 $\dfrac{p}{\rho^{\gamma}} = C$ 成立，式中 γ 为绝热指数，于是式(8.14)中的第一项可以写成

$$\int \frac{\mathrm{d}p}{\rho} = \int \frac{\mathrm{d}p}{\left(\dfrac{p}{C}\right)^{\frac{1}{\gamma}}} = C^{\frac{1}{\gamma}} \int p^{-\frac{1}{\gamma}} \mathrm{d}p = \frac{p^{\frac{1}{\gamma}}}{\rho}\left(\frac{p^{-\frac{1}{\gamma}+1}}{-\dfrac{1}{\gamma}+1}\right) = \frac{\gamma}{\gamma-1}\frac{p}{\rho} \qquad (8.19)$$

代入式(8.14)，可得等熵（可逆绝热）气流的伯努利方程为

$$\frac{\gamma}{\gamma-1}\frac{p}{\rho} + \frac{v^2}{2} = C \qquad (8.20)$$

式(8.20)的第一项可以写成不同形式。根据理想气体状态方程式(8.7)，可得

$$\frac{\gamma}{\gamma-1}\frac{p}{\rho} = \frac{\gamma}{\gamma-1}R_{\mathrm{g}}T \qquad (8.21)$$

根据式(8.9)，可得

$$\frac{\gamma}{\gamma-1}\frac{p}{\rho} = \frac{c^2}{\gamma-1} \qquad (8.22)$$

下面再引用工程热力学中的四个基本关系式：

绝热指数等于比定压热容与比定容热容之比，即

$$\gamma = \frac{c_p}{c_V} \tag{8.23}$$

气体常数等于比定压热容与比定容热容之差，即

$$R_g = c_p - c_V \tag{8.24}$$

单位质量的焓等于比定压热容乘绝对温度，即

$$h = c_p T \tag{8.25}$$

单位质量的内能等于比定容热容乘绝对温度，即

$$e = c_V T \tag{8.26}$$

因此可得

$$\frac{\gamma}{\gamma - 1} R_g T = \frac{\dfrac{c_p}{c_V}}{\dfrac{c_p - c_V}{c_V}} R_g T = c_p T = h \tag{8.27}$$

$$\frac{\gamma}{\gamma - 1} \frac{p}{\rho} = \frac{\gamma - 1 + 1}{\gamma - 1} \frac{p}{\rho} = \left(1 + \frac{1}{\gamma - 1}\right) \frac{p}{\rho} = \frac{p}{\rho} + \frac{1}{\gamma - 1} R_g T$$

$$= \frac{p}{\rho} + \frac{1}{\dfrac{c_p - c_V}{c_V}} R_g T = \frac{p}{\rho} + c_V T = \frac{p}{\rho} + e \tag{8.28}$$

综合上述结果，等熵气流的基本方程为

$$\frac{v^2}{2} + \begin{cases} \dfrac{\gamma}{\gamma - 1} \dfrac{p}{\rho} \\[2mm] \dfrac{\gamma}{\gamma - 1} R_g T \\[2mm] \dfrac{c^2}{\gamma - 1} \\[2mm] c_p T \\[2mm] h \\[2mm] \dfrac{p}{\rho} + e \end{cases} = C \tag{8.29}$$

这实际上是六个方程式，统称为等熵气流的基本方程式。它们都具有同等效用，多种形式是为了适应不同需要。

方程式(8.29)的物理意义，由最后一个方程式可以看得很清楚。因为 $\frac{v^2}{2}$、$\frac{p}{\rho}$、e 分别代表单位质量气体所具有的动能、压能和内能。故基本方程式的物理意义是沿流线或流管上单位质量流体的总能量守恒，因而基本方程式也称为能量方程式。这里的能量包括机械能（即动能和压能），也包括热能（即内能）。后者在液体中不参与变化，故液体的伯努利方程式中没有内能项。

因为气体基本方程式中包括机械能和热能，尽管实际流体有摩擦会造成沿流线上机械能的降低和损耗，但只要所讨论的系统与外界不发生热交换，则损耗的机械能仍以热能的形式存在于系统中。虽然机械能有所降低，但热能却相应增加，总能量并不改变。因此气流基本方程式既适用于理想气体的可逆绝热流动（即等熵气流），也同样适用于实际流体的不可逆绝热流动。

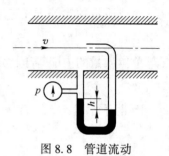

使用气流基本方程式不必区分理想或实际流体，但要注意是否绝热。在绝热条件下，式(8.29)才适用。

[**例题 8.2**] 如图 8.8 为管道中的空气流动，$p = 10^5 \mathrm{Pa}$，$t = 5℃$，测压计中汞读数 $h = 20 \mathrm{cm}$。当（1）空气为等熵流动，比定压热容 $c_p = 1005 \mathrm{J/(kg \cdot K)}$ 时，或（2）气流可近似视为不可压缩时，试计算管道轴心上的速度各是多少。

图 8.8　管道流动

[**解**] 根据测压计读数，驻点的绝对压强为

$$p_0 = p + \rho g h = 10^5 + 13600 \times 9.81 \times 0.2 = 1.267 \times 10^5 \mathrm{Pa}$$

根据气体状态方程可求出气流密度

$$\rho = \frac{p}{RT} = \frac{10^5}{287 \times (273 + 5)} = 1.25 \mathrm{kg/m^3}$$

（1）等熵流动时

$$\frac{T_0}{T} = \left(\frac{p_0}{p}\right)^{\frac{\gamma-1}{\gamma}} = (1.267)^{\frac{1.4-1}{1.4}} = 1.07$$

因为 $T = 287\mathrm{K}$，故 $T_0 = 297.4\mathrm{K}$。

根据等熵气流公式，有 $\dfrac{v^2}{2} = c_p(T_0 - T)$，可得

$$v = \sqrt{2c_p(T_0 - T)} = \sqrt{2 \times 1005 \times (297.4 - 278)} = 197.4 \mathrm{m/s}$$

（2）不可压缩流动时，根据伯努利方程

$$\frac{v^2}{2g} + \frac{p}{\rho g} = \frac{p_0}{\rho g}$$

可得

$$v = \sqrt{\frac{2}{\rho}(p_0 - p)} = \sqrt{\frac{2}{\rho}(1.267 - 1) \times 10^5} = 205 \mathrm{m/s}$$

8.3.2　正激波

8.3.2.1　激波现象

当飞机、炮弹以超声速飞行时，或者发生强爆炸、强爆震时，气流受到急剧的压缩，压强和密度突然显著增加，这时所产生的压强扰动将以比声速大得多的速度传播，波阵面所到之处气流的各种参数都将发生突然的显著变化，产生突跃。这样一个强间断面称为激

波阵面。通过激波阵面，气流的熵将发生变化。

激波是怎样形成的呢？下面以活塞在管道中推进而产生激波为例来加以说明。

设活塞从静止开始加速，原来静止气体的状态是 p_0、ρ_0、T_0。活塞开始运动后，紧邻活塞的气体首先受到压缩，压强升高，温度也升高，气体质点产生速度。这团气体又推动和压缩前面的气体，使得压强升高，温度升高，产生速度。这种依次受压被推动的状态向静止气体传播，其传播速度是静止气体的声速 $c_0 (=\sqrt{\gamma R_g T})$。和击鼓传声的现象不同，现在活塞继续加速推进，在下一个瞬时，活塞前原来已受压的气体又受到了新的压缩和推进。新的压力波在已受压缩的并已有流速 v 的气体中传播，速度将是 $v+c$，c 是已受压缩气体中的声速。由于已受压缩气体的温度 $T>T_0$，所以 $c>c_0$，这样 $v+c$ 更大于 c_0 了，很快新的压力波将赶上原来压力波。活塞在加速的过程中，所发出的压力波将依次赶上前面压力波，到某时刻，全部压力波叠加在一起，就形成了一个总的压力波，称为激波。

激波的性质和原来的各个小压力波有很大的不同。激波是以大于其前方气体中的声速来传播的，而原来的小压力波以等于其前方气体中的声速来传播的。气体受原来的小压力波影响，压强等参量的变化是很小的，而气体的流动参量在通过激波时要发生突变，并且不再等熵。

气流中的激波现象需要借助光学等技术才能观察到。从拍摄到的激波照片中可以看到实际激波是一个具有一定厚度的薄层，但是这个厚度相当地小，要以分子自由程来度量，差不多在 10^{-6}m 以下的量级。在这样一个薄层中，气流的参数从激波前的值迅速连续地变到激波后的值，梯度是极大的。由于这个薄层厚度是如此之小，因此严格来说，在激波内连续介质模型已不再适用了，气体必须当做稀薄气体来处理。然而我们实际关心的是气流通过激波后流动参量是如何变化的，对激波内的流动状态并不关心，因此在处理激波问题时常采用下述简化条件：

（1）忽略激波厚度；

（2）激波前后气体是理想绝热完全气体，比热容不变；

（3）激波前后气体满足基本物理规律。

激波可分为正激波和斜激波两类。图 8.9（a）是正激波，图 8.9（b）是斜激波，图 8.9（c）是超声速气流扰流一个钝头体的情况，此时离开物体一定距离处有一道激波，称为脱体激波。中间近头部那一段是正激波，其余部分激波和气流方向斜交，是斜激波。

8.3.2.2　正激波基本方程组

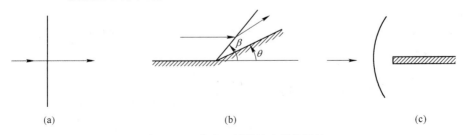

图 8.9　正激波、斜激波和脱体激波

正激波是一种最简单的激波现象，即激波阵面是直的，激波前后流场是均匀的，气流方向和激波阵面相垂直。

如图 8.10 所示，取平行于激波面两个侧面又无限接近的两个面作为控制面侧面，由于其宽度是分子自由程量级，故控制体体积趋于零，方程中所有与体积有关的分项忽略不计，即略去非惯性效应。对图示控制体考虑质量守恒、动量定律和能量守恒，可以得到以下方程组：

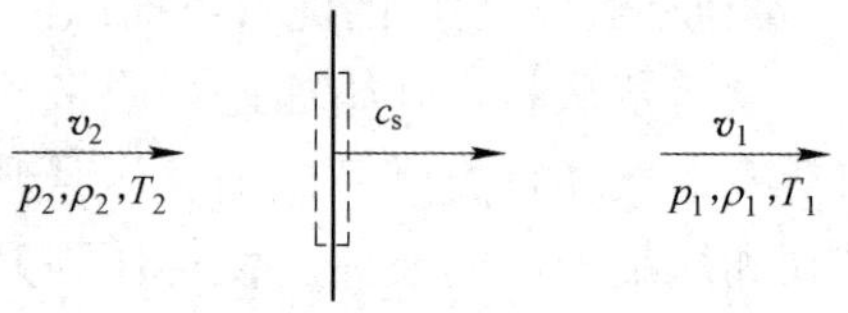

$$\rho_1(v_1 - c_s) = \rho_2(v_2 - c_s) \tag{8.30}$$

$$p_1 + \rho_1(v_1 - c_s)^2 = p_2 + \rho_2(v_2 - c_s)^2 \tag{8.31}$$

$$\frac{1}{2}(v_1 - c_s)^2 + e_1 + \frac{p_1}{\rho_1} = \frac{1}{2}(v_2 - c_s)^2 + e_2 + \frac{p_2}{\rho_2} \tag{8.32}$$

图 8.10　正激波

式中，c_s 是正激波的传播速度，下标"1"表示激波前的参数，下标"2"表示激波后的参数。这三个方程中含有 9 个参量：c_s、v_1、v_2、p_1、p_2、ρ_1、ρ_2、e_1 和 e_2。e 和 p、ρ 之间存在着热力学关系式，因此求解正激波问题一般需要已知其中 4 个参量或参量之间关系式。

特别地，静止正激波的激波传播速度 c_s 为零，基本方程组简化为

$$\rho_1 v_1 = \rho_2 v_2 \tag{8.33}$$

$$p_1 + \rho_1 v_1^2 = p_2 + \rho_2 v_2^2 \tag{8.34}$$

$$\frac{1}{2}v_1^2 + e_1 + \frac{p_1}{\rho_1} = \frac{1}{2}v_2^2 + e_2 + \frac{p_2}{\rho_2} \tag{8.35}$$

8.4　两相流力的分析

8.4.1　曳力与曳力系数

流体与固体颗粒之间有相对运动时，将发生动量传递。颗粒表面对流体有阻力，流体则对颗粒表面有曳力。阻力与曳力是一对作用力与反作用力。由于颗粒表面几何形状和流体绕颗粒流动的流场这两个方面的复杂性，流体与颗粒表面之间的动量传递规律远比在固体壁面上要复杂得多。

图 8.11 所示为爬流示意图，来流速度很小，流动很缓慢，颗粒迎流面与背流面的流线对称。

在球坐标系（图 8.12）中用连续性方程和 N-S 方程可得到颗粒周围流体中剪应力 $\tau_{r\theta}$ 和静压强 p 的分布为

$$\tau_{r\theta} = \frac{3}{2}\frac{\mu u}{R}\left(\frac{R}{r}\right)^4 \sin\theta \tag{8.36}$$

$$p = p_0 - \rho gz - \frac{3}{2}\frac{\mu u}{R}\left(\frac{R}{r}\right)^2 \cos\theta \tag{8.37}$$

式中，p_0 为来流压力。流体对单位面积球体表面的曳力（表面摩擦应力）为

$$\tau_s = - \tau_{r\theta} \mid_{r=R} = - \frac{3}{2} \frac{\mu u}{R} \sin\theta \qquad (8.38)$$

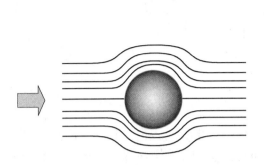

图 8.11 爬流示意图

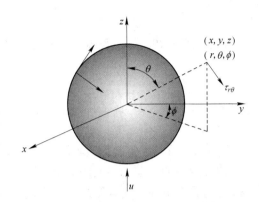

图 8.12 流体对单位面积球体表面示意图

$\tau_{r\theta}$ 在 z 轴的分量为

$$\tau_{r\theta}\cos(\theta + \pi/2) = \tau_{r\theta}\sin\theta \qquad (8.39)$$

所以整个球体表面摩擦曳力在流动方向上的分量 F_τ 为

$$F_\tau = \int_0^{2\pi} d\phi \int_0^\pi - (-\sin\theta \, \tau_{r\theta} \mid_{r=R}) R^2 \sin\theta d\theta$$

$$= \int_0^{2\pi} d\phi \int_0^\pi \left(\sin\theta \cdot \frac{3}{2} \frac{\mu u}{R} \sin\theta\right) R^2 \sin\theta d\theta$$

$$= 4\pi\mu R u \qquad (8.40)$$

流体静压强对整个球体表面的作用力在流动方向上的分量为

$$F_n = \int_0^{2\pi} d\phi \int_0^\pi (-\cos\theta \cdot p \mid_{r=R}) R^2 \sin\theta d\theta$$

$$= \int_0^{2\pi} d\phi \int_0^\pi - \left(p - \rho g R\cos\theta - \frac{3}{2} \frac{\mu u}{R} \cos\theta\right) R^2 \sin\theta\cos\theta d\theta$$

$$= \frac{4}{3}\pi R^3 \rho g + 2\pi\mu R u \qquad (8.41)$$

流体对颗粒的形体曳力 F_p 正比于流速 u，而浮力 F_b 与流体运动无关。
流体流动对颗粒表面的总曳力为摩擦曳力与形体曳力之和：

$$F_d = F_\tau + F_p = 4\pi\mu R u + 2\pi\mu R u = 6\pi\mu R u \qquad (8.42)$$

颗粒雷诺数：

$$Re_p = \frac{d_p u \rho}{\mu} \qquad (8.43)$$

严格地说，只有在 $Re_p < 0.1$ 的爬流条件下才符合上式的求解条件。
一般地，颗粒表面的总曳力 F_d 为

$$F_d = C_D A_p \frac{\rho u^2}{2} \tag{8.44}$$

（1）$Re_p < 2$，层流区（斯托克斯定律区）

$$C_D = \frac{24}{Re_p} \tag{8.45}$$

（2）$2 < Re_p < 500$，过渡区（阿仑定律区）

$$C_D = \frac{18.5}{Re_p^{0.6}} \tag{8.46}$$

（3）$500 < Re_p < 2 \times 10^5$，湍流区（牛顿定律区）

$$C_D \approx 0.44 \tag{8.47}$$

（4）$Re_p > 2 \times 10^5$，湍流边界层区

边界层内的流动也转变为湍流，流体动能增大使边界层分离点向后移动，尾流收缩、形体曳力骤然下降，实验结果显示此时曳力系数下降且呈现不规则的现象，$C_D \approx 0.1$。曳力系数 C_D 与颗粒雷诺数 Re_p 的关系如图 8.13 所示。

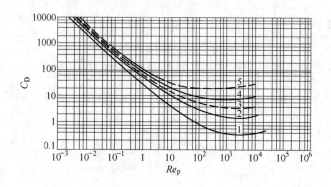

图 8.13　曳力系数 C_D 与颗粒雷诺数 Re_p 的关系

流体绕球形颗粒流动时的边界层分离见图 8.14。

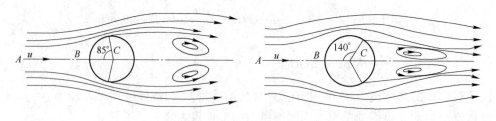

图 8.14　流体绕球形颗粒流动时的边界层分离现象

单颗粒（或充分分散、互不干扰的颗粒群）在流体中自由沉降时（见图 8.15），在所受合力方向上产生加速度：

$$m \frac{\mathrm{d}\boldsymbol{u}}{\mathrm{d}t} = \Sigma \boldsymbol{F} \tag{8.48}$$

合力为零时，颗粒与流体之间将保持一个稳定的相对速度。

$$F_d = F_g - F_b$$

即 $\quad C_D \cdot \dfrac{\rho u_t^2}{2} \cdot \dfrac{\pi d_p^2}{4} = \dfrac{1}{6}\pi d_p^3(\rho_p - \rho)g$

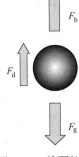

图 8.15 单颗粒在流体中受力示意图

解得 $\quad u_t = \sqrt{\dfrac{4}{3}\dfrac{d_p(\rho_p - \rho)g}{C_D\rho}}$ (8.49)

u_t 由颗粒与流体综合特性决定，包括待定的曳力系数 C_D。颗粒-流体体系一定，u_t 一定，与之对应的 Re_p 也一定。根据对应的 Re_p，可得到不同 Re_p 范围内 u_t 的计算式：

（1）$Re_p < 2$，层流区（斯托克斯公式）

$$u_t = \dfrac{d_p^2(\rho_p - \rho)g}{18\mu}$$ (8.50)

（2）$2 < Re_p < 500$，过渡区（阿仑公式）

$$u_t = 0.27 \times \sqrt{\dfrac{d_p(\rho_p - \rho)gRe_p^{0.6}}{\rho}}$$ (8.51)

（3）$500 < Re_p < 2 \times 10^5$，湍流区（牛顿公式）

$$u_t = 1.74 \times \sqrt{\dfrac{d_p(\rho_p - \rho)g}{\rho}}$$ (8.52)

因 Re_p 中包含 u_t，故需通过试差确定计算公式。灵活运用上述原理还可以根据颗粒在流体中沉降速度的实验数据关联出颗粒的粒度 d_p 或密度 ρ_p。

u_t 是颗粒在流体中受到的曳力、浮力与重力平衡时颗粒与流体间的相对速度，取决于流、固二相的性质，与流体的流动与否无关。颗粒在流体中的绝对速度 u_p 则与流体流动状态直接相关。当流体以流速 u 向上流动时，三个速度的关系为

$$u_p = u - u_t$$ (8.53)

$u=0$，$u_p = u_t$，流体静止，颗粒向下运动；

$u_p = 0$，$u = u_t$，颗粒静止地悬浮在流体中；

$u > u_t$，$u_p > 0$，颗粒向上运动；

$u < u_t$，$u_p < 0$，颗粒向下运动。

8.4.2 非球形颗粒的几何特征与曳力系数

一般采用与球形颗粒相对比的当量直径来表征非球形颗粒的主要几何特征。

等体积当量直径 d_{eV} $\qquad d_{eV} = \sqrt[3]{\dfrac{6V}{\pi}}$

等表面积当量直径 d_{eA} $\qquad d_{eA} = \sqrt{\dfrac{A}{\pi}}$

等比表面积当量直径 d_{ea} $\qquad a_p = \dfrac{A_p}{V_p} = \dfrac{6}{d_p} \qquad d_{ea} = \dfrac{6}{a} = \dfrac{6}{A/V}$

颗粒形状系数 $\qquad \phi_A = \dfrac{a_p}{a}$

非球形颗粒 4 个几何参数之间的关系 $\phi_A = \left(\dfrac{d_{eV}}{d_{eA}} \right)^2 = \dfrac{d_{ea}}{d_{eV}}$

工程上多采用可以测量的等体积当量直径 d_{eV} 和具有直观意义的形状系数 ϕ_A。

8.4.3 流体通过固定床的流动

固定床（fixed bed）的主要特征是具有固定不动的固体颗粒层，例如固定床催化反应器、吸附分离器、离子交换器等。流体在固定床中的流动状态直接影响到传热、传质与化学反应。

8.4.3.1 粒度分布

测量颗粒粒度有筛分法、光学法、电学法、流体力学法等。工业上常见固定床中的混合颗粒，粒度一般大于 70mm，通常采用筛分的方法来分析颗粒群的粒度分布。标准筛：国际标准组织 ISO 规定制式是由一系列筛孔孔径递增（0.045～4.0mm）的，筛孔为正方形的金属丝网筛组成，相邻两筛号筛孔尺寸之比约为 2。由于历史的原因，各国还保留一些不同的筛孔制，例如常见的泰勒制，即是以筛网上每英寸长度的筛孔数为筛号，国内将其称为目数。

8.4.3.2 密度函数（频率函数）和分布函数

若筛孔直径为 d_{i-1} 和 d_i 相邻两筛的筛留质量为 m_i，质量分率为 x_i，则有

$$d_{pi} = \frac{1}{2}(d_{i-1}+d_i) \qquad \bar{f}_i = \frac{x_i}{d_{i-1}-d_i}$$

粒度等于和小于 d_{pi} 的颗粒占全部颗粒的质量分率：

混合颗粒粒度分布函数 $F_i = \displaystyle\int_0^{d_{pi}} f(d_p)\,\mathrm{d}(d_p)$ (8.54)

两函数可相互转换 $f(d_{pi}) = \dfrac{\mathrm{d}F}{\mathrm{d}(d_p)}\bigg|_{d_p = d_{pi}}$ (8.55)

密度函数（频率函数）和分布函数如图 8.16 所示。

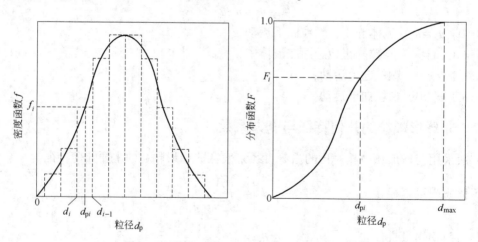

图 8.16 密度函数（频率函数）和分布函数

混合颗粒的平均直径：由于颗粒的比表面对流体通过固定床的流动影响最大，通常以比表面积相等的原则定义混合颗粒的平均直径 d_{pm}。

若密度为 ρ_p 的单位质量混合球形颗粒中，粒径为 d_{pi} 的颗粒的质量分率为 x_i，则混合

颗粒的比表面为

$$a = \frac{\Sigma\left(\dfrac{x_i}{\rho_p}\right)a_i}{\dfrac{1}{\rho_p}} = \Sigma x_i \frac{6}{d_{pi}}$$

$$d_{pm} = \frac{6}{a} = \frac{1}{\Sigma\left(\dfrac{x_i}{d_{pi}}\right)}$$

对于非球形颗粒，按同样的原则可得

$$d_{pm} = \frac{1}{\Sigma\left(\dfrac{x_i}{\phi_{Ai} d_{eVi}}\right)}$$

也可用质量平均求混合颗粒的平均直径

$$d_{pm} = \Sigma x_i d_{pi}$$

8.4.3.3 床层的空隙率、自由截面和比表面

床层空隙率是指颗粒床层中空隙体积与床层总体积之比：

$$\varepsilon = \frac{V_0}{V_b} = \frac{V_b - V_p}{V_b}$$

床层自由截面：颗粒床层横截面上可供流体流通的空隙面积。

床层比表面：单位体积床层具有的颗粒的表面积。

$$a_b = (1-\varepsilon)a$$

8.4.3.4 流体通过固定床的压降

流体在颗粒床层纵横交错的空隙通道中流动，流速的方向与大小时刻变化，一方面使流体在床层截面上的流速分布趋于均匀，另一方面使流体产生相当大的压降。测量固定床的困难在于通道的细微几何结构十分复杂，即使是爬流时压降的理论计算也是十分困难的，我们可以将模型简化并通过实验数据关联。

如图 8.17 所示，把颗粒床层的不规则通道虚拟为一组长为 L_e 的平行细管，其总的内表面积等于床层中颗粒的全部表面积，总的流动空间等于床层的全部空隙体积。

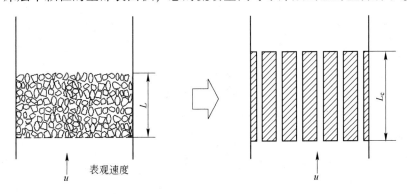

图 8.17 固定床的模型简化

该管组（即床层）的当量直径可表达为

$$d_{eb} = \frac{4 \times 管组流通截面积}{管组湿润周边}$$

$$d_{eb} = \frac{4 \times 床层空隙体积}{床层颗粒的全部表面积}$$

$$d_{eb} = \frac{4\varepsilon}{a_b} = \frac{4\varepsilon}{a(1-\varepsilon)}$$

将流体通过颗粒床层的流动简化为在长为 L_e、当量直径 d_{eb} 的管内流动，床层的压降 Δp 表达为

$$\Delta p_b = \lambda \cdot \frac{L_e}{d_{eb}} \cdot \frac{\rho u_1^2}{2} \tag{8.56}$$

式中，u_1 为流体在虚拟细管内的流速，等价于流体在床层颗粒空隙间的实际（平均）流速。

工程上为了直观对比的方便，将流体通过颗粒床层的阻力损失表达为单位床层高度上的压降

$$\frac{\Delta p_b}{L} = \lambda \cdot \frac{L_e}{L} \cdot \frac{1}{d_{eb}} \cdot \frac{\rho u_1^2}{2} = \left(\lambda \frac{L_e}{8L} \right) \frac{(1-\varepsilon)a}{\varepsilon^3} \cdot \rho u^2 = \lambda' \frac{(1-\varepsilon)a}{\varepsilon^3} \rho u^2 \tag{8.57}$$

式中，λ' 是固定床流动摩擦系数，$\lambda' = f(Re_b)$；床层雷诺数 $Re_b = \frac{d_{eb} u_1 \rho}{4\mu} = \frac{\rho u}{a(1-\varepsilon)\mu}$。

欧根（Ergun）关联式： $Re_b =$ （0.17~420）

$$\lambda' = \frac{4.17}{Re_b} + 0.29 \tag{8.58}$$

$$\frac{\Delta p_b}{L} = 4.17 \frac{a^2(1-\varepsilon)^2}{\varepsilon^3} \mu u + 0.29 \frac{a(1-\varepsilon)}{\varepsilon^3} \rho u^2 \tag{8.59}$$

$$\frac{\Delta p_b}{L} = 150 \frac{(1-\varepsilon)^2}{\varepsilon^3 d_{ea}^2} \mu u + 1.75 \frac{1-\varepsilon}{\varepsilon^3 d_{ea}} \rho u^2 \tag{8.60}$$

欧根方程中 Re_b 与 λ' 的关系见图 8.18。

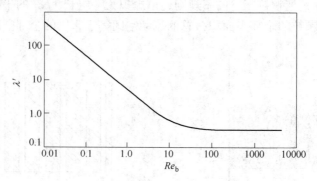

图 8.18   欧根方程中 Re_b 与 λ' 的关系示意图

可用 ϕ_A 与 d_{eV} 的乘积 $\phi_A d_{eV}$ 代替 d_{ea}。

当 $Re_b < 2.8(Re_p < 10)$ 时，欧根方程右侧第二项可忽略。即流动为层流时，压降与流速和黏度的一次方均成正比。

$$\frac{\Delta p_b}{L} = 150 \frac{(1-\varepsilon)^2}{\varepsilon^3 d_{ea}^2} \mu u \tag{8.61}$$

当 $Re_b > 280(Re_p > 1000)$ 时，欧根方程右侧第一项可忽略。即流动为湍流时，压降与流速的平方成正比而与黏度无关。

$$\frac{\Delta p_b}{L} = 1.75 \frac{1-\varepsilon}{\varepsilon^3 d_{ea}} \rho u^2 \tag{8.62}$$

与管内 $\lambda \sim Re$ 关系不同的是，$\lambda' \sim Re_b$ 的变化是一条连续光滑曲线，说明流体在颗粒床层中由滞流到湍流是渐变过程，这反映了颗粒床层对流体速度分布的均化作用。

8.4.4 固体颗粒流态化

流态化（流化床）的特点是颗粒在流体中悬浮或随其一起流动。流化床可以强化颗粒与流体间的传热、传质与化学反应特性。

8.4.4.1 流态化过程及流化床操作范围

流化床操作范围：临界流化速度 u_{mf} 与带出速度之间。

u_{mf} 是流化床的特性，是固定床变为流化床的一个转折点。可由实验测定的 $\Delta p_b \sim u$ 曲线得到较准确的值，如图 8.19 所示。

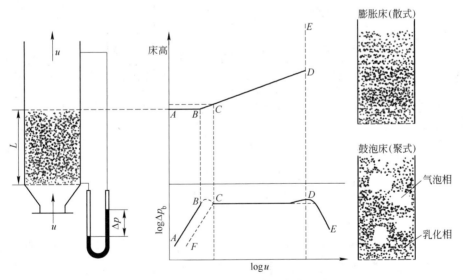

图 8.19　流态化气速与压降和床高的关联

初始流化时，床层内颗粒群（注意不是单颗粒）所受的曳力、浮力与重力相平衡，即流体通过床层的阻力 Δp_b 等于单位床层面积上颗粒所受的重力与浮力之差。

$$\Delta p_b = L_{mf}(1-\varepsilon_{mf})(\rho_p - \rho)g \tag{8.63}$$

因该状态下床层压降也符合欧根方程，将其与上式联立并用 $(\phi_A d_{eV})$ 代替 d_{ea}，可得

$$150 \frac{(1-\varepsilon_{mf})^2}{\varepsilon_{mf}^3 (\phi_A d_{eV})^2} \mu u_{mf} + 1.75 \frac{1-\varepsilon_{mf}}{\varepsilon_{mf}^3 \phi_A d_{eV}} \rho u_{mf}^2 = (1-\varepsilon_{mf})(\rho_p - \rho)g$$

当 d_{eV} 较小，u_{mf} 对应的 $Re_p < 10$ 时，左侧第二项可忽略，则

$$u_{mf} = \frac{(\phi_A d_{eV})^2}{150\mu} \cdot \frac{\varepsilon_{mf}^3}{1-\varepsilon_{mf}}(\rho_p - \rho)g \tag{8.64}$$

当 d_{eV} 较大，u_{mf} 对应的 $Re_p > 1000$ 时，左侧第一项可忽略，则

$$u_{mf} = \sqrt{\frac{\phi_A d_{eV} \varepsilon_{mf}^3}{1.75} \cdot \frac{(\rho_p - \rho)g}{\rho}} \tag{8.65}$$

注意：计算 u_{mf} 的准确程度及可靠范围取决于关联式本身。应充分估计 u_{mf} 计算值的误差。最好以实验测定为准。

颗粒几何性质及床层 ε_{mf} 可用经验式估算

$$\phi_A \varepsilon_{mf}^3 \approx \frac{1}{14}, \qquad \frac{\phi_A^2 \varepsilon_{mf}^3}{1-\varepsilon_{mf}} \approx \frac{1}{11}$$

8.4.4.2　流化床主要特性及流化类型

充分流态化的床层表现出类似于液体的性质：密度比床层平均密度 ρ_m 小的物体可以浮在床面上；床面保持水平；服从流体静力学，即高差为 L 的两截面的压差 $\Delta p = \rho_m g L$；颗粒具有与液体类似的流动性，可以从器壁的小孔喷出；联通的流化床能自行调整床层上表面使之在同一水平面上，如图 8.20 所示。

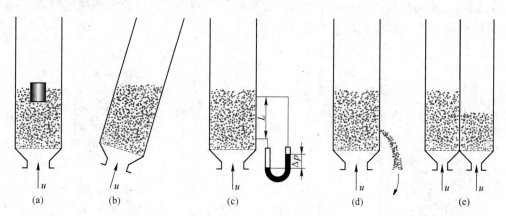

图 8.20　充分流态化的床层表现出类似于液体的性质

不正常的流化现象有：

腾涌（slugging）：颗粒层被气泡分成几段并像活塞一样被推动上升，在顶部破裂后颗粒回落。腾涌时床层高度起伏很大，器壁被颗粒磨损加剧，引起设备振动，损伤床内构件，如图 8.21（a）所示。

沟流：大量气体经过局部截面通过床层，其余部分仍为固定床而未流化（"死床"），如图 8.21（b）所示。

腾涌与沟流都会使气-固两相接触不充分、不均匀、流化质量不高，使传热、传质和化学反应效率下降。

改善聚式流化质量的措施如图 8.22 所示。气体分布板：高阻分布板（大于 $10\%\Delta p_b$，且大于 $0.35\text{mmH}_2\text{O}$）可使气体初始分布均匀，以抑制气泡的生成和沟流的发生。

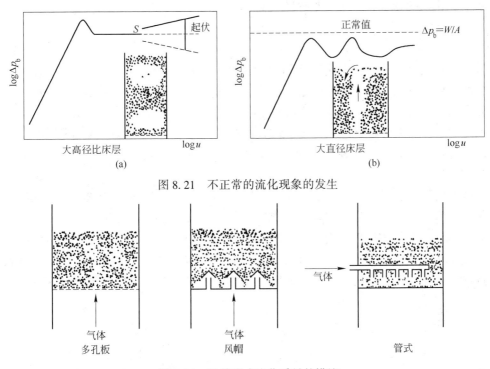

图 8.21 不正常的流化现象的发生

图 8.22 改善聚式流化质量的措施

内部构件能够阻止气泡合并或破碎大气泡;宽分布粒度的细颗粒可提高床层的均化程度。

8.4.4.3 聚式与散式流态化的判断

散式流态化（particulate fluidization）的特征为颗粒分散均匀，随着流速增加床层均匀膨胀，床内空隙率均匀增加，床层上界面平稳，压降稳定、波动很小。散式流态化是较理想的流化状态。一般流-固两相密度差较小的体系呈现散式流态化特征，如液-固流化床。

聚式流态化（aggregative fluidization）的特征为颗粒分布不均匀，床层呈现两相结构。即颗粒浓度与空隙率分布较均匀且接近初始流化状态的连续相（乳化相）和以气泡形式夹带着少量颗粒穿过床层向上运动的不连续相（气泡相），又称鼓泡流态化。一般出现在液-固两相密度差较大的体系，如气-固流化床。

气-固流态化与液-固流态化并不是区分聚式与散式流态化的唯一依据，在一定的条件下气-固床可以呈现散式流态化（密度小的颗粒在高压气体中流化）或者液-固床呈现聚式流态化（重金属颗粒在水中流化）行为。

根据液-固两相的性质及流化床稳定性理论，B. Bomero 和 I. N. Johanson 提出了如下的准数群判据：

散式流态化　　　　　$(Fr)_{mf}(Re_p)_{mf}[(\rho_p-\rho)/\rho](L_{mf}/D)<100$

聚式流态化　　　　　$(Fr)_{mf}(Re_p)_{mf}[(\rho_p-\rho)/\rho](L_{mf}/D)>100$

式中，$(Fr)_{mf}$ 为临界流化条件下的弗劳德数，$(Fr)_{mf}=u_{mf}^2/gd_p$；D 为床径。

8.4.4.4 流化床床层高度及分离高度

实际操作流速与临界流化速度之比 u/u_{mf}，床层的流化状态和流化质量与流化数有很

大关系。流化床的膨胀高度 L 与临界流化高度之比

$$R = \frac{L}{L_{mf}} = \frac{1 - \varepsilon_{mf}}{1 - \varepsilon}$$

　　散式流化具有空隙率随流化数均匀变化的规律，聚式流化乳化相的空隙率几乎不变，床层膨胀主要由气泡相的膨胀所引起。聚式流化床膨胀比是一个较难确定的参数。

　　分离高度 H 或 TDH（transport disengaging height）：流化床膨胀高度以上颗粒可以依靠重力沉降回落的高度。超过这一高度后颗粒将被带出。TDH 的确定对流化床气体出口位置的设计具有重要意义，如图 8.23 所示。

　　A　广义流态化体系

　　对高流化数（数百）下的操作，可在床顶设置旋风分离器将随气流带出的颗粒（$u_t < u$）回收并返回床内。广义流态化体系包括密相层、稀相段和颗粒输送段。

　　例：流态化催化裂化装置如图 8.24 所示，原料油高温气化后与催化剂颗粒在提升管内形成高速并流向上的稀相输送，$5 \sim 7s$ 即可完成原料油的催化裂解反应。催化剂经旋风分离器分离后由下行管进入再生器，被从底部送入的空气流化再生，停留时间约为 $7 \sim 12min$。

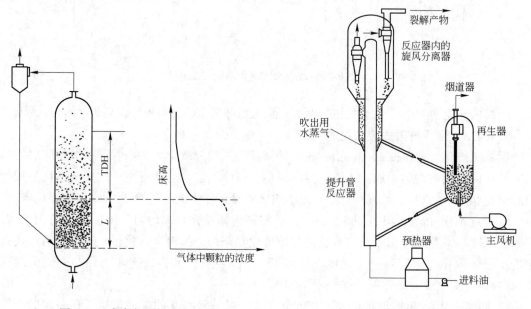

图 8.23　床高与颗粒浓度关系　　　　　图 8.24　流态化催化裂化装置

　　B　气力输送（pneumatic transport）

　　气力输送：在密闭的管道中借用气体（最常用的是空气）动力使固体颗粒悬浮并进行输送，如图 8.25 所示。

　　输送对象：从微米量级的粉体到数毫米大小的颗粒。优点：效率高；全密闭式的输送既可保证产品质量，又可避免粉体对环境的污染；容易实现管网化和自动化；可在输送过程中同步进行气-固两相的物理和化学加工（颗粒干燥、表面包裹、气-固反应等）。缺点：能耗高，设计和操作不当易使颗粒过度碰撞而磨蚀、破碎，同时造成管道和设备的磨损。

　　（1）垂直气力输送颗粒-流体两相流流动特性与流型图。颗粒-流体两相的流体动力学

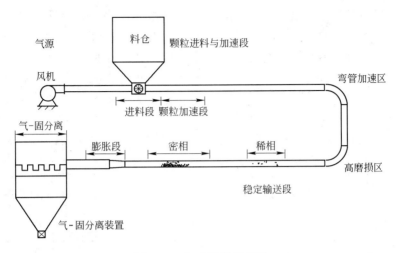

图 8.25　气力输送示意图

特征常表现为流型转变，影响参数为气体流速，敏感参数是输送管内的压降。气力输送又可以分为稀相输送与密相输送，如图 8.26、图 8.27 所示。

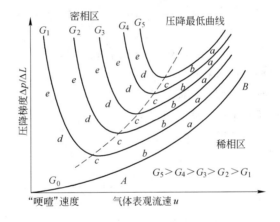

图 8.26　垂直气力输送流型图

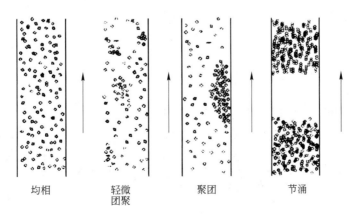

图 8.27　垂直气力输送管内流型图

（2）水平气力输送。输送中重力的作用方向与流动方向垂直，使颗粒保持悬浮的不再是曳力，而是水平流动的气流对颗粒产生的升力，因此管内流型（主要是密相）也有所不同。水平气力输送流型图及管内流型图，如图8.28、图8.29所示。

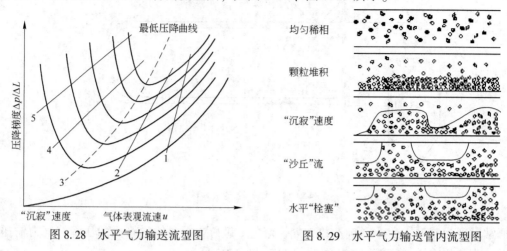

图 8.28　水平气力输送流型图　　　　　　图 8.29　水平气力输送管内流型图

气力输送装置的压降包括输送段压降、除尘装置压降和系统内各管件、阀件压降。直管输送段压降 Δp 为

$$\Delta p = \Delta p_f + \Delta p_a + \Delta p_r + \Delta p_i \tag{8.66}$$

式中　Δp_f——气体与管壁的摩擦损失；

　　　Δp_a——颗粒加速所需的惯性压降；

　　　Δp_r——使颗粒悬浮并上升的重力压降；

　　　Δp_i——颗粒自身及与管壁的碰撞与摩擦压降。

8.5　两相流模型

把流体和颗粒看作具有相互作用的两相，在微元长度 ΔL 内，分别以流体相和颗粒相为控制体进行动量衡算（图8.30），得到

流体相　$m_g \dfrac{\mathrm{d}u}{\mathrm{d}t} = -F_d - F_{w,g} - F_{f,g} + F_{\Delta p,g}$

颗粒相　$m_p \dfrac{\mathrm{d}c}{\mathrm{d}t} = F_d - F_{w,p} - F_{f,p} + F_{\Delta p,p}$　　(8.67)

式中　u, c——气相与颗粒相在管内的平均流速；

　　　m_g, m_p——气相和颗粒相在控制体内的质量。

若微元管段内的空隙率为 ε，则

流体相　　　$m_g = \varepsilon \rho \Delta V = \varepsilon \rho \dfrac{\pi d^2}{4} \Delta L$

颗粒相　　　$m_p = (1-\varepsilon)\rho_p = (1-\varepsilon)\rho_p \dfrac{\pi d^2}{4} \Delta L$

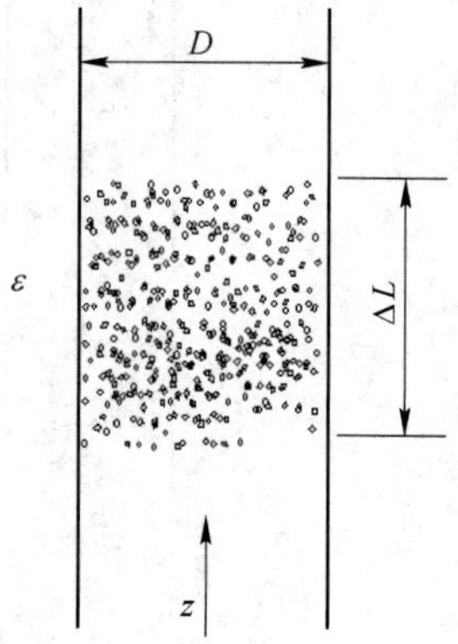

图 8.30　两相流动模型示意图

气相对颗粒相的曳力 F_d：对粒径为 d_p 的颗粒

$$F_d = \frac{3}{4}C_D \cdot m_p \cdot \frac{\rho}{\rho_p} \cdot \frac{v^2}{d_p} = \frac{3}{4}C_D \cdot m_p \cdot \frac{\rho}{\rho_p} \cdot \frac{\left(\frac{u}{\varepsilon}-c\right)^2}{d_p}$$

两相滑移速度

$$v = \frac{u}{\varepsilon} - c = u_1 - c$$

流体相摩擦阻力 $F_{f,g}$：假定管内自由截面分率与 ε 相等，则

$$F_{f,g} = \Delta p_f \frac{\varepsilon \pi d^2}{4} = \lambda \cdot \frac{\Delta L}{d} \cdot \frac{\rho u_1^2}{2} \cdot \frac{\varepsilon \pi d^2}{4} = \lambda \cdot \frac{u_1^2}{2d} \cdot m_g$$

而将颗粒相的摩擦阻力 $F_{f,p}$ 表达为

$$F_{f,p} = \Delta p_i \frac{(1-\varepsilon)\pi d^2}{4} = \lambda_i \cdot \frac{\Delta L}{d} \cdot \frac{\rho_p c^2}{2} \cdot \frac{(1-\varepsilon)\pi d^2}{4} = \lambda_p \cdot \frac{c^2}{2d} \cdot m_p$$

压降梯度对两相的作用力 $F_{\Delta p,g}$ 和 $F_{\Delta p,p}$ 分别表达为

$$F_{\Delta p,g} = -\frac{\partial p}{\partial z} \frac{\varepsilon \pi d^2 \Delta L}{4} \approx -\frac{\Delta p}{\Delta L} \frac{m_g}{\rho}$$

$$F_{\Delta p,p} = -\frac{\partial p}{\partial z} \frac{(1-\varepsilon)\pi d^2 \Delta L}{4} \approx -\frac{\Delta p}{\Delta L} \frac{m_p}{\rho_p}$$

以上各式中所有动力学参数及颗粒相摩擦系数 λ_p 直接与管内空隙率有关。气力输送中固体加料速率和两相的流速都直接影响空隙率的大小。

颗粒质量流率为 G，流体质量流率为 w，则

气力输送加料比

$$\Psi = \frac{G}{w}$$

或以体积流率之比 ϕ 来表达，则为

$$\phi = \frac{V_p}{V_g} = \frac{G}{w} \cdot \frac{\rho}{\rho_p} = \Psi \cdot \frac{\rho}{\rho_p}$$

粗略估算时常以加料比判断流型，例如有人将 $\Psi = 15$ 作为密相输送与稀相输送的分界线。实际上，即使加料比相同，两相的物性或流速不同，气力输送管道中固体颗粒的真实体积密度并不一样。

在均匀分布条件下，空隙率与颗粒流速 c、气体实际流速 u_1 的关系为

$$\varepsilon = \frac{c\rho_p}{c\rho_p + u_1\rho\Psi} = 1 - \frac{u}{c} \cdot \frac{\rho}{\rho_p} \cdot \Psi \tag{8.68}$$

$$\Psi = \frac{G}{w} = \frac{c}{u_1} \cdot \frac{\rho_p}{\rho} \cdot \frac{1-\varepsilon}{\varepsilon} = \frac{c}{u} \cdot \frac{\rho_p}{\rho} \cdot (1-\varepsilon) \tag{8.69}$$

气-固两相间的相互作用力 F_d 是两相模型的核心，目前，要预测其大小尚有许多困难，因此限制了两相模型的实际应用。

习　题　8

8.1　大气温度 T 随海拔高度 z 变化的关系式是 $T = T_0 - 0.0065z$，$T_0 = 288K$，一架飞机在 10km 高空以时

速 900km 飞行，求其飞行马赫数。

8.2 如图 8.31 所示，压气机将绝对压强为 $p=3\times10^5$ Pa、温度为 $t=117℃$ 的压缩空气输向两台涡轮发动机，压气机总质量流量为 $q_{m0}=2000$ kg/h，气体常数 $R_g=287$ J/(kg·K)，已知 $d_0=10$ cm，$q_{m1}=\dfrac{1}{4}q_{m0}$，$q_{m2}=\dfrac{3}{4}q_{m0}$，试求管中的气流速度 v_0、两分支管路中的管道直径 d_1 和 d_2。

8.3 飞机在温度 $t=20℃$ 的海平面的飞行速度与在同温层 $t=-50℃$ 的飞行速度相等，问后一情况的马赫数比前一情况的马赫数大多少？

8.4 如图 8.32 所示，模型实验中气流温度为 15℃，而驻点 P 的温度为 40℃，流动可视为绝热，试求：

（1）气流的马赫数；

（2）气流速度；

（3）驻点压强比气流压强增大的百分数。

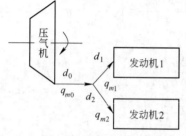

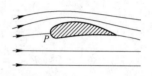

图 8.31 习题 8.2 图　　　　　　　　　　图 8.32 习题 8.4 图

8.5 如图 8.33 所示，用毕托静压管测量风洞中的气流速度，测得 $h=120$ mm 汞柱，$H=600$ mm 汞柱，驻点温度 $t_0=40℃$。试求气流速度和马赫数。

8.6 在绝热气流中，测得流线上 1 点的速度为 $v_1=225$ m/s，声速为 $c_1=335$ m/s，压强为 $p_1=1.03\times10^5$ Pa，2 点的速度为 $v_2=315$ m/s，绝热指数 $\gamma=1.4$，试求 2 点的压强 p_2。

8.7 空气在管道中作等熵流动，在截面 1 上的参数为 $T_1=350$ K，$v_1=60$ m/s，如果截面 2 上的温度为 $T_1=300$ K，求 v_2。

8.8 在如图 8.34 所示的绝热空气流动中，已知 1—1 断面上的气流平均速度 $v_1=365$ m/s，压强 $p_1=80$ kPa，温度 $t_1=32℃$，2—2 断面上的压强 $p_2=120$ kPa，试求：

（1）2—2 断面上的速度和温度；

（2）1—1、2—2 断面上马赫数。

已知气体常数 $R_g=287$ J/(kg·K)，绝热指数 $\gamma=1.4$。

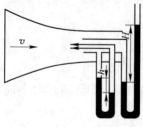

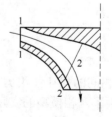

图 8.33 习题 8.5 图　　　　　　　　　　图 8.34 习题 8.8 图

8.9 在 $\rho=1.8$ kg/m³、$t=75℃$ 的空气中，飞机的马赫数 $Ma=0.7$，试求驻点密度、驻点压强和驻点温度。

9 相似原理与量纲分析

实验既是发展理论的依据又是检验理论的准绳，解决科技问题往往离不开科学实验。在探讨流体运动的内在机理和物理本质方面，当根据不同问题提出研究方法、发展流体力学理论、解决各种工程实际问题时，都必须以科学实验为基础。

工程流体力学的实验主要有两种：一种是工程性的模型实验，目的在于预测即将建造的大型机械或水工结构上流体的流动情况；另一种是探索性的观察实验，目的在于寻找未知的流动规律。指导工程流体力学实验的理论基础是相似原理和量纲分析。

本章内容包括相似原理、量纲分析及其应用。要求理解力学相似、相似准则等概念，掌握近似模型法、π 定理、量纲分析法的应用，重点掌握弗劳德模型法、雷诺模型法、欧拉模型法 3 种近似模型法、量纲分析法的应用。

9.1 相 似 原 理

9.1.1 力学相似的基本概念

为了能够在模型流动上表现出实物流动的主要现象和性能，也为了能够从模型流动上预测实物流动的结果，必须使模型流动和其相似的实物流动保持力学相似关系，所谓力学相似是指实物流动与模型流动在对应点上对应物理量都应该有一定的比例关系，具体地说力学相似应该包括三个方面：

（1）几何相似，即模型流动与实物流动有相似的边界形状，一切对应的线性尺寸成比例。

如果用下标为 p 的物理量符号表示实物流动，用下标为 m 的物理量符号表示模型流动，则长度比例尺 λ_l（也称线性比例尺）、面积比例尺 λ_A 和体积比例尺 λ_V 分别为

$$\lambda_l = \frac{l_p}{l_m} \tag{9.1}$$

$$\lambda_A = \frac{A_p}{A_m} = \frac{l_p^2}{l_m^2} = \lambda_l^2 \tag{9.2}$$

$$\lambda_V = \frac{V_p}{V_m} = \frac{l_p^3}{l_m^3} = \lambda_l^3 \tag{9.3}$$

其中长度比例尺 λ_l 是几何相似的基本比例尺，面积比例尺 λ_A 和体积比例尺 λ_V 可由长度比例尺导出。长度 l 的量纲是 L，面积 A 的量纲是 L^2，体积 V 的量纲是 L^3。

（2）运动相似，即实物流动与模型流动的流线应该几何相似，而且对应点上的速度成比例。因此，速度比例尺

$$\lambda_v = \frac{v_\mathrm{p}}{v_\mathrm{m}} \tag{9.4}$$

是力学相似的又一个基本比例尺，其他运动学的比例尺可以按照物理量的定义或量纲由 λ_l 及 λ_v 来确定。

时间比例尺

$$\lambda_t = \frac{t_\mathrm{p}}{t_\mathrm{m}} = \frac{l_\mathrm{p}/v_\mathrm{p}}{l_\mathrm{m}/v_\mathrm{m}} = \frac{\lambda_l}{\lambda_v} \tag{9.5}$$

加速度比例尺

$$\lambda_a = \frac{a_\mathrm{p}}{a_\mathrm{m}} = \frac{v_\mathrm{p}/t_\mathrm{p}}{v_\mathrm{m}/t_\mathrm{m}} = \frac{\lambda_v}{\lambda_t} = \frac{\lambda_v^2}{\lambda_l} \tag{9.6}$$

流量比例尺

$$\lambda_Q = \frac{Q_\mathrm{p}}{Q_\mathrm{m}} = \frac{l_\mathrm{p}^3/t_\mathrm{p}}{l_\mathrm{m}^3/t_\mathrm{m}} = \frac{\lambda_l^3}{\lambda_t} = \lambda_l^2 \lambda_v \tag{9.7}$$

（3）动力相似，即实物流动与模型流动应该受同种外力作用，而且对应点上的对应力成比例。

密度比例尺

$$\lambda_\rho = \frac{\rho_\mathrm{p}}{\rho_\mathrm{m}} \tag{9.8}$$

是力学相似的第三个基本比例尺，其他动力学的比例尺均可按照物理量的定义或量纲由 λ_ρ、λ_l 及 λ_v 来确定。

质量比例尺

$$\lambda_m = \frac{m_\mathrm{p}}{m_\mathrm{m}} = \frac{\rho_\mathrm{p} V_\mathrm{p}}{\rho_\mathrm{m} V_\mathrm{m}} = \lambda_\rho \lambda_l^3 \tag{9.9}$$

力的比例尺

$$\lambda_F = \frac{F_\mathrm{p}}{F_\mathrm{m}} = \frac{m_\mathrm{p} a_\mathrm{p}}{m_\mathrm{m} a_\mathrm{m}} = \lambda_m \lambda_a = \lambda_\rho \lambda_l^2 \lambda_v^2 \tag{9.10}$$

压强（应力）比例尺

$$\lambda_p = \frac{F_\mathrm{p}/A_\mathrm{p}}{F_\mathrm{m}/A_\mathrm{m}} = \frac{\lambda_F}{\lambda_A} = \lambda_\rho \lambda_v^2 \tag{9.11}$$

值得注意的是，无量纲系数的比例尺

$$\lambda_C = 1 \tag{9.12}$$

即在相似的实物流动与模型流动之间存在着一切无量纲系数皆对应相等的关系，这提供了在模型流动上测定实物流动中的流速系数、流量系数、阻力系数等的可能性。

此外，由于模型和实物大多处于同样的地心引力范围，故单位质量重力（或重力加速度）g 的比例尺 λ_g 一般等于 1，即

$$\lambda_g = \frac{g_\mathrm{p}}{g_\mathrm{m}} = 1 \tag{9.13}$$

所有这些力学相似的比例尺均列在表9.1的"力学相似"栏中，基本比例尺 λ_l、λ_v、λ_ρ 是各自独立的，基本比例尺确定之后，其他一切物理量的比例尺都可以确定，模型流动与实物流动之间一切物理量的换算关系也就都确定了。

9.1.2 相似准则

模型流动与实物流动如果力学相似，则必然存在着许许多多的比例尺，但是我们却不可能也不必要用一一检查比例尺的方法去判断两个流动是否力学相似，因为这样是不胜其烦的，判断相似的标准是相似准则。

设模型流动符合不可压缩流体的运动微分方程式，其 x 方向的投影为

$$X - \frac{1}{\rho}\frac{\partial p}{\partial x} + \nu\,\nabla^2 u_x = \frac{\mathrm{d}u_x}{\mathrm{d}t} \tag{9.14}$$

则与其力学相似的实物流动中各物理量必与模型流动中各物理量存在一定的比例尺关系，故实物流动的运动方程式可以表示为

$$\lambda_g X - \frac{\lambda_p}{\lambda_\rho \lambda_l}\frac{1}{\rho}\frac{\partial p}{\partial x} + \frac{\lambda_\nu \lambda_v}{\lambda_l^2}\nu\,\nabla^2 u_x = \frac{\lambda_v^2}{\lambda_l}\frac{\mathrm{d}u_x}{\mathrm{d}t} \tag{9.15}$$

我们知道 N-S 方程式中的所有各项都具有加速度的量纲 LT^{-2}，故上式每一项前面的比例尺都是加速度的比例尺，它们应该是相等的，即

$$\lambda_g = \frac{\lambda_p}{\lambda_\rho \lambda_l} = \frac{\lambda_\nu \lambda_v}{\lambda_l^2} = \frac{\lambda_v^2}{\lambda_l} \tag{9.16}$$

由式(9.14)及式(9.15)可以看出，式(9.16)中的四项都有确定的物理意义，它们分别代表实物流动与模型流动中，作用在单位质量流体上的质量力之比、压力之比、黏性力之比与惯性力之比。

用式(9.16)中的前三项分别去除第四项，则可写出下列三个等式：

（1）
$$\frac{\lambda_v^2}{\lambda_g \lambda_l} = 1 \tag{9.17}$$

或
$$\frac{v_p^2}{g_p l_p} = \frac{v_m^2}{g_m l_m} \tag{9.18}$$

式中，$\dfrac{v^2}{gl} = Fr$ 称为弗劳德（Froude）数，它代表惯性力与重力之比。

（2）
$$\frac{\lambda_\rho \lambda_v^2}{\lambda_p} = 1 \quad 或 \quad \frac{\lambda_p}{\lambda_\rho \lambda_v^2} = 1 \tag{9.19}$$

即
$$\frac{p_p}{\rho_p v_p^2} = \frac{p_m}{\rho_m v_m^2} \tag{9.20}$$

式中，$\dfrac{p}{\rho v^2} = Eu$ 称为欧拉（Euler）数，它代表压力与惯性力之比。

（3）
$$\frac{\lambda_v \lambda_l}{\lambda_\nu} = 1 \tag{9.21}$$

或 $$\frac{v_{p}l_{p}}{\nu_{p}} = \frac{v_{m}l_{m}}{\nu_{m}} \tag{9.22}$$

式中，$\dfrac{vl}{\nu} = Re$ 称为雷诺（Reynold）数，它代表惯性力与黏性力之比。

　　总结以上可见，如果两个流动力学相似，则它们的弗劳德数、欧拉数、雷诺数必须各自相等。于是

$$\left.\begin{array}{l} Fr_{p} = Fr_{m} \\ Eu_{p} = Eu_{m} \\ Re_{p} = Re_{m} \end{array}\right\} \tag{9.23}$$

称为不可压缩流体定常流动的力学相似准则。据此判断两个流动是否相似，显然比一一检查比例尺要方便得多。

　　相似准则不但是判断相似的标准，而且也是设计模型的准则，因为满足相似准则实质上意味着相似比例尺之间保持下列三个互相制约的关系

$$\left.\begin{array}{l} \lambda_{v}^{2} = \lambda_{g}\lambda_{l} \\ \lambda_{p} = \lambda_{\rho}\lambda_{v}^{2} \\ \lambda_{\nu} = \lambda_{l}\lambda_{v} \end{array}\right\} \tag{9.24}$$

　　设计模型时，所选择的三个基本比例尺 λ_{l}、λ_{v}、λ_{ρ} 如果能满足这三个制约关系，当然模型流动与实物流动是完全力学相似的。但这是有困难的，因为，如前所述一般单位质量力的比例尺 $\lambda_{g} = 1$，于是从式（9.24）的第一式可得

$$\lambda_{v} = \lambda_{l}^{\frac{1}{2}} \tag{9.25}$$

从式（9.24）的第三式可得

$$\lambda_{v} = \frac{\lambda_{\nu}}{\lambda_{l}} \tag{9.26}$$

因此

$$\lambda_{\nu} = \lambda_{l}^{\frac{3}{2}} \tag{9.27}$$

　　模型可大可小，即线性比例尺是可以任意选择的，但流体运动黏度的比例尺 λ_{ν} 要保持 $\lambda_{l}^{\frac{3}{2}}$ 的数值就不容易了。工程上固然有办法配制各种黏度的流体（如用不同百分比的甘油水溶液等），但用这种化学性质不稳定而又昂贵的流体作为模型流体是并不合适的。模型实验一般用水和空气作为工作介质者居多，如水洞、水工试验池、风洞等等。模型流体的黏度通常不能满足式（9.27）的要求。

　　一般情况下，模型与实物流动中的流体往往就是同一种介质（例如，航空器械往往在风洞中实验，水工模型往往用水做实验，液压元件往往就用工作油液实验），此时 $\lambda_{\nu} = 1$，于是由式（9.24）的第一式可得

$$\lambda_{v} = \lambda_{l}^{\frac{1}{2}}$$

由式（9.24）的第三式可得

$$\lambda_v = \frac{1}{\lambda_l} \qquad (9.28)$$

显然速度比例尺绝对不可能使两者同时满足，除非 $\lambda_l = 1$，但这又不是模型而是原型实验了。

由于比例尺制约关系的限制，同时满足弗劳德准则和雷诺准则是困难的，因而一般模型实验难以实现全面的力学相似。欧拉准则与上述两个准则并无矛盾，因此如果放弃弗劳德准则和雷诺准则，或者放弃其一，那么选择基本比例尺就不会遇到困难。这种不能保证全面力学相似的模型设计方法称为近似模型法。

9.1.3 近似模型法

近似模型法也不是没有科学根据的，弗劳德数代表惯性力与重力之比，雷诺数代表惯性力与黏性力之比，这三种力在一个具体问题上不一定具有同等的重要性，只要能针对所要研究的具体问题，保证它在主要方面不致失真，而有意识地摒弃与问题本质无关的次要因素，不仅无碍于实际问题的研究，而且从突出主要矛盾来说甚至是有益的。

近似模型法有如下三种：

（1）弗劳德模型法。在水利工程及明渠无压流动中，处于主要地位的力是重力。用水位落差形式表现的重力是支配流动的原因，用静水压力表现的重力是水工结构中的主要矛盾。黏性力有时不起作用，有时作用不太显著，因此弗劳德模型法的主要相似准则是

$$\frac{v_p^2}{g_p l_p} = \frac{v_m^2}{g_m l_m} \qquad (9.29)$$

一般模型流动与实物流动中的重力加速度是相同的，于是

$$\frac{v_p^2}{l_p} = \frac{v_m^2}{l_m} \qquad (9.30)$$

或

$$\lambda_v = \lambda_l^{\frac{1}{2}} \qquad (9.31)$$

此式说明在弗劳德模型法中，速度比例尺可以不再作为需要选取的基本比例尺。将式（9.30）代入式（9.1）~式（9.13）的有关公式中，则可得出各物理量的比例尺与基本比例尺 λ_l、λ_ρ 的关系（列于表9.1的"重力相似"栏中）。

弗劳德模型法在水利工程上应用甚广，大型水利工程设计必须首先经过模型实验的论证而后方可投入施工。

（2）雷诺模型法。管中有压流动是在压差作用下克服管道摩擦而产生的流动，黏性力决定压差的大小，也决定管内流动的性质，此时重力是无足轻重的次要因素，因此雷诺模型法的主要准则是

$$\frac{v_p l_p}{\nu_p} = \frac{v_m l_m}{\nu_m} \qquad (9.32)$$

或

$$\lambda_v = \frac{\lambda_\nu}{\lambda_l} \qquad (9.33)$$

这说明速度比例尺 λ_v 取决于线性比例尺 λ_l 和运动黏度比例尺 λ_v。将此式代入式 (9.1)~式(9.13)的有关公式中，即可得出各物理量的比例尺与基本比例尺 λ_l、λ_ν、λ_ρ 的关系（列于表9.1的"黏性力相似"栏中）。

表9.1　力学相似及近似模型法的比例尺

模型法	力学相似	重力相似 弗劳德模型法	黏性力相似 雷诺模型法	压力相似 欧拉模型法
相似准则	$Fr_p = Fr_m$ $Re_p = Re_m$ $Eu_p = Eu_m$	$\dfrac{v_p^2}{g_p l_p} = \dfrac{v_m^2}{g_m l_m}$	$\dfrac{v_p l_p}{\nu_p} = \dfrac{v_m l_m}{\nu_m}$	$\dfrac{p_p}{\rho_p v_p^2} = \dfrac{p_m}{\rho_m v_m^2}$
比例尺的制约关系	$\lambda_l \lambda_v \lambda_\rho$	$\lambda_v = \lambda_l^{\frac{1}{2}}$	$\lambda_v = \dfrac{\lambda_\nu}{\lambda_l}$	$\lambda_p = \lambda_\rho \lambda_v^2$
线性比例尺 λ_l	基本比例尺	基本比例尺	基本比例尺	与"力学相似"栏相同
面积比例尺 λ_A	λ_l^2	λ_l^2	λ_l^2	
体积比例尺 λ_V	λ_l^3	λ_l^3	λ_l^3	
速度比例尺 λ_v	基本比例尺	$\lambda_l^{\frac{1}{2}}$	$\dfrac{\lambda_\nu}{\lambda_l}$	
时间比例尺 λ_t	$\dfrac{\lambda_l}{\lambda_v}$	$\lambda_l^{\frac{1}{2}}$	$\dfrac{\lambda_l^2}{\lambda_\nu}$	
加速度比例尺 λ_a	$\dfrac{\lambda_v^2}{\lambda_l}$	1	$\dfrac{\lambda_\nu^2}{\lambda_l^3}$	
流量比例尺 λ_Q	$\lambda_l^2 \lambda_v$	$\lambda_l^{\frac{5}{2}}$	$\lambda_\nu \lambda_l$	
运动黏度比例尺 λ_ν	$\lambda_l \lambda_v$	$\lambda_l^{\frac{3}{2}}$	基本比例尺	
角速度比例尺 λ_ω	$\dfrac{\lambda_v}{\lambda_l}$	$\lambda_l^{-\frac{1}{2}}$	$\dfrac{\lambda_\nu}{\lambda_l^2}$	
密度比例尺 λ_ρ	基本比例尺	基本比例尺	基本比例尺	
质量比例尺 λ_m	$\lambda_\rho \lambda_l^3$	$\lambda_\rho \lambda_l^3$	$\lambda_\rho \lambda_l^3$	
力的比例尺 λ_F	$\lambda_\rho \lambda_l^2 \lambda_v^2$	$\lambda_\rho \lambda_l^3$	$\lambda_\rho \lambda_\nu^2$	
力矩比例尺 λ_M	$\lambda_\rho \lambda_l^3 \lambda_v^2$	$\lambda_\rho \lambda_l^4$	$\lambda_\rho \lambda_l \lambda_\nu^2$	
功、能的比例尺 λ_E	$\lambda_\rho \lambda_l^3 \lambda_v^2$	$\lambda_\rho \lambda_l^4$	$\lambda_\rho \lambda_l \lambda_\nu^2$	
压强（应力）比例尺 λ_p	$\lambda_\rho \lambda_v^2$	$\lambda_\rho \lambda_l$	$\dfrac{\lambda_\rho \lambda_\nu^2}{\lambda_l^2}$	
动力黏度比例尺 λ_μ	$\lambda_\rho \lambda_l \lambda_v$	$\lambda_\rho \lambda_l^{\frac{3}{2}}$	$\lambda_\rho \lambda_\nu$	
功率比例尺 λ_P	$\lambda_\rho \lambda_l^2 \lambda_v^3$	$\lambda_\rho \lambda_l^{\frac{7}{2}}$	$\dfrac{\lambda_\rho \lambda_\nu^3}{\lambda_l}$	
单位质量力比例尺 λ_g	1	1	1	
无量纲系数比例尺 λ_C	1	1	1	
适用范围	原理论证；自模区的管流等	水工结构，明渠水流，波浪阻力，闸孔出流等	管中流动，液压技术，孔口出流，水力机械等	自动模型区的管流，风洞实验，气体绕流等

雷诺模型法的应用范围也很广泛，管道流动、液压技术、水力机械等方面的模型实验多数采用雷诺模型法。

（3）欧拉模型法。在第4章中介绍了黏性流动的一种特殊现象，当雷诺数增大到一定界限之后，惯性力与黏性力之比也大到一定程度，黏性力的影响相对减弱，此时继续提高雷诺数，便不再对流动现象和流动性能产生质和量的影响，此时尽管雷诺数不同，但黏性效果却是一样的。这种现象称为自动模型化，产生这种现象的雷诺数范围称为自动模型区，雷诺数处在自动模型区时，雷诺准则失去判别相似的作用。这也就是说，研究雷诺数处于自动模型区时的黏性流动不满足雷诺准则也会自动出现黏性力相似。因此设计模型时，黏性力的影响不必考虑了；如果是管中流动，或者是气体流动，其重力的影响也不必考虑；这样我们只需考虑代表压力和惯性力之比的欧拉准则就可以了。事实上欧拉准则的比例尺制约关系 $\lambda_p = \lambda_\rho \lambda_v^2$ 就是全面力学相似中的压强比例尺式（9.11），这说明需要独立选取的基本比例尺仍然是 λ_l、λ_v、λ_ρ，于是按欧拉准则设计模型实验时，其他物理量的比例尺与力学相似的诸比例尺是完全一致的。

欧拉模型法用于自动模型区的管中流动、风洞实验及气体绕流等情况。

[**例题 9.1**] 图9.1表示深为 $H = 4\text{m}$ 的水在弧形闸门下的流动。

（1）试求 $\lambda_\rho = 1$，$\lambda_l = 10$ 的模型上的水深 H'。

（2）在模型上测得流量 $Q_\text{m} = 155\text{L/s}$，收缩断面的速度 $v_\text{m} = 1.3\text{m/s}$，作用在闸门上的力 $F_\text{m} = 50\text{N}$，力矩 $M_\text{m} = 70\text{N·m}$。试求实物流动上的流量、收缩断面上的速度、作用在闸门上的力和力矩。

图 9.1 弧形闸门

[**解**] 闸门下的水流是在重力作用下的流动，因而模型应该是按照弗劳德模型法设计，其比例尺可由表9.1查得。

（1）模型水深

$$H' = \frac{H}{\lambda_l} = \frac{4}{10} = 0.4\text{m}$$

（2）实物上的流量

$$Q_\text{p} = \lambda_Q Q_\text{m} = \lambda_l^{\frac{5}{2}} Q_\text{m} = 10^{\frac{5}{2}} \times 0.155 = 49\text{m}^3/\text{s}$$

实物收缩断面上的速度

$$v_\text{p} = \lambda_v v_\text{m} = \lambda_l^{\frac{1}{2}} v_\text{m} = \sqrt{10} \times 1.3 = 4.11\text{m/s}$$

实物闸门上的力

$$F_\text{p} = \lambda_F F_\text{m} = \lambda_\rho \lambda_l^3 F_\text{m} = 1 \times 10^3 \times 50 = 5 \times 10^4\text{N}$$

实物闸门上的力矩

$$M_\text{p} = \lambda_M M_\text{m} = \lambda_\rho \lambda_l^4 M_\text{m} = 1 \times 10^4 \times 75 = 7.5 \times 10^5\text{N·m}$$

[**例题 9.2**] 有一直径为15cm的输油管，管长5m，管中通过流量为 $0.2\text{m}^3/\text{s}$ 的油，现在改用水来做实验，模型管径和原型一样，原型中油的黏度 $\nu = 0.13\text{cm}^2/\text{s}$，模型中的水温为10℃，问模型中水的流量为多少才能达到相似？若测得5m长的模型管段的压差水头为3cm，试问：在原型输油管中100m的管段长度上压差水头为多少？（用油柱高表示）

[**解**] （1）输油管中流动的主要作用力是黏性力，所以黏性力相似就是两种流动的雷诺数应该相等，即 $Re_\text{p} = Re_\text{m}$，由此得流量比例尺 $\lambda_Q = \lambda_\nu \lambda_l$。

已知油的 $\nu_p = 0.13\text{cm}^2/\text{s}$，查表得 10℃水的黏度 $\nu_m = 0.0131\text{cm}^2/\text{s}$，所以

$$\lambda_\nu = \frac{\lambda_p}{\lambda_m} = \frac{0.13}{0.0131} \approx 10.0$$

$$Q_m = \frac{Q_p}{\lambda_Q} = \frac{Q_p}{\lambda_\nu \lambda_l} = \frac{0.2}{10 \times 1} = 0.02\text{m}^3/\text{s}$$

（2）要使黏性力为主的管流得到模型与原型在压强上的相似，就要保证两种流动中压力与黏性力成一定的比例，即要同时保证黏性力相似和压力相似，实验模型应该按照雷诺模型法和欧拉模型法设计，此时

$$\lambda_p = \frac{\lambda_\rho \lambda_\nu^2}{\lambda_l^2} = \frac{\lambda_\rho \lambda_l^2 \lambda_v^2}{\lambda_l^2} = \lambda_\rho \lambda_v^2$$

因 $\lambda_\gamma = \lambda_\rho \lambda_g$，则原型压强用油柱表示为

$$h_p = \left(\frac{\Delta p}{\gamma}\right)_p = h_m \lambda_p / \lambda_\gamma = h_m \lambda_\nu^2 / \lambda_g \lambda_l^2$$

又 $\lambda_g = 1$，$\lambda_l = 1$，所以若 5m 长模型管段的压差水头为 0.03m 时，原型中的压差（油柱高）为

$$h_p = 0.03 \times (0.13/0.0131)^2/1 = 2.95\text{m}$$

原型输油管中 100m 的管段长度上压差水头（油柱高）为

$$2.95 \times 100/5 = 59\text{m}$$

9.2 量纲分析及其应用

在流体力学及其他许多科学领域中都会遇到这样的情况：根据分析判断可以知道若干个物理量之间存在着函数关系，或者说其中一个物理量 N 受其余物理量 n_i（$i = 1\sim k$）的影响，但是由于情况复杂，运用已有的理论方法尚不能确定出准确描述这种变化过程的方程式，这时揭示这若干个物理量之间函数关系的唯一方法就是科学实验。

如果用依次改变每个自变量的方法实验，显然对于多种影响因素的情况来说是不适宜的。为了合理地选择实验变量，同时又能使实验结果具有普遍使用价值，一般需要将物理量之间的函数式转化为无量纲数之间的函数式。用无量纲数之间的函数式所表达的实验曲线具有更普遍的使用价值。如何确定实验中的无量纲数需要量纲分析的知识。

9.2.1 量纲分析

在流体力学中需要进行实验研究的物理规律很多，例如能量损失、阻力、升力、推进力的公式等等。影响这些物理规律的因素那就更多，例如，流体的黏度、压强、温度、重力加速度、弹性模量、流量、表面粗糙度、线性尺寸、管道直径、流体速度、密度等等。

假定用函数

$$N = f(n_1, n_2, n_3, \cdots, n_i, \cdots, n_k) \tag{9.34}$$

表示一个需要研究的物理规律，在一定单位制下，这 $k+1$ 物理量都有一定的单位和数值。使用的单位制不同（如国际制、工程制、英制等），物理量的单位和数值也不同，但物理规律是客观存在的，它与单位制的选择无关。

现在不取通常所用的长度、时间、质量（或力）为基本单位，而是取对所研究的问题有重大影响的几个物理量，例如取 n_1、n_2、n_3 作为基本单位。当然这种特殊的 n_1、n_2、n_3 单位制也必须满足两点要求：（1）基本单位应该是各自独立的；（2）利用这几个基本单位应该能够导出其他所需要的一切物理量的单位。由于研究问题各不相同，对每种问题起重大影响的因素自然也不同，满足上述两点要求的基本单位可以有很多种组合形式。

例如研究水头损失及流动阻力等问题时，其影响因素常离不开线性尺寸 l、流体运动速度 v 及流体密度 ρ 这样三个基本物理量。这三个物理量分别具有几何学、运动学和动力学的特征，它们各自独立，而且也足以导出其他任何物理量的单位。因而以 $n_1 = l$，$n_2 = v$，$n_3 = \rho$ 就可以组成一组特殊单位制。

当研究其他问题时，可令 n_1、n_2、n_3 分别代表另外三个有重大影响而又满足上述两点要求的基本物理量。在 n_1、n_2、n_3 单位制下，每一种物理量都应该有一定的单位和数值。因而式(9.34)中的物理量都可以表示成这三个基本单位的一定幂次组合（即新的单位）与一个无量纲数的乘积，即

$$\left.\begin{aligned} N &= \pi n_1^x n_2^y n_3^z \\ n_i &= \pi_i n_1^{x_i} n_2^{y_i} n_3^{z_i} \end{aligned}\right\} \tag{9.35}$$

式中无量纲数

$$\left.\begin{aligned} \pi &= \frac{N}{n_1^x n_2^y n_3^z} \\ \pi_i &= \frac{n_i}{n_1^{x_i} n_2^{y_i} n_3^{z_i}} \end{aligned}\right\} \tag{9.36}$$

就是物理量 N 与 n_i 在 n_1、n_2、n_3 基本单位制下的数值，或者说在新的单位制下 N 与 n_i 的数值各自变小了 $n_1^x n_2^y n_3^z$ 与 $n_1^{x_i} n_2^{y_i} n_3^{z_i}$ 倍。因而在 n_1、n_2、n_3 基本单位制下式(9.34)的规律仍然不变，只是各物理量的数值有所改变。于是式(9.34)可以写成

$$\frac{N}{n_1^x n_2^y n_3^z} = f\left(\frac{n_1}{n_1^{x_1} n_2^{y_1} n_3^{z_1}}, \frac{n_2}{n_1^{x_2} n_2^{y_2} n_3^{z_2}}, \frac{n_3}{n_1^{x_3} n_2^{y_3} n_3^{z_3}}, \cdots, \frac{n_i}{n_1^{x_i} n_2^{y_i} n_3^{z_i}}, \cdots, \frac{n_k}{n_1^{x_k} n_2^{y_k} n_3^{z_k}}\right) \tag{9.37}$$

从右端前三项不难看出，其分母上的乘幂为

$$\left.\begin{aligned} x_1 &= 1 & y_1 = z_1 = 0 \\ y_2 &= 1 & x_2 = z_2 = 0 \\ z_3 &= 1 & x_3 = y_3 = 0 \end{aligned}\right\}$$

根据式(9.36)可得 $\pi_1 = \pi_2 = \pi_3 = 1$，于是

$$\pi = f(1, 1, 1, \pi_4, \pi_5, \cdots, \pi_i, \cdots, \pi_k)$$

或 $\qquad\qquad \pi = f(\pi_4, \pi_5, \cdots, \pi_i, \cdots, \pi_k) \tag{9.38}$

这样，运用选择新基本单位的办法，可使原来 $k+1$ 个有量纲的物理量之间的函数式

(9.34)变成 $k+1-3$ 个即 $k-2$ 个无量纲数之间的函数式(9.38),这就是泊金汉(E. Buckingham)定理,因为经常用 π 表示无量纲数,故又简称 π 定理。

π 定理只是说明了物理量函数式怎样转化为无量纲数的函数式,无量纲数的具体确定则要用量纲分析的方法。因为 π 是无量纲数,因而式(9.36)右端分子分母的量纲必须相同,对每个物理量 n_i 列出其分子分母量纲(L,T,M)的幂次方程,联立求解,即可得出分母上的乘幂 x_i,y_i,z_i,这样逐个分析即可确定出式(9.38)中所有无量纲数,用这种自变量个数已经减少三个的无量纲函数式安排实验和整理实验结果要比用原来的物理量函数式方便得多。

9.2.2 量纲分析法的应用

[**例题 9.3**] 根据实验观测,管中流动由于沿程摩擦而造成的压强差 Δp 与下列因素有关:管路直径 d、管中平均速度 v、流体密度 ρ、流体动力黏度 μ、管路长度 l、管壁的粗糙度 Δ,试求水管中流动的沿程水头损失。

[**解**] 根据题意知

$$\Delta p = f(d,\ v,\ \rho,\ \mu,\ l,\ \Delta)$$

选择 d、v、ρ 作为基本单位,它们符合基本单位制的两点要求,于是

$$\pi = \frac{\Delta p}{d^x v^y \rho^z},\quad \pi_4 = \frac{\mu}{d^{x_4} v^{y_4} \rho^{z_4}},\quad \pi_5 = \frac{l}{d^{x_5} v^{y_5} \rho^{z_5}},\quad \pi_6 = \frac{\Delta}{d^{x_6} v^{y_6} \rho^{z_6}}$$

各物理量的量纲如下:

物理量	d	v	ρ	Δp	μ	l	Δ
量纲	L	LT^{-1}	ML^{-3}	$ML^{-1}T^{-2}$	$ML^{-1}T^{-1}$	L	L

首先分析 Δp 的量纲,因为分子分母的量纲应该相同,所以

$$ML^{-1}T^{-2} = L^x (LT^{-1})^y (ML^{-3})^z = M^z L^{x+y-3z} T^{-y}$$

由此解得

$$z = 1,\ y = 2,\ x = 0$$

所以

$$\pi = \frac{\Delta p}{v^2 \rho}$$

其次分析 μ 的量纲,同理有

$$ML^{-1}T^{-1} = L^{x_4}(LT^{-1})^{y_4}(ML^{-3})^{z_4} = M^{z_4} L^{x_4+y_4-3z_4} T^{-y_4}$$

由此解得

$$z_4 = 1,\quad y_4 = 1,\quad x_4 = 1$$

所以

$$\pi_4 = \frac{\mu}{dv\rho}$$

同理可得

$$\pi_5 = \frac{l}{d},\quad \pi_6 = \frac{\Delta}{d}$$

将所有 π 值代入式(9.38)可得

$$\frac{\Delta p}{v^2 \rho} = f\left(\frac{\mu}{dv\rho},\ \frac{l}{d},\ \frac{\Delta}{d}\right)$$

因为管中流动的水头损失 $h_f = \dfrac{\Delta p}{\rho g}$，令 $Re = \dfrac{vd}{\nu} = \dfrac{vd\rho}{\mu}$，则

$$h_f = \frac{\Delta p}{\rho g} = \frac{v^2}{g} f\left(\frac{1}{Re}, \ \frac{l}{d}, \ \frac{\Delta}{d}\right)$$

从第 3 章可知沿程损失与管长 l 成正比，与管径 d 成反比，故 $\dfrac{l}{d}$ 可从函数符号中提出。另外，Re 与其倒数在函数中是等价的，将右式分母乘 2 也不影响公式的结构，故最后公式可写成

$$h_f = f\left(Re, \ \frac{\Delta}{d}\right) \frac{l}{d} \frac{v^2}{2g} = \lambda \frac{l}{d} \frac{v^2}{2g}$$

上式就是计算管路沿程阻力损失的达西公式，沿程阻力系数 λ 只由雷诺数和管壁的相对粗糙度决定，在实验中只要改变这两个自变量即可得出 λ 的变化规律。本例用量纲分析法得到了达西公式，可见量纲分析法在解决未知规律和指导实验方面有巨大作用。

[**例题 9.4**] 用孔板测流量。管路直径为 D，孔的直径为 d，流体的密度为 ρ，运动黏度为 ν，流体经过孔板的速度为 v，孔板前后的压强差为 Δp。用量纲分析法导出流量 Q 的表达式。

[**解**] 根据题意知

$$Q = f(D, \ d, \ \nu, \ v, \ \rho, \ \Delta p) = f(d, \ v, \ \rho, \ D, \ \nu, \ \Delta p)$$

选择孔的直径 d、流体速度 v、流体密度 ρ 作为基本单位，它们符合基本单位制的两点要求，于是

$$\pi = \frac{Q}{d^x v^y \rho^z}, \quad \pi_4 = \frac{D}{d^{x_4} v^{y_4} \rho^{z_4}}, \quad \pi_5 = \frac{\nu}{d^{x_5} v^{y_5} \rho^{z_5}}, \quad \pi_6 = \frac{\Delta p}{d^{x_6} v^{y_6} \rho^{z_6}}$$

各物理量的量纲如下：

物理量	d	v	ρ	Q	D	ν	Δp
量　　纲	L	LT^{-1}	ML^{-3}	$L^3 T^{-1}$	L	$L^2 T^{-1}$	$ML^{-1}T^{-2}$

首先分析 Q 的量纲，因为分子分母的量纲应该相同，所以

$$L^3 T^{-1} = L^x (LT^{-1})^y (ML^{-3})^z = M^z L^{x+y-3z} T^{-y}$$

由此解得 $\qquad\qquad z = 0, \qquad y = 1, \qquad x = 2$

所以 $\qquad\qquad\qquad\qquad \pi = \dfrac{Q}{d^2 v}$

同理可得 $\qquad\quad \pi_4 = \dfrac{D}{d}, \qquad \pi_5 = \dfrac{\nu}{dv}, \qquad \pi_6 = \dfrac{\Delta p}{\rho v^2}$

将所有 π 值代入式(9.38)可得

$$\frac{Q}{d^2 v} = f\left(\frac{D}{d}, \ \frac{\nu}{dv}, \ \frac{\Delta p}{\rho v^2}\right)$$

式中，$\dfrac{\nu}{dv}$ 的倒数 $\left(\dfrac{vd}{\nu}\right)$ 是雷诺数；Δp 与 v 是相互关联的，v 可以用 $\sqrt{\dfrac{\Delta p}{\rho}}$ 代换，而将 $\dfrac{\Delta p}{\rho v^2}$ 消去；

$\dfrac{Q}{d^2v}$ 与 $Q \Big/ \left(d^2 \sqrt{\dfrac{\Delta p}{\rho}} \right)$ 相等，是孔板流量系数 μ 的定义。所以上式可以写成

$$\frac{Q}{d^2v} = \varphi\left(Re,\ \frac{D}{d}\right) \quad \text{或} \quad Q = \varphi\left(Re,\ \frac{D}{d}\right)d^2v$$

即孔板的流量系数 μ 是管径对孔径比 D/d 和雷诺数 Re 的函数。根据这种关系，通过实验，以取得的雷诺数 Re 值为横坐标，流量系数 μ 值为纵坐标，以直径比 D/d 为附加参数，可以画出 μ 对 Re 的线图。图 9.2 表示不同 D/d 值的孔板流量计在各种 Re 值时的流量系数 μ 之值。

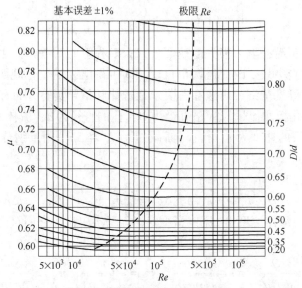

图 9.2   孔板流量计的流量系数 μ

上述两例说明了量纲分析法在解决未知函数规律上的作用，不过需要注意的是，使用量纲分析法首先要列出关系式 $N = f(n_1,\ n_2,\ n_3,\ \cdots,\ n_i,\ \cdots,\ n_k)$，式中的影响因素既要可靠又要全面。从影响因素中选取基本单位时既要是主要物理量又要符合单位制的两项条件。这些都说明只有对所要研究问题的物理本质认识得越透彻，才有可能更好地运用量纲分析法。归根到底，这种方法只是从实验中来又到实验中去的一种分析手段，缺乏由实验取得的一手资料而单纯依靠量纲分析是不可能得出什么成果的。与其他许多原理一样，量纲分析法虽然是科学技术上的一种重要手段，但它也并不是万能的。

习 题 9

9.1   如图 9.3 所示，煤油管路上的文丘里流量计 $D = 300\text{m}$，$d = 150\text{mm}$，流量 $Q = 100\text{L/s}$，煤油的运动黏度 $\nu = 4.5 \times 10^{-6}\,\text{m}^2/\text{s}$，煤油的密度 $\rho = 820\text{kg/m}^3$。用运动黏度 $\nu_m = 1 \times 10^{-6}\,\text{m}^2/\text{s}$ 的水在缩小为原型 1/3 的模型上试验，试求模型上的流量。如果在模型上测出水头损失 $h_{fm} = 0.2\text{m}$，收缩管段上压强差 $\Delta p_m = 10^5\text{Pa}$，试求煤油管路上的水头损失和收缩管段的压强差。

9.2   如图 9.4 所示，汽车高度 $h = 2\text{m}$，速度 $v = 100\text{km/h}$，行驶环境为 20℃时的空气。模型实验的空气为

0℃，气流速度为 $v'=60\mathrm{m/s}$。

（1）试求模型中的汽车高度 h'。

（2）在模型中测得汽车的正面阻力为 $F'=1500\mathrm{N}$，试求实物汽车行驶时的正面阻力。

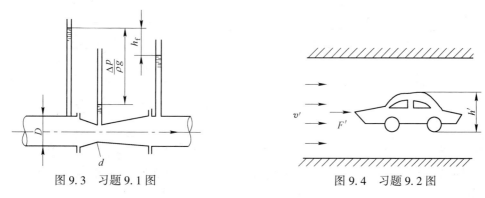

图 9.3　习题 9.1 图　　　　　　　　图 9.4　习题 9.2 图

9.3　一枚鱼雷长 5.8m，淹没在 15℃ 的海水（$\nu=1.5\times10^{-6}\mathrm{m^2/s}$）中，以时速 74km 行驶。一鱼雷模型长 2.4m，在 20℃ 的清水中试验，模型速度应为多少？若在标准状态的空气中试验，模型速度应为多少？

9.4　20℃ 的蓖麻油（$\rho=965\mathrm{kg/m^3}$）以每秒 5m 的速度在内径为 75mm 的管中流动。一根 50mm 直径的管子作为模型，以标准状态的空气在其中流动。为了动力相似，空气的平均速度应为多少？

9.5　在实验室中用 $\lambda_l=20$ 的比例模型研究溢流堰的流动，如图 9.5 所示。

（1）如果原型堰上水头 $h=3\mathrm{m}$，试求模型上的堰上水头。

（2）如果模型上的流量 $Q_\mathrm{m}=0.19\mathrm{m^3/s}$，试求原型上的流量。

（3）如果模型上的堰顶真空度 $h_\mathrm{vm}=200\mathrm{mm}$ 水柱，试求原型上的堰顶真空度。

9.6　煤油罐上的管路流动，准备用水塔进行模拟实验，如图 9.6 所示。已知煤油黏度 $\nu=4.5\times10^{-6}\mathrm{m^2/s}$，煤油管直径 $d=75\mathrm{mm}$，水的黏度 $\nu_\mathrm{m}=1\times10^{-6}\mathrm{m^2/s}$，试求：

（1）水管直径；（2）液面高度的比例尺；（3）流量的比例尺。

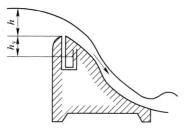　　　　　　　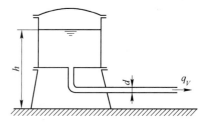

图 9.5　习题 9.5 图　　　　　　　　图 9.6　习题 9.6 图

9.7　有一圆管直径为 20cm，输送 $\nu_\mathrm{p}=0.4\mathrm{cm^2/s}$ 的油，其流量为 121L/s，若在实验中用 5cm 的圆管做模型试验，假如做实验时，（1）采用 20℃ 的水（$\nu_\mathrm{m}=1.003\times10^{-6}\mathrm{m^2/s}$），（2）采用 $\nu_\mathrm{m}=0.17\mathrm{cm^2/s}$ 的空气，则模型实验中流量各为多少？假定主要作用力为黏性力。

9.8　一个通风巷道，按 1：30 的比例尺建造几何相似的模型。用动力黏度为空气 50 倍、密度为空气 800 倍的水进行实验，保持动力相似的条件。若在模型上测得的压强降是 $22.8\times10^4\mathrm{Pa}$，则原型上相应的压强降为多少 $\mathrm{mmH_2O}$？

9.9　如图 9.7 所示，矩形堰单位长度上的流量 $\dfrac{Q}{B}=kH^x g^y$，式中 k 为常数，H 为堰顶水头，g 为重力加速度，试用量纲分析法确定待定指数 x、y。

9.10 如图9.8所示，经过孔口出流的流量与孔口直径 d、流体压强 p、流体密度 ρ 有关，试用量纲分析法确定流量的函数式。

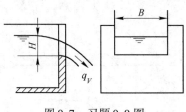

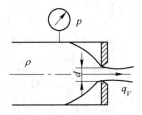

图 9.7　习题 9.9 图　　　　　　　图 9.8　习题 9.10 图

9.11 当液体在几何相似的管道中流动时，其压强损失的表达式为 $p = \dfrac{\rho l v^2}{d} \varphi\left(\dfrac{v d \rho}{\mu}\right)$（$d$ 为管道直径，l 为管道长度，ρ 为流体质量密度，μ 为流体的动力黏度，v 为流体在管中的速度，φ 表示函数），试证明之。

9.12 淹没在流体中并在其中运动的平板的阻力为 R。已知其与流体的密度 ρ、黏性 μ 有关，也与平板的速度 v、长度 l、宽度 b 有关。求阻力的表达式。

9.13 风机的输入功率与叶轮直径 D、旋转角速度 ω 以及流体的黏度 μ 有关，试用量纲分析法确定功率与其他变量间的关系。

9.14 若作用在圆球上的阻力 F 与球在流体中的运动速度 v、球的直径 D、流体密度 ρ、动力黏度 μ 有关，试用量纲分析法将阻力表示为有关量的函数。

10 流体机械：泵与风机

泵与风机都是输送流体的机械。一般地说，泵用于输送液体，风机用于输送气体。从能量观点来看，泵与风机都是传递和转换能量的机械。从外部输入的机械能，在泵或风机中传递给流体，转化为流体的压力能，以克服流体在流道中的阻力。有些流体如压气机中的气体及高压泵中的液体，有更高的压力能储备做功，有些液体被举到更高的位置（如水塔）而转化为位能。有些情况，流体在经过泵或风机后，速度也有变化，因而部分地转化为流体的动能。

按能量传递及转化的方式不同，泵与风机常分为叶轮动力式与容积式（或静力式）两大类。在叶轮动力式机械中，某些机械部件与流体间发生动力作用，在相关力的作用下，流体速度发生改变，其能量转换关系是由动能转化为压力能或由压力能转化为动能。如离心式或轴流式的泵或风机、液力联轴器、水轮机等就属于叶轮动力式机械，常称为涡轮机械。容积式或静力式机械的特点是容积的变化或流体的位移，由位移作用所提高的静压强大于由速度或动能的变化而提高的静压强。往复式泵、齿轮泵、回转式泵都属于容积式机械。

气体通过风机后，压力能增加不大，气体的密度变化很小，这种风机一般称为通风机。在通风机中的气体，为了简化计算，可视为不可压缩流体。但在压气机中，气体的密度有明显的变化，则应考虑其压缩性。

本章内容包括离心式泵、离心式通风机、轴流式风机，要求了解离心式泵的构造与工作原理、叶轮的类型、轴流式风机的工作原理，理解泵中的能量损失、泵的吸上扬程与气蚀现象、泵与风机的工况点、离心式泵的选择，掌握泵的扬程及效率计算、离心式泵的性能曲线、通风机风压的计算、离心式通风机的选择，重点掌握泵的扬程及效率计算、通风机风压的计算。

10.1 离心式泵

10.1.1 离心式泵的构造与工作原理

构成离心式泵的主要部件是固定在机座上的机壳及与转轴连在一起并随轴转动的叶轮。图 10.1 所示为离心式泵的简略构造与工作原理。

当泵工作时，外部动力驱动转轴旋转，叶轮 1 随着旋转，叶片 2 间原来充满着的液体在惯性离心力的作用下，从叶轮外缘抛出，在机壳 4 中汇集，从出口 5 排走。当叶片间的液体被抛出时，叶轮内缘入口 3 处压强降低，外部的液体便被吸入填充。叶轮转动不停，外部液体源源不断地经过叶轮从机壳出口排出或被送往需要的地方。液体经过叶轮时，装在叶轮上的许多叶片将能量传递给液体，使液体的压强与速度增加。液体在离开叶轮进入蜗形机壳后，一部分动能转化为压力能。

　　若将几个叶轮按一定的距离装在同一根转轴上，来提高液体的能量，这样的泵称为多级泵。为了把液体送到较远或较高的地方，常采用多级离心泵。

10.1.2　泵的扬程

　　一般离心式泵的装置如图 10.2 所示。1—1 断面为泵的进口，装有真空表 3；2—2 断面为泵出口，装有压力表 4。单位重量液体在泵出口处的能量 e_2 与在泵入口处的能量 e_1 之差，即单位重量液体在泵中实际获得的能量，就是泵的扬程或总扬程，也是泵的总水头或称总输水高度，以 H 表示，即

$$H = e_2 - e_1$$

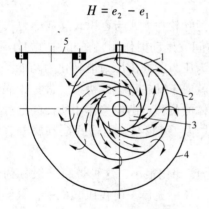

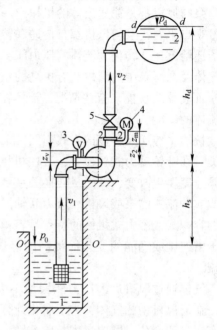

图 10.1　离心式泵的构造略图
1—叶轮；2—叶片；3—吸入口；
4—机壳；5—出口

图 10.2　离心式泵装置简图
1—吸液池；2—排液池；3—真空表；
4—压力表；5—闸阀

　　如图 10.2 所示，以吸液池 1 的液面 $O—O$ 为基准，单位重量液体在 1—1 断面和 2—2 断面处的能量分别为

$$e_1 = h_s + \frac{p_1}{\gamma} + \frac{v_1^2}{2g}$$

$$e_2 = h_s + z_2 + \frac{p_2}{\gamma} + \frac{v_2^2}{2g}$$

式中　γ ——液体的重度。

　　设大气的压强为 p_a，真空表的读数为 p_v，压力表的读数为 p_M，则

$$p_1 = p_a - p_v + \gamma z_v$$

$$p_2 = p_a + p_M + \gamma z_m$$

于是　　　　　$H = e_2 - e_1$

$$= h_s + z_2 + \frac{p_a + p_M}{\gamma} + z_m - h_s - \frac{p_a - p_v}{\gamma} - z_v + \frac{v_2^2 - v_1^2}{2g}$$

即
$$H = (z_2 + z_m) - z_v + \frac{p_M + p_v}{\gamma} + \frac{v_2^2 - v_1^2}{2g} \tag{10.1}$$

上式中，$(z_2 + z_m) - z_v = \Delta z$ 表示压力表与真空表位置的高度差。当 Δz 很小时可忽略不计，且若泵的进口断面积与出口断面积相等或相差很小时，即 $v_2 \approx v_1$，则总扬程

$$H = \frac{p_M + p_v}{\gamma} \quad 米液柱 \tag{10.2}$$

即从泵进口处的真空表读数与出口处的压力表读数之和，就可以表示泵的扬程大小。因此，在运转时，常根据真空表与压力表的读数，看泵的扬程变化。

[**例题 10.1**] 某工厂的水泵站，有一台水泵的吸入管直径 $d_1 = 250mm$，压出管直径 $d_2 = 200mm$，水泵出口的压力表与入口处真空表的位置高差为 0.3m。水泵正常运转时，真空表的读数 $p_v = 3.92 \times 10^4 Pa$，压力表的读数 $p_M = 8.33 \times 10^5 Pa$，测得其流量 $Q = 60L/s$。求水泵的扬程 H。

[**解**] 在泵的入口处，水的平均流速为

$$v_1 = \frac{Q}{\frac{\pi}{4}d_1^2} = \frac{0.06}{\frac{3.142 \times 0.25^2}{4}} = 1.222m/s$$

在泵的出口处，水的平均流速为

$$v_2 = \frac{Q}{\frac{\pi}{4}d_2^2} = \frac{0.06}{\frac{3.142 \times 0.2^2}{4}} = 1.91m/s$$

根据式(10.1)，求得泵的扬程为

$$H = \Delta z + \frac{p_M + p_v}{\gamma} + \frac{v_2^2 - v_1^2}{2g}$$

$$= 0.3 + \frac{39200 + 833000}{9800} + \frac{1.91^2 - 1.222^2}{2 \times 9.8}$$

$$= 89.41m$$

再按图 10.2，以 $O—O$ 面为基准，列吸液池液面与 1—1 断面的伯努利方程：

$$\frac{p_0}{\gamma} + \frac{v_0^2}{2g} = h_s + \frac{p_1}{\gamma} + \frac{v_1^2}{2g} + h_{ls} \tag{10.3}$$

则
$$e_1 = h_s + \frac{p_1}{\gamma} + \frac{v_1^2}{2g} = \frac{p_0}{\gamma} + \frac{v_0^2}{2g} - h_{ls}$$

列 2—2 断面与排液池液面 $d—d$ 的伯努利方程：

$$h_s + z_2 + \frac{p_2}{\gamma} + \frac{v_2^2}{2g} = h_s + h_d + \frac{p_d}{\gamma} + \frac{v_d^2}{2g} + h_{ld} \tag{10.4}$$

则
$$e_2 = h_s + h_d + \frac{p_d}{\gamma} + \frac{v_d^2}{2g} + h_{ld}$$

故 $\qquad\qquad\qquad H = e_2 - e_1$

$$= h_\mathrm{s} + h_\mathrm{d} + \frac{p_\mathrm{d}}{\gamma} + \frac{v_\mathrm{d}^2}{2g} + h_\mathrm{ld} - \frac{p_0}{\gamma} - \frac{v_0^2}{2g} + h_\mathrm{ls}$$

因为吸液池液面与排液池液面面积较大，$v_\mathrm{d} \approx 0$，$v_0 \approx 0$，故

$$H = h_\mathrm{s} + h_\mathrm{d} + h_\mathrm{ls} + h_\mathrm{ld} + \frac{p_\mathrm{d} - p_0}{\gamma} \qquad\qquad (10.5)$$

式中，$h_\mathrm{s} + h_\mathrm{d}$ 为排液池液面与吸液池液面的垂直距离，称为几何扬程，以 H_G 表示；$h_\mathrm{ls} + h_\mathrm{ld}$ 是吸入管路与压出管路的阻力损失，称为损失扬程或损失水头，以 H_1 表示；$p_\mathrm{d} - p_0$ 为排液池液面的压强 p_d 与吸液池液面的压强 p_0 之差。所以泵的总扬程是用于将单位重量液体举上几何高度 $h_\mathrm{s} + h_\mathrm{d}$、供给吸入管路与压出管路克服阻力所消耗的能量 $h_\mathrm{ls} + h_\mathrm{ld}$ 及克服排液池液面与吸液池液面的压强差 $\dfrac{p_\mathrm{d} - p_0}{\gamma}$。

如果吸液池与排液池都与大气相通，则 $p_\mathrm{d} = p_\mathrm{a} = p_0$，于是泵的扬程

$$H = h_\mathrm{s} + h_\mathrm{d} + h_\mathrm{ls} + h_\mathrm{ld} = H_\mathrm{G} + H_1 \qquad\qquad (10.6)$$

这是一般离心式泵装置的情况。由此可知，泵的扬程不仅包括将单位重量液体升高的几何高度，而且还包括吸入管路和压出管路中的阻力损失。

[例题 10.2]   由离心式泵经管路向水塔供水，其装置情况如下：

（1）吸入管路。管直径 $d_1 = 250\mathrm{mm}$，管长 $l_1 = 20\mathrm{m}$；每米长度的沿程损失 i_1 为 $0.02\mathrm{mH_2O}$；装有一个带底阀的滤水网（$\zeta_\mathrm{v} = 4.45$），$90°$弯头（$\zeta_\mathrm{b} = 0.291$）两个。

（2）压出管路。管直径 $d_2 = 200\mathrm{mm}$，管长 $l_2 = 200\mathrm{m}$；每米长度的沿程损失 i_2 为 $0.03\mathrm{mH_2O}$；装有全开的闸阀（$\zeta_\mathrm{g} = 0.05$）一个，$90°$弯头（$\zeta_\mathrm{b} = 0.291$）三个。管路出口的局部阻力系数 $\zeta_\mathrm{ex} = 1$。

（3）泵的吸入几何高度 $h_\mathrm{s} = 4\mathrm{m}$，压出几何高度 $h_\mathrm{d} = 30\mathrm{m}$；输水量 $Q = 60\mathrm{L/s}$；吸水池与水塔的液面均为大气。

试确定此水泵应具备的扬程 H。

[解]   水在吸入管中的流速为

$$v_1 = \frac{Q}{\dfrac{\pi}{4}d_1^2} = \frac{0.06}{\dfrac{3.142 \times 0.25^2}{4}} = 1.222\mathrm{m/s}$$

水在压出管中的流速为

$$v_2 = \frac{Q}{\dfrac{\pi}{4}d_2^2} = \frac{0.06}{\dfrac{3.142 \times 0.2^2}{4}} = 1.91\mathrm{m/s}$$

在吸入管中的阻力损失为

$$h_\mathrm{ls} = i_1 l_1 + \zeta_\mathrm{v} \frac{v_1^2}{2g} + 2\zeta_\mathrm{b} \frac{v_1^2}{2g}$$

$$= 0.02 \times 20 + 4.45 \times \frac{1.222^2}{2 \times 9.8} + 2 \times 0.291 \times \frac{1.222^2}{2 \times 9.8}$$

$$= 0.783\mathrm{mH_2O}$$

在压出管中的阻力损失为

$$h_{ld} = i_2 l_2 + \zeta_g \frac{v_2^2}{2g} + 3\zeta_b \frac{v_2^2}{2g} + \zeta_{ex} \frac{v_2^2}{2g}$$

$$= 0.023 \times 200 + 0.05 \times \frac{1.91^2}{2 \times 9.8} + 3 \times 0.291 \times \frac{1.91^2}{2 \times 9.8} + 1 \times \frac{1.91^2}{2 \times 9.8}$$

$$= 6.357 mH_2O$$

按式(10.6)求得水泵应具有的扬程为

$$H = h_s + h_d + h_{ls} + h_{ld} = 4 + 30 + 0.783 + 6.357 = 41.14m$$

10.1.3 叶轮

叶轮动力式机械的主要部件是叶轮。离心式泵扬程的高低，主要取决于叶轮的情况。分析流体在叶轮中的运动情况，对于了解与掌握这类机械设备的工作原理与性能是很重要的。

叶轮按构造的不同，可分为如下几种：

(1) 闭式叶轮。如图 10.3 所示，由轮毂 1、叶片 2、底盘 3、盖板 4 所组成。常用于清水泵中，效率较高。

(2) 半开式叶轮。有轮毂、底盘、叶片，而无盖板。多用于抽送黏性较大的液体。

(3) 开式叶轮。如图 10.4 所示，既无底盘，也无盖板；叶片 2 固定在轮毂 1 上。效率较低，用于输送污水或含有固体颗粒的矿浆或泥浆。

除上述的单面吸液的叶轮外，还有双面吸液的叶轮，如图 10.5 所示。这种叶轮由两个入口同时吸液，以增大流量。装置这种叶轮的泵，称为双吸式泵。

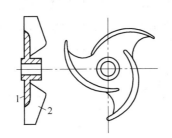
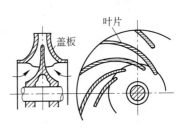

图 10.3　闭式叶轮　　　　图 10.4　开式叶轮　　　　图 10.5　双面吸液叶轮

为了分析方便，假设叶轮是理想的，即理想叶轮上的叶片数为无限多，叶片的厚度为无限薄，流体进入叶轮便紧沿着叶片运动，至叶轮出口处流出，可视为流体沿流束的运动。因而在同一断面上，便可认为有相同的压强分布与速度分布。并假设在叶轮中运动的流体为假想的无黏性流体，即不考虑任何能量损失。这样的叶轮传递给单位重量流体的能量，称为理想叶轮的欧拉扬程，以 H_E 表示。

当考虑叶轮的叶片数目时，应对理想叶轮的欧拉扬程 H_E 进行修正，可得实际叶轮但不计能量损失的理论扬程 H_t，有 $H_t = kH_E$。

10.1.4　泵中的能量损失

实际流体通过实际的泵，不可避免地会发生能量损失。这些损失必然由泵的输入功率中的相当部分来补偿。泵中的能量损失分为水力损失、容积损失和机械损失三类。

10.1.4.1　水力损失

影响泵内水力损失的因素很多，很难精确地判定出这些因素的综合影响。大体来说，引起水力损失的原因是：（1）壁面摩擦；（2）流动速度的大小或方向的改变而产生的旋涡及脱流，这里包括流道扩散损失与撞击损失。

（1）摩擦损失与扩散损失。摩擦损失发生于叶轮的流道及机壳之中，可用达西公式表示其关系：

$$h_{\mathrm{f}} = K_1 Q^2 \tag{10.7}$$

式中　K_1——考虑某台泵全部长度、流道横断面积及阻力系数的常数。

由于流道断面的扩大，流经其中的流体速度随之变化，引起的扩散损失可用下式表示：

$$h_{\mathrm{div}} = K_2 Q^2 \tag{10.8}$$

式中　K_2——随结构而定的系数。对于给定的泵，K_2 为常数。

因式（10.7）和式（10.8）所表示的这两种损失，都和流量 Q 的平方成比例，因而可以合并为一个式子，即

$$h_{\mathrm{fdiv}} = h_{\mathrm{f}} + h_{\mathrm{div}} = K_3 Q^2 \tag{10.9}$$

（2）撞击与脱流损失。这种损失主要发生在叶轮的入口处。流体沿轴向经过入口流进叶轮时，流体是没有转动的。但随即逐渐改变流动方向，按径向流进两叶片间的流道。若设计流量为 Q_{s}，则流体质点在叶片入口边缘处将有随叶轮绕轴旋转的牵连运动与按入口叶片角 β_1 方向对叶片的相对运动。如果流量小于或大于设计流量 Q_{s}，则流体质点对于叶片的相对速度 ω_1 将偏离入口叶片角 β_1，而与叶片撞击或脱离，形成旋涡，造成撞击损失。经实验研究，这种损失的增加与流量变化（$Q - Q_{\mathrm{s}}$）的平方成正比，即

$$h_{\mathrm{str}} = K_4 (Q - Q_{\mathrm{s}})^2 \tag{10.10}$$

式中　h_{str}——撞击与脱流损失；

　　Q——当时的体积流量；

　　Q_{s}——设计流量；

　　K_4——比例系数。

将式（10.9）与式（10.10）按同一流量 Q 叠加，得 $h_{\mathrm{str}} + h_{\mathrm{fdiv}}$ 曲线，即为此流量时泵的水力损失，用 h_{h} 表示。此项损失的能量，由叶轮产生的水头供给。因此，叶轮产生的实际水头或扬程，应为理论扬程 H_{t} 减去水力损失 h_{h} 后的能量，即

$$H = H_{\mathrm{t}} - h_{\mathrm{h}} \tag{10.11}$$

实际扬程与理论扬程之比称为水力效率，以 η_{h} 表示：

$$\eta_{\mathrm{h}} = \frac{H}{H_{\mathrm{t}}} = \frac{H}{H + h_{\mathrm{h}}} < 1 \tag{10.12}$$

所以　　　　　　　　　　$H = \eta_{\mathrm{h}} H_{\mathrm{t}} = \eta_{\mathrm{h}} k H_{\mathrm{E}} \tag{10.13}$

流体从机壳的入口进去，又自机壳的出口流出，除了在叶轮中的水力损失外，由于速度的方向或大小改变，与机壳的摩擦等，也都有水力损失。若 h_{h} 包括全部水力损失，则 η_{h} 就是泵的水力效率。

10.1.4.2　容积损失

漏失流体而造成的能量损失与转动部分和不动部分之间的间隙有关。根据泵的类型，流体的漏失可能发生于下列的一处、数处间隙或管路中：

（1）叶轮入口处的机壳和叶轮之间；

（2）多级泵内两个相邻级之间；

（3）填料箱密封或转轴与机壳间的缝隙；

（4）开式叶轮片的轴向间隙；

（5）经过向轴承体和填料箱供冷却液的管路。

单位时间内从泵输出的流体体积为 Q，漏失的流体体积为 Q_1，则不考虑漏失的理论流量 Q_t 为

$$Q_t = Q + Q_1$$

实际流量 Q 与理论流量 Q_t 之比，称为泵的容积效率，以 η_V 表示，即

$$\eta_V = \frac{Q}{Q_t} = \frac{Q}{Q + Q_1} < 1 \tag{10.14}$$

10.1.4.3　机械损失

由于流体作用在叶轮轮盘上的摩擦，轴承内和填料箱密封内的摩擦等所造成的能量损失，为机械损失。

若加给泵叶轮轴上功率为 N，消耗于机械摩擦的功率为 N_M，则泵的机械效率为

$$\eta_M = \frac{N - N_M}{N} < 1 \tag{10.15}$$

若无水力损失与容积损失，则单位时间内经过泵的流体所获得的能量 $\gamma Q_t H_t$ 应等于 $N-N_M$，即

$$\eta_M = \frac{\gamma Q_t H_t}{N}$$

或

$$N = \frac{\gamma Q_t H_t}{\eta_M} \tag{10.16}$$

式中　γ——流体的重度，N/m^3。

当考虑水力损失与容积损失时，将式（10.12）与式（10.14）中的 η_h 与 η_V 代入式（10.16）中，得

$$N = \frac{\gamma Q H}{\eta_M \eta_V \eta_h} = \frac{\gamma Q H}{\eta} W \tag{10.17}$$

式中，$\eta = \eta_M \eta_V \eta_h$，为泵的总效率。

上式中，$\gamma Q H$ 为单位时间内（每秒）通过泵的重量为 γQ 的流体实际获得的能量，称为有效功率。泵的总效率就是有效功率对其轴功率之比，表示在水力方面和机械方面的完善程度。现有的小型泵的总效率 η 最大平均值在 0.60~0.70 之间，大型泵的 η 值可达 0.92。

10.1.5　泵的吸上扬程与气蚀现象

泵的安装位置（卧式泵以叶轮轴线代表，立式泵以第一级叶轮吸入口的中心代表）到吸液池液面的垂直距离，称为泵的吸上扬程或吸液高度。合理的吸液高度，对于保证泵的正常吸液工作有重要意义。

在图 10.2 所示的离心式泵的简单装置中，h_s 为吸上扬程。为了便于泵的安装与操作运转，希望 h_s 值能大一些，但不能超过某一限度。

由式（10.3），若吸液池与大气相通，其液面上的压强 p_0 即为大气压强 p_a。且因吸液池液面较大，其下降的速度很小，可近似地认为 $v_0 \approx 0$，于是

$$h_s = \frac{p_a}{\gamma} - \frac{p_1}{\gamma} - \frac{v_1^2}{2g} - h_{ls} \qquad (10.18)$$

式中，p_1 为泵入口处液体的绝对压强；$p_a - p_1$ 为泵入口的真空度。由此可知：吸上扬程 h_s 的大小，取决于泵入口处的绝对压强 p_1 及流速 v_1 和吸入管路的阻力损失 h_{ls}。若输送的液体为水，且若体积流量一定，则 v_1 与 h_{ls} 均为定值，$\dfrac{p_a}{\gamma}$ 为 10.332mH₂O。吸上扬程 h_s 将随 p_1/γ 的减小而增大；但其最大值必然小于 10.332m。

液体在一定温度条件下，其绝对压强达到汽化压强（饱和蒸气压强）p_{sat} 时，此液体即汽化为蒸气。水的饱和蒸气压强与温度的关系见表 10.1。

表 10.1　水的饱和蒸气压强与温度的关系

温度/℃	5	10	20	30	40	50	60	70	80	90	100
汽化压强 $\dfrac{p_{sat}}{\gamma}$/mH₂O	0.09	0.12	0.24	0.43	0.75	1.25	2.00	3.17	4.80	7.10	10.33

因为泵的叶轮入口处的绝对压强 p_1 低于大气压强，在当时的温度下，若 p_1 值等于或低于其汽化压强，则将有蒸气及溶解在液体中的气体大量地逸放出来，形成很多由蒸气与气体混合的小气泡。这些气泡随液体至高压区，由于气泡周围的压强大于气泡内的汽化压强，气泡受压而破裂，并重新凝结，液体质点从四周向气泡中心加速冲来。在凝结的一瞬间，质点相互撞击，产生很高的局部压强。而这些气泡在靠近金属表面的地方破裂而凝结，则液体质点将似小弹头连续打击金属表面，此金属表面在大压强、高频率的连续打击下，逐渐疲劳而破坏，形成机械剥蚀。而且，气泡中还杂有一些活泼气体（如氧），当气泡凝结放出热量时，就对金属进行化学腐蚀。金属在机械剥蚀与化学腐蚀的作用下加速损坏，这种现象称为气蚀现象。

离心式泵开始发生气蚀时，气蚀区域较小，对泵的正常工作没有明显的影响。当发展到一定程度时，气泡大量产生，影响液体的正常流动，甚至造成液流间断，发生振动与噪声，流量、扬程与效率也明显下降。离心式泵在严重的气蚀状态下运转，发生气蚀的部位很快就被破坏成蜂窝状或海绵状，缩短泵的使用寿命，以致泵不能工作。因此，离心式泵必须防止气蚀现象的产生。其必要条件是：$\dfrac{p_1}{\gamma} > \dfrac{p_{sat}}{\gamma}$。

设在泵的吸入口处，单位重量液体所具有的超过汽化压强的富余能量，称为气蚀余

量，用 Δh 米液柱表示，则气蚀余量

$$\Delta h = \frac{p_1}{\gamma} + \frac{v_1^2}{2g} - \frac{p_{\text{sat}}}{\gamma} \qquad (10.19)$$

即

$$\frac{p_1}{\gamma} = \Delta h + \frac{p_{\text{sat}}}{\gamma} - \frac{v_1^2}{2g}$$

代入式(10.18)，得

$$h_s = \frac{p_a}{\gamma} - \frac{p_{\text{sat}}}{\gamma} - \Delta h - h_{1s} \qquad (10.20)$$

在给定的离心式泵的装置中，为了在运转中不发生气蚀，离心式泵则须保持一定的气蚀余量 Δh。为了保证 Δh 之值，吸液高度 h_s 必将受到一定的限制。

式(10.18)中，$\frac{p_a}{\gamma} - \frac{p_1}{\gamma}$ 称为吸上真空度，以 H_s 表示，即

$$H_s = \frac{p_a}{\gamma} - \frac{p_1}{\gamma} = h_s + h_{1s} + \frac{v_1^2}{2g} \qquad (10.21)$$

若泵在某流量下运转，$\frac{v_1^2}{2g}$ 将是定值，h_{1s} 也几乎不变，吸上真空度 H_s 将随泵的吸上扬程 h_s 的增加而增大。当 h_s 增大到某数值后，p_1 降低到该温度下液体的汽化压强，泵就出现气蚀而不能工作。在此情况下的吸上真空度 H_s 称为最大吸上真空高度或最大吸上真空度，以 H_{smax} 表示。目前，H_{smax} 只能由试验得出。为了保证离心式泵运行时不发生气蚀，同时又有尽可能大的吸上真空度，按照 GB/T 13006—2013《离心泵、混流泵和轴流泵 汽蚀余量》的规定，应留有 0.3m 的安全量。即将试验得出的 H_{smax} 减去 0.3m，作为允许最大吸上真空高度，或允许吸上真空度，以 $[H_s]$ 表示，$[H_s] = H_{\text{smax}} - 0.3$。

离心式泵运转时，泵入口处的真空度 H_s 不应该超过泵样本上规定的 $[H_s]$ 值。泵安装时，应该根据泵样本上规定的 $[H_s]$ 值来计算吸上扬程 h_s。按式(10.21)得允许安装高度 $[h_s]$ 为

$$[h_s] = [H_s] - h_{1s} - \frac{v_1^2}{2g} \qquad (10.22)$$

在泵的工作范围内，允许吸上真空度 $[H_s]$ 是随流量变化而有不同之值。一般情况，流量增加，$[H_s]$ 下降。故在决定泵的允许安装高度 $[h_s]$ 时，应按泵运转时可能出现的最大流量所对应的 $[H_s]$ 值来进行计算，以保证水在大流量情况下运转不发生气蚀。

通常，在泵的样本或说明书上规定的 $[H_s]$ 值，是在大气压强为 760mmHg、液体温度为 20℃ 的情况下，进行试验得出的。当泵的使用地点、大气压强、液体温度与上述情况不同时，则应进行如下的修正：

$$[H_s'] = [H_s] - 10 + A - \frac{p_{\text{sat}}}{\gamma} \qquad (10.23)$$

式中 $[H_s']$——修正后的允许吸上真空高度，mH_2O；

$[H_s]$——泵样本或说明书上给定的允许吸上真空度，mH_2O；

A——泵使用地点的大气压强，mH_2O；

p_{sat}——当时温度下的饱和蒸气压强，Pa。

泵运转时，应避免产生气蚀现象。为了防止发生气蚀，可采用下述方法：

（1）泵的安装位置可以低一些，以增加有效吸入水头。低扬程的大型水泵，多做成立式，并使叶轮浸没在水中，这是防止气蚀的一个方法。

（2）降低泵的转速。

（3）减少通过叶轮的流量。在经济、技术允许范围内，用双吸泵代替单吸泵；如果不能改成双吸泵，可用两台以上的泵。

（4）增大吸液管直径，或尽量减少吸入管路的局部阻力，以减少局部阻力损失。

[例题 10.3] 50D8×6 型离心式泵的说明书给出：转数 $n = 1400 r/min$，流量 $Q = 18 m^3/h$ 时，扬程 $H = 74.7 m$。允许吸液真空高度 $[H_s] = 8 m$。若输送的水的温度在 20℃ 以下，吸入管直径 $d_1 = 50 mm$，吸入管的总阻力损失 $h_{ls} = 0.5 m$，求此泵的允许安装高度 $[h_s]$。

[解] 水在吸入管中的流速为

$$v_1 = \frac{Q}{\frac{\pi}{4} d_1^2} = \frac{18/3600}{\frac{3.142 \times 0.05^2}{4}} = 2.55 m/s$$

按式（10.22），泵的允许安装高度为

$$[h_s] = [H_s] - h_{ls} - \frac{v_1^2}{2g}$$

$$= 8 - 0.5 - \frac{2.55^2}{2 \times 9.8} = 7.17 m$$

10.1.6 离心式泵的性能曲线

根据实验，离心式泵在某一固定转速下，一个流量 Q 值，有其相对应的扬程 H 值及功率 N 值。再按式（10.17），取 Q 及其相对应的 H 与 N 值，可计算出在此流量 Q 时的效率 η。以 Q 为横坐标，H、N、η 为纵坐标，分别将各 H 值、N 值、η 值连成曲线，则得 H-Q、N-Q、η-Q 等曲线，如图 10.6 所示，以表示离心式泵在此固定转速下的性能，称为性能曲线图。

图 10.6 可以较清楚地说明离心式泵的基本性能。不同系列型号的泵在不同的转数下运转，可有不同的性能曲线图，但同名曲线的形状与趋势，大体上是相类似的。

从性能曲线图中可以看出：

（1）H-Q 曲线。当 Q 由 0 逐渐增加时，H 也由低逐渐增高；当 Q 增至某一数值，H 则不再增加；Q 继续增加，H 则下降。此凸形曲线有一个峰。峰的左边，Q 增大，H 也增大；峰的右边，Q 增大，H 降低。说明离心式泵的流量与扬程之间存在着相互制约的关系。这是由于水力损失的缘故。因此，离心式泵在性能曲线高峰的右边运转时，如果得到较大的流量，必须降低扬程（即减少几何扬程与损失扬程）；如管路阻力（损失扬程）加大或几何扬程增高，流量必然减少。

（2）N-Q 曲线。随着 Q 的增大，N 不断上升。说明流量大，消耗的功率越大。当 Q 为零值时，N 有最小值；这时消耗的功率，主要用于克服机械摩擦。为了防止启动电流过大烧毁电机，所以离心式泵都是在 $Q = 0$（压出管路的闸阀全闭）时启动。

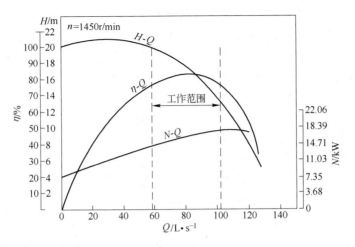

图 10.6　离心式泵的性能曲线图

（3）η-Q 曲线。随着 Q 的增大，η 由低到高，再由高到低，有一个最高点，即最高效率点。此最高效率点所对应的流量 Q、扬程 H、功率 N，称为离心式泵的最佳工况。制造厂生产的泵，其铭牌上所标明的扬程、流量、功率等数值，就是指这种泵效率最高时的扬程、流量、功率，即所谓最佳工况的性能。为了保持泵的较高的经济性，一般要求在最高效率点附近的范围内运转，如图中所示的"工作范围"。

10.1.7　泵在管路中的工况点

流体在管路中流动，其流量与管路阻力有一定的关系。表示流量与阻力关系的曲线，称为此管路的特性曲线。

将单位重量液体从吸液池举上一个几何高度 H_G 到排液池里，克服在长为 L、断面积为 A 的管路中流动时的阻力，所需的能量设为 H_A，则

$$H_A = H_G + h_1$$

按第 4 章的阻力公式知

$$
\begin{aligned}
h_1 &= \left(\lambda \Sigma \frac{L}{D} + \Sigma \zeta \right) \frac{v^2}{2g} \\
&= \left(\lambda \Sigma \frac{L}{D} + \Sigma \zeta \right) \frac{Q^2}{2gA^2} = RQ^2
\end{aligned}
\tag{10.24}
$$

式中，$R = \left(\lambda \Sigma \dfrac{L}{D} + \Sigma \zeta \right) \dfrac{1}{2gA^2}$，称为管阻常数，其值与管路的材料、尺寸、局部装置及阀门开启度有关。管路一定，R 为定值。

上式说明，当管路一定，即 R 为定值时，管路阻力随流量的平方而变。因此

$$H_A = H_G + RQ^2 \tag{10.25}$$

此式为管路特性曲线的表示式，如图 10.7 所示。由图可知：有地形（几何）高度差的管路特性曲线为一条不通过坐标原点的抛物线。

泵一般都装置在管路上工作。泵经吸入管路自吸液池吸上的液体，又经压出管路送往排液池。单位时间内由泵排出的液体体积，也就是同一时间内在管路中流动的液体体积，即流量是一致的。在此流量的情况下，单位重量液体在泵中获得的能量，也正是这个重量的液体流经管路时所需要的能量。按同一比例尺将泵在给定的转速下的性能曲线 $H\text{-}Q$ 与管路装置的特性曲线 $H_A = H_G + h_1$ 绘在同一坐标图上，这两条曲线的交点 M，就是泵在此管路系统中的工况点，表示当时泵在此管路系统中运转的工况：流量为 Q_M，扬程为 H_M，功率为 N_M，效率为 η_M。

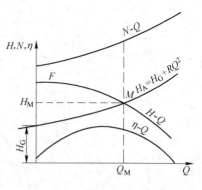

图 10.7　管路特性曲线

泵的性能 $H\text{-}Q$ 曲线的最高点为 F，其右边的工况点，属于稳定工况区；若管路的特性曲线很陡峭（例如，当 H_G 值很大，而且 R 值也很大。诸如阀门开启度很小，局部阻力很多，管径很小，管路很长，管壁很粗糙等），则管路特性曲线 $H_A = H_G + RQ^2$ 与泵的 $H\text{-}Q$ 曲线的交点 M——工况点，可能落在最高点 F 的左边，泵的工作将不稳定，发生振动现象。泵一般应避免在不稳定区运转。

10.1.8　离心式泵的选择

选择离心式清水泵，一般按下列步骤进行：

（1）根据生产上对流量 Q 及几何扬程 H_G 的要求，在泵安装地点至需要液体（如水）的地方，拟订输液（水）管路的配置方案，选择管路中的流速 v 与管径 d，然后计算管路的阻力，确定所需要的泵的扬程 H 与流量 Q。

水在管中的流动，选择合理的流速，从而确定管径。根据实践经验，几十公里长的输水管路，水在其中流动的平均流速 $v = 0.5 \sim 0.7\mathrm{m/s}$；在工厂内的输水管路，水的平均流速 $v = 1 \sim 3\mathrm{m/s}$。

（2）根据 Q 与 H，在泵的产品样本或说明书中，选择能满足要求的泵。选择时，可考虑把所需扬程加大 5%，不要太大，否则不经济。

一般有关泵的说明书中，都载有泵的性能曲线，可通过计算，将管路特性曲线画出。若两曲线相交的工况点恰是泵的最佳工况点或是在泵的工作范围内，则所选择的泵可以认为是经济与合理的。

（3）如果生产上要求的流量过大，没有合适的泵，或者生产上所要求的流量变化较大，则可以考虑泵的并联装置问题。根据生产上所需要的流量，按不同的情况，取其一半或更小的数值来选择泵，但扬程仍应满足要求。考虑并联装置时，尽可能选择同样型号的泵，因安装及零配件的准备，都比较方便。

（4）泵选定后，尚需根据管路安装情况，检查泵的吸入高度是否超过规定的限度。

（5）管路的直径，不能小于泵进口或出口的直径。如预先设计时选用的管径过大或过小，应重新计算。

10.2 离心式通风机

离心式通风机的工作原理与离心式泵相同。主要部件是叶轮,其叶片焊接在底盘与盖板上。叶轮出口处的宽度比离心式泵的要大,可做成单面进风或双面进风的叶轮。

10.2.1 通风机的风压、风量和效率

单位体积气体通过风机所获得的能量,就是风机的风压,又称全压或全风压,单位为 $N \cdot m/m^3$ 或 Pa。

图 10.8 为装有吸气管与排气管的离心式风机装置简图。$O—O$ 断面为吸气空间,气体在此空间中静止时的压强为 p_0。$1—1$ 断面为风机的入口,气体在此断面上的压强为 p_1,流速为 v_1。$2—2$ 断面为风机的出口,气体在此断面上的压强与流速分别为 p_2 与 v_2。排气管出口断面上的气体流速与压强分别为 v_d 与 p_d。在通风机中,气体的重度 γ 可认为不变。因此,每单位体积的气体在风机入口处的能量为 $p_1 + \gamma \dfrac{v_1^2}{2g}$,在风机出口处的能量为 $p_2 + \gamma \dfrac{v_2^2}{2g} + \gamma z$。风机所产生的全压为

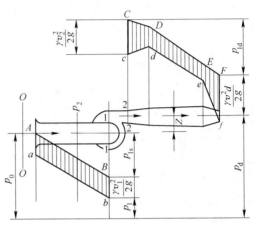

图 10.8 通风机装置简图

$$H = \left(p_2 + \gamma \frac{v_2^2}{2g} + \gamma z \right) - \left(p_1 + \gamma \frac{v_1^2}{2g} \right) \tag{10.26}$$

式中,z 为风机出口与入口间的高度差,其值很小,且 γz 之值更小,可忽略不计。于是

$$H = p_2 - p_1 + \gamma \frac{v_2^2 - v_1^2}{2g} \tag{10.27}$$

或

$$H = H_p + H_d \tag{10.28}$$

式中 H_p——风机的静压,$H_p = p_2 - p_1$;

H_d——风机的动压,$H_d = \gamma \dfrac{v_2^2 - v_1^2}{2g}$。

所以,风机的全压 H 为其静压 H_p 与动压 H_d 之和。

设单位体积的气体在吸气管中的阻力损失为 p_{ls},在排气管中的阻力损失为 p_{ld}。先列出 $O—O$ 与 $1—1$ 断面间气体流动的能量方程

$$p_0 = p_1 + \gamma \frac{v_1^2}{2g} + p_{ls}$$

即

$$p_1 + \gamma \frac{v_1^2}{2g} = p_0 - p_{ls} \tag{10.29}$$

再列出 $2—2$ 断面与排气管出口断面间的能量方程

$$p_2 + \gamma \frac{v_2^2}{2g} = p_d + \gamma \frac{v_d^2}{2g} + p_{ld} \qquad (10.30)$$

用式(10.30)减式(10.29)得

$$p_2 - p_1 + \gamma \frac{v_2^2 - v_1^2}{2g} = p_d - p_0 + p_{ld} + p_{ls} + \gamma \frac{v_d^2}{2g}$$

即

$$H = p_d - p_0 + p_{ld} + p_{ls} + \gamma \frac{v_d^2}{2g} \qquad (10.31)$$

由此可知：风机所产生的全压 H，用于克服排气空间与吸气空间的压强差 (p_d-p_0) 和供给吸气管道与排气管道中的克服阻力所消耗的能量 $(p_{ld}+p_{ls})$ 以及使气体在排气管出口处具有速度为 v_d 的动压 $\gamma \frac{v_d^2}{2g}$。

风机的风量是指单位时间内由风机排出的气体体积折算成吸气状态下的气体体积，以 Q 表示，单位为 m³/s、m³/min 或 m³/h。

[**例题 10.4**]　为了降低车间的温度，改善劳动条件，拟在车间外装一台通风机向车间送风，每小时需送风 2840m³。送风管的直径 $d = 250$mm，管长 $l = 95$m，管道的沿程阻力系数 $\lambda = 0.02$；管道中装有一个闸阀，其局部阻力的当量管长 $l_e = 5$m，还有 $\zeta_b = 0.2$ 的弯头两个。已知空气的重度 $\gamma = 11.76$N/m³。此通风机的风压为多少 mmH₂O？

[**解**]　根据式(10.31)，通风机产生的风压为

$$H = p_d - p_0 + p_{ld} + p_{ls} + \gamma \frac{v_d^2}{2g}$$

其中

$$p_d - p_0 = 0, \quad p_{ls} = 0$$

$$v_d = \frac{Q}{\frac{\pi}{4}d_2^2} = \frac{2840/3600}{\frac{3.142 \times 0.25^2}{4}} = 16\text{m/s}$$

故

$$H = p_{ld} + \gamma \frac{v_d^2}{2g} = \gamma\left(\lambda \frac{l + l_e}{d} \frac{v_d^2}{2g} + \Sigma\zeta \frac{v_d^2}{2g}\right) + \gamma \frac{v_d^2}{2g}$$

$$= \gamma \frac{v_d^2}{2g}\left(\lambda \frac{l + l_e}{d} + \Sigma\zeta + 1\right)$$

$$= 11.76 \times \frac{16^2}{2 \times 9.8}\left(0.02 \times \frac{95 + 5}{0.25} + 2 \times 0.2 + 1\right)$$

$$= 1143.84\text{Pa} = 147.33\text{mmH}_2\text{O}$$

风机的风压为 $H(\text{N} \cdot \text{m/m}^3)$，每秒钟通过风机的气体体积为 $Q(\text{m}^3/\text{s})$，每秒钟气体在风机中实际获得的能量，即有效功率为 $QH(\text{N} \cdot \text{m/s})$，输入给风机的轴功率为 N。于是，风机的总效率

$$\eta = \frac{QH}{N} \qquad (10.32)$$

式中，$\eta = \eta_M \eta_V \eta_h$，与式(10.17)的意义相同。

离心式通风机的总效率 η 最高的平均值在 0.50~0.75 之间，最佳者可达 0.90。通风机叶轮的叶片有前弯、径向、后弯等三种形式。其总效率比见表 10.2。

表 10.2　通风机三种叶轮特性比较表

叶轮形式	前弯型	径向型	后弯型
宽度直径比（b/D）	0.5~0.6	0.35~0.45	0.25~0.45
叶片数目	16~20	6~8	8~12
应　用	通风等	工厂排气	空气调节等
效率（最大）	0.55~0.60	0.60~0.70	0.75~0.90

对于风量大、风压低的离心式通风机，采用前弯型的叶轮，可以缩小机器的尺寸并减轻重量，使结构紧凑。特别是叶轮进口与出口宽度相同且宽度也较大的离心式通风机，都采用前弯型叶片。

10.2.2　离心式风机的性能与工况

与离心式泵的性能相类似，离心式风机也有 $H\text{-}Q$、$N\text{-}Q$、$\eta\text{-}Q$ 等性能曲线图，这些曲线的大致趋势与离心式泵的相近似。

通风机的工况点的确定与在离心式泵中所介绍的相同，只是通风机还可以在吸气管段用阀门调节，以改变风机的性能曲线。

10.2.3　离心式通风机的选择

选择离心式通风机，一般按下列步骤进行：

（1）确定生产中所需的风量 Q_t（若为风力输送，则根据输送量及混合比来确定），选择管路中的风速（风力输送则根据输送颗粒所需的悬浮速度来选择），再根据管路布置（长度、管径、走向、管件）计算出整个管路系统的阻力 Σh_1，求得理论上所需的风压 H_{ca}。

（2）由于漏风、阻力计算误差的影响，确定实际所需的风量 Q 和风压 H，一般按下式考虑：

$$Q = (1.1 \sim 1.15)Q_t$$

$$H = 1.2H_{ca}$$

（3）对风量 Q 和风压 H 进行换算。因产品目录或说明书中所给出的风机性能曲线，一般是指吸气状态压强为 760mmHg、温度为 20℃ 时的情况。吸气状态压强 p、温度 t 不同，入口处空气的密度 ρ 也就不同，风压即有不同的值。设吸气压强 $p_0 = 760\text{mmHg}$，温度 $t_0 = 20℃$，密度为 ρ_0，风机性能曲线上的风量为 Q_0，风压为 H_0；当吸气状态的压强为 p，温度为 t，密度为 ρ 时，风机的风量为 Q'，风压为 H'，则

$$Q' = Q_0$$

$$H' = \frac{\rho}{\rho_0}H_0 = \frac{pRT_0}{p_0RT}H_0$$

$$= \frac{p \times 293}{101325 \times (273 + t)} H_0 = \frac{pH_0}{345.819 \times (273 + t)} \tag{10.33}$$

式中，ρ、ρ_0 的单位为 kg/m^3，p、p_0、H、H_0 的单位为 Pa，气体常数 R 的单位为 $J/(kg \cdot K)$。

生产上所需的风量 Q 和风压 H，应分别等于 Q' 和 H'。若将实际所需的风压 H 按下式换算成性能曲线所给的状态下的值：

$$H_0' = \frac{1.2}{\gamma} H \tag{10.34}$$

则可直接利用产品说明书中的性能曲线。

（4）根据 Q 及 H' 从产品目录中的风机性能曲线或风机性能选择表，选择接近的值，并绘出管路特性曲线，试求其工况点，考虑其是否在高效率区。若满足不了要求，可考虑用改变风机转速的办法。

（5）确定所需电机的功率。

[**例题 10.5**] 为某工厂的化铁炉选择一台鼓风用的离心式通风机。需要的风量 $G_t = 178.4 N/s$，风压 $h = 4900 Pa$，通风机前后所接的吸气管道与排气管道的阻力损失分别为 $p_{ls} = 980 Pa$，$p_{ld} = 1470 Pa$。风机的吸气压强为 99298.5Pa，吸气温度为 20℃，空气在吸气管与排气管中的流速相同。

[**解**] 按吸气条件，空气的密度与重度分别为

$$\rho = \frac{p}{RT} = \frac{99298.5}{287 \times (273 + 20)} = 1.18 kg/m^3$$

$$\gamma = \rho g = 9.8 \times 1.18 = 11.56 N/m^3$$

化铁炉所需的体积风量为

$$Q_t = \frac{G_t}{\gamma} = \frac{178.4}{11.56} = 15.4 m^3/s$$

所需的风压

$$H_{ca} = h + p_{ls} + p_{ld} = 4900 + 980 + 1470 = 7350 Pa$$

考虑漏风等因素，实际的风量

$$Q = 1.1 Q_t = 1.1 \times 15.4 = 16.99 \approx 17.0 m^3/s$$

实际的风压

$$H = 1.2 H_{ca} = 1.2 \times 7350 = 8820 Pa$$

将此风压 H、风量 Q 分别折算成风机产品目录中的性能 H_0 与 Q_0，得

$$Q = Q_0$$

即 $Q_0 = 17.0 m^3/s = 61200 m^3/h$ 时，

$$H_0 = \frac{\rho_0}{\rho} H = \frac{1.293}{1.18} \times 8820 = 9664.63 Pa$$

根据此风量 $Q_0 = 61200 m^3/h$ 时，风压 $H_0 = 9664.63 Pa$，在高压离心式通风机综合性能曲线图中查得，可选用 No12-9-27-2 型的双面进风的通风机，风机的转速为 1450r/min。再

从产品目录中查出此型号风机的性能数据，选择接近的数值，判断是否在高效率区运转。

10.3 轴流式风机

10.3.1 轴流式通风机的构造和工作原理

轴流式通风机的构造简图如图 10.9 所示。图中 3 为圆柱形机壳，1 为叶轮轮毂，2 为叶片，装在轮毂上构成叶轮置于机壳中；叶片扭成一定的角度。当动力机带动叶轮旋转时，气体由进口 4 流入。叶片与气体相互作用，气体因而获得能量，使动能与压力能增加，然后经由扩散器 5 流向出口。气体在通风机中沿轴向流动，所以这种通风机称为轴流式通风机。

气体在通风机中，当叶轮迅速转动时，叶片以轴向力作用于气体，使气体沿轴向运动。这与螺钉和螺帽的作用相似。叶轮可以看为螺钉，气体可以视为

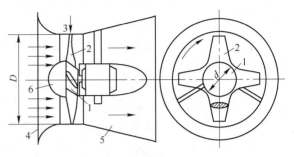

图 10.9 轴流式通风机简图
1—轮毂；2—叶片；3—机壳；4—进口；
5—扩散器；6—导流罩

螺帽。因为叶轮（螺钉）只能旋转而不前进，于是气体（螺帽）便向前进。叶轮的能量就这样传递给气体而变成气体的动能。又因叶片排成的通道都是扩散形，气体的动能在通道中一部分转变为压力能。这种能量转换的结果，使通过风机的气体压强得到升高。

轴流式通风机的原理，是以机翼理论为基础的。假设一个圆筒形截面（圆筒的轴线与叶轮的轴线重合）将叶轮上的各叶片切断，然后再把此截面展开成平面，则各叶片的断面图如图 10.10 所示。

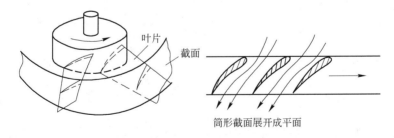

筒形截面展开成平面

图 10.10 轴流式叶轮截面图的展开

气流流经叶片的速度三角形图，如图 10.11 所示。图中 v_1 与 v_2 分别为气体进入叶轮与离开叶轮的绝对速度；w_1 与 w_2 分别为气体在叶轮进口处与出口处沿叶片流动的相对速度；u_1 与 u_2 分别为气体在叶轮进口处与出口处的圆周切线速度；v_{2t} 为出口绝对速度 v_2 在圆周切线上的分量。轴流式风机的理论风压为

$$H_t = \frac{\gamma}{g} u v_{2t} \quad \text{Pa} \tag{10.35}$$

实际的风压为

$$H = \eta_h H_t = \eta_h \frac{\gamma}{g} u v_{2t} \quad \text{Pa} \qquad (10.36)$$

式中 γ——气体的重度，N/m^3；

η_h——风机的水力效率。

带动轴流式风机所需的轴功率为

$$N = \frac{QH}{1000\eta} \quad \text{kW} \qquad (10.37)$$

式中 η——轴流式通风机的总效率。

轴流式通风机的性能曲线如图 10.12 所示。与离心式风机比较，轴流式风机性能有如下的特点：

（1）性能 H-Q 曲线较陡；

（2）风量减少，效率降低较快；

（3）风量变化时，功率变化较小。

从图可以看出，当闸阀关闭时，轴流式通风机可得到最大的风压并需要最大的功率。所以轴流式通风机的启动应在闸阀全开的情况下进行，与离心式风机的启动恰恰相反。

轴流式通风机的风量较大，但风压低，适于工厂、矿井及其他场合的通风换气之用。

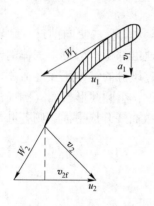

图 10.11   速度三角形

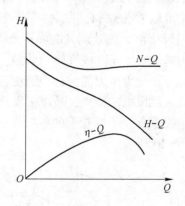

图 10.12   性能曲线图

10.3.2   轴流式压气机

因为使用的材料的强度有一定的限制，通风机的旋转线速度 u 不允许太大，一般不超过 80m/s，气体通过轴流式通风机所能达到的最大压强比，不能超过 1.15 ~ 1.2。为了更大地提高气体的压强比，轴流式风机常采用二级或多级压缩。

多级的轴流式风机称为轴流式鼓风机或压气机。这种机械，在轮毂上装置的叶片不是一列，而是几列，如图 10.13 所示。在每一列能随轮毂转动

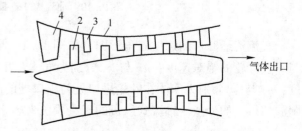

图 10.13   轴流式压气机示意图
1—机壳；2—叶片；3—导流叶片；4—进口导流叶片

的叶片 2 之后，在机壳 1 上还装有一列固定叶片 3，称为导流叶片。每一列转动叶片和紧接其后的固定叶片称为一级。导流叶片的作用，是引导气流进入随后的一级。另一方面，由于这些叶片所组成的流道，也是扩散形，所以气流的动能同样可转换为压力能。有时，在这种机械的进口处，也装置一列固定叶片 4，称为进口导流叶片，以适应这种机械所需要的工作条件。

因为气体在轴流式风机中流过时，基本上是沿轴向的，不像在离心式风机中有剧烈的方向变化；另一方面，轴流式风机叶轮的叶片剖面都是气动翼剖面，可按空气动力学的理论来计算，所以其效率比离心式风机的效率高；目前完善的轴流式压气机的内效率可高达 90% 以上。

轴流式风机的另一显著特点是风量很大。通风机的风量可达 $9 \times 10^5 \, \text{m}^3/\text{h}$，压气机也可达 $1.8 \times 10^5 \, \text{m}^3/\text{h}$ 或更大。但它们的体积都比较小，这是因为通道面积大且压缩过程是在叶轮的高速旋转的情况下进行的。

轴流式压气机广泛应用于航空工业。

轴流式泵的工作原理、性能、构造情况等与轴流式风机相类似。

习 题 10

10. 1 用泵输送重度 $\gamma = 11760 \text{N}/\text{m}^3$ 的盐水，流量为 $Q = 9000 \text{L}/\text{min}$。泵的出口直径为 250mm，入口直径为 300mm。出口与入口在同一水平面上，在入口处的真空度为 150mmHg。泵出口处装有压力表，其中心高于泵出口中心 1.2m，读数为 1.4 大气压。泵的效率为 0.84，电机输出的功率是多少千瓦？

10. 2 一容器盛有重度 $\gamma = 8330 \text{N}/\text{m}^3$ 的汽油，容器底部开孔接直径流量为 50mm 的钢管，离心式泵由此钢管将汽油抽出，经直径为 50mm 的钢管送往油箱。容器中的液面高于泵的轴线 1.2m，油箱中的液面高于泵的轴线 30m。钢管的总长为 38m，每小时输送汽油 4546L，汽油的动力黏度为 0.8×10^{-3} Pa·s。若泵的总效率为 0.80，电机的输出功率应为多少？

10. 3 在离心式泵的排液管上，以节流阀降低流量，可以减少气蚀危险；而在吸液管上节流却增加气蚀的危险。试说明其理由。

10. 4 在直径为 300mm 的管路上，装有喉部直径为 150mm 的文丘里流量计。入口处压力表的读数为 137.2kPa。假设管内是 40℃的水，当喉部开始发生气蚀时，干管内水的流速是多少？

10. 5 水泵的吸水管采用铸铁管，管长 $l = 8 \text{m}$，直径 $d = 0.1 \text{m}$，抽水量 $Q = 0.02 \text{m}^3/\text{s}$，水泵的允许真空度 $[h_v] = 7.0 \text{mH}_2 \text{O}$，进口损失 $\zeta_{en} = 6.0$，弯头的损失系数 $\zeta_b = 0.53$，沿程阻力系数 $\lambda = 0.032$。求水泵的最大安装高度 $[h_s]$。

10. 6 简述选择离心式泵和离心式风机的一般步骤。

10. 7 简述轴流式通风机的工作原理。

11 计算流体力学基础

计算流体力学（computational fluid dynamics，CFD）是一门新兴的独立学科，它将数值计算方法和数据可视化技术有机结合起来，通过数值方法求解流体力学控制方程，得到流场的离散点的定量描述，并以此揭示流体的运动规律。计算流体力学是流体力学科学研究的三大方法之一，是理论方法与实验方法的有效补充手段。随着计算机技术的快速发展，计算流体力学已广泛应用于各种现代科学研究和工程之中。

本章内容包括计算流体力学基本知识、控制方程的离散、流场的求解计算、边界条件与网格生成、CFD软件的基本知识及应用，要求了解计算流体力学的有关基本知识、控制方程的离散方法、CFD软件的结构、常用的CFD软件，理解计算流体力学的工作流程、流场的求解计算方法，掌握边界条件的确定、网格划分方法、Fluent软件的基本操作，重点掌握边界条件的确定和网格划分方法。

11.1 计算流体力学基本知识

11.1.1 计算流体力学的基本思想与特点

CFD的基本思想为：把原来在时间域和空间域上连续的物理量场，用一系列离散点的变量值的集合来代替，并通过一定的原则和方式建立起反映这些离散点场变量之间关系的代数方程组，然后求解代数方程组获得场变量的近似值。

CFD可以看成是在流动基本方程（质量守恒方程、动量守恒方程、能量守恒方程）控制下对流动过程进行的数值模拟。通过模拟，得到极其复杂流场内各个位置上流体基本物理量（如速度、压力、温度、浓度等）的分布，以及这些物理量随时间的变化情况。此外，CFD与CAD结合，还可以进行优化设计。

CFD是除理论分析方法和实验测量方法之外的又一种研究流体力学的技术手段。通常，流动问题的控制方程一般是非线性的，其自变量多，计算域的几何形状和边界条件复杂，很难求得解析解，而采用CFD技术则有可能找出满足工程需要的数值解。其次，在计算机上进行一次数值计算，就好像在计算机上做一次实验，CFD技术可以形象地再现流体运动情况。此外，采用CFD技术还可以选择不同的流动参数进行各种数值模拟，得到详细的结果，从而方便地进行方案比较，而且这种数值模拟不受物理模型和实验模型的限制，具有较好的灵活性，经济省时，还可以模拟特殊尺寸、高温、有毒、易燃等真实条件和实验中只能接近而无法达到的理想条件。

当然，CFD也有一定的局限性，主要表现在：

（1）数值解法是一种离散近似的计算方法，依赖于物理上合理、数学上适用、适合于在计算机上进行计算的离散的有限数学模型，且最终结果不能提供任何形式的解析表达式，只是有限个离散点上的数值解，并有一定的计算误差。

（2）它不像物理模型实验一开始就能给出流动现象并定性地描述，往往需要由理论分析或模型试验提供某些流动参数，并需要对建立的数学模型进行验证。

（3）因数值处理方法等原因有可能导致计算结果的不真实，产生伪物理效应。这需要将数值模拟与实验测量和理论分析结合起来，验证数值解的可靠性。

（4）CFD 涉及大量数值计算，通常需要较高的计算机软硬件配置。

在实际工作中，需要将理论分析、实验测量和数值计算三者有机结合起来，取长补短，灵活运用。

11.1.2　计算流体力学的发展

从 20 世纪 60 年代开始，计算流体力学在全世界范围内形成规模，现已取得了许多丰硕的成果。计算流体力学的发展历程可以分为三个阶段。

（1）萌芽初创阶段（1965~1974）。1965 年，美国科学家 Harlow 和 Welch 提出交错网格。1966 年，世界上第一本介绍流体力学及计算传热学的杂志 *Journal of Computational Physics* 创刊。1972 年，SIMPLE 算法问世。1974 年，美国学者 Thompson、Thames 和 Mastin 提出采用微分方程来生成适体坐标的方法（简称 TTM 方法）。

（2）工业应用阶段（1975~1984）。1977 年，由 Spalding 及其学生开发的 GENMIX 程序公开发行。1979 年，大型通用软件 PHOENICS 第一版问世。1981 年，英国 CHAM 公司把 PHOENICS 软件正式投放市场，开创了 CFD 商用软件市场的先河。求解算法获得了进一步发展，先后出现了 SIMPLER、SIMPLEC 算法。

（3）蓬勃发展阶段（1985 至今）。前后台处理软件得到迅速发展，个人计算机成为 CFD 研究领域的一种重要工具。多个计算机流动与传热问题的大型商业通用软件陆续投放市场。数值计算方法向更高的计算精度、更好的区域适应性及更强的鲁棒性的方向发展。

11.1.3　计算流体力学的应用

近年来，CFD 有了很大的发展，替代了经典流体力学中一些近似计算法和图解法。所有涉及流体流动、热交换、分子输运等现象的问题，几乎都可以通过 CFD 的方法进行分析和模拟。CFD 不仅作为一个研究工具，而且还作为设计工具在流体机械、航空航天、汽车工程、土木工程、环境工程、安全工程、食品工程等领域发挥作用，部分应用如图 11.1 所示。典型的应用场合及相关的工程问题包括：

（1）水轮机、风机和泵等流体机械内部的流体流动；

（2）飞机和航天飞机等飞行器的设计；

（3）汽车流线型外形对性能的影响；

（4）洪水波及河口潮流计算；

（5）河流中污染物的扩散；

（6）汽车尾气对环境的污染；

（7）有毒有害气体的扩散；

（8）风荷载对高层建筑物稳定性及结构性能的影响；

（9）温室及室内的空气流动及环境分析；

（10）食品中细菌的运移。

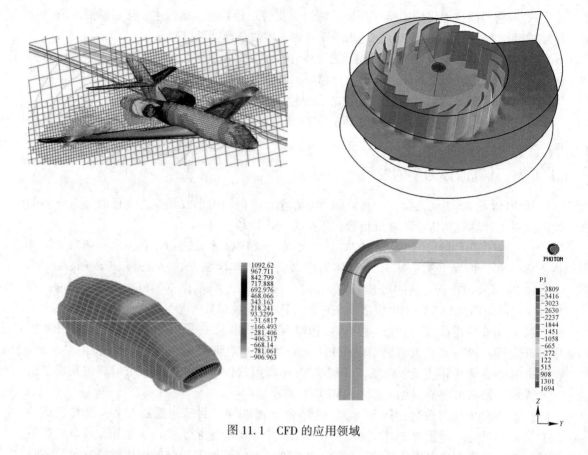

图 11.1　CFD 的应用领域

11.1.4　计算流体力学的工作流程

计算流体力学的工作流程如图 11.2 所示，主要包括四个步骤：

（1）建立数学模型。就是建立反映工程问题或物理问题本质的数学模型，包括建立控制方程和确定边界条件及初始条件两个方面，这是数值模拟的出发点。

建立控制方程是求解任何问题前都必须首先进行的一步。流体流动基本控制方程通常包括质量守恒方程、动量守恒方程、能量守恒方程。边界条件及初始条件是控制方程有确定解的前提，控制方程与相应的初始条件、边界条件的组合构成对一个物理过程完整的数学描述。初始条件是所研究对象在过程开始时刻各个求解变量的

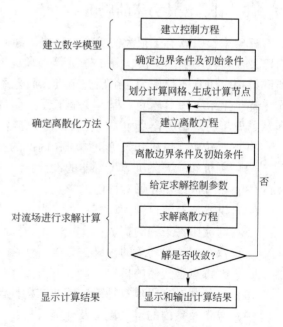

图 11.2　CFD 的工作流程

空间分布情况，而边界条件是在求解区域的边界上所求解的变量或其导数随地点和时间的变化规律。

（2）确定离散化方法。即寻求高效率、高精度的计算方法，确定针对控制方程的数值离散化方法，如有限差分法、有限元法、有限体积法等。确定离散化方法包括划分计算网格、建立离散方程和离散边界条件及初始条件三个方面。

要想在空间域上离散控制方程，必须使用网格。不同的问题采用不同数值解法时，所需要的网格形式是有一定区别的，但生成网格的方法基本是一致的。目前，网格分结构网格和非结构网格两大类。

建立离散方程就是通过数值方法把计算域内有限数量位置（网格节点或网格中心点）上的因变量值当做基本未知量来处理，从而建立一组关于这些未知量的代数方程组，然后通过求解代数方程组来得到这些节点值，而计算域内其他位置上的值则根据节点位置上的值来确定。

前面所给定的初始条件和边界条件是连续性的，如在静止壁面上速度为0，现在需要针对所生成的网格，将连续型的初始条件和边界条件转化为特定节点上的值，才能对方程组进行求解。

（3）对流场进行求解计算。就是编制程序和进行计算，包括计算网格划分、初始条件和边界条件的输入、控制参数的设定等，这是整个工作中花时间最多的部分。求解计算包括给定求解控制参数、求解离散方程和判断解的收敛性三个方面。

在离散空间上建立了离散化的代数方程组，并施加离散化的初始条件和边界条件后，还需要给定流体的物理参数和紊流模型的经验系数等。此外，还要给定迭代计算的控制精度、瞬态问题的时间步长和输出频率等。

在进行了上述设置后，生成了具有定解条件的代数方程组。对于这些方程组，数学上已有相应的解法，如线性方程组可采用 Guass 消去法或 Guass-Seidel 迭代法求解，而对非线性方程组，可采用 Newton-Raphson 方法。

对于稳态问题的解，或是瞬态问题在某个特定时间步上的解，往往要通过多次迭代才能得到。有时，因网格形式或网格大小、对流项的离散插值格式等原因，可能导致解的发散。对于瞬态问题，若采用显式格式进行时间域上的积分，当时间步长过大时，也可能造成解的振荡或发散。因此，在迭代过程中，要对解的收敛性随时进行监视，并在系统达到指定精度后，结束迭代过程。

（4）显示计算结果。通过上述求解过程得出了各计算节点上的解后，需要通过适当的手段将整个计算域上的结果表示出来，可采用线值图、矢量图、等值线图、流线图、云图等方式对计算结果进行表示。

所谓线值图，是指在二维或三维空间上，将横坐标取为空间长度或时间历程，将纵坐标取为某一物理量，然后用光滑曲线或曲面在坐标系内绘制出某一物理量沿空间或时间的变化情况。矢量图是直接给出二维或三维空间里矢量（如速度）的方向及大小，一般用不同颜色和长度的箭头表示速度矢量。矢量图可以比较容易地让用户发现其中存在的旋涡区。等值线图是用不同颜色的线条表示相等物理量（如温度）的一条线。流线图是用不同颜色线条表示质点运动轨迹。云图是使用渲染的方式，将流场某个截面上的物理量（如压力或温度）用连续变化的颜色块表示其分布。

11.2 控制方程的离散

11.2.1 控制方程的通用形式

流体运动的控制方程包括连续性方程、动量方程（N-S 方程）、能量方程、组分质量方程、湍流控制方程等。如果引入一个通用变量 φ，则这些控制方程均可写成以下通用形式：

$$\frac{\partial(\rho\varphi)}{\partial t} + \mathrm{div}(\rho\boldsymbol{u}\varphi) = \mathrm{div}(\varGamma \cdot \mathrm{grad}\varphi) + S \tag{11.1}$$

其展开形式为

$$\frac{\partial(\rho\varphi)}{\partial t} + \frac{\partial(\rho u_x\varphi)}{\partial t} + \frac{\partial(\rho u_y\varphi)}{\partial t} + \frac{\partial(\rho u_z\varphi)}{\partial t}$$

$$= \frac{\partial}{\partial x}\left(\varGamma\frac{\partial\varphi}{\partial x}\right) + \frac{\partial}{\partial y}\left(\varGamma\frac{\partial\varphi}{\partial y}\right) + \frac{\partial}{\partial z}\left(\varGamma\frac{\partial\varphi}{\partial z}\right) + S \tag{11.2}$$

式中，φ 为通用变量，可代表速度、温度等求解变量；$\varGamma$ 为广义扩散系数；S 为广义源项。式（11.1）中各项依次为瞬态项、对流项和源项。对于特定的控制方程，φ、$\varGamma$ 和 S 具有特定的形式。表 11.1 给出了三个符号与各特定控制方程的对应关系。

表 11.1　通用控制方程中各符号的具体形式

方　　程	φ	$\varGamma$	S	方　　程	φ	$\varGamma$	S
连续性方程	1	0	0	能量方程	T	k/c	S_T
x-动量方程	u_x	μ	$-\partial p/\partial x + S_x$	组分方程	c_s	$D_s\rho$	S_s
y-动量方程	u_y	μ	$-\partial p/\partial y + S_y$	湍动能方程	k	$\mu+\mu_t/\sigma_t$	$-\rho\varepsilon+\mu_t P_G$
z-动量方程	u_z	μ	$-\partial p/\partial z + S_z$	湍流耗散率方程	ε	$\mu+\mu_t/\sigma_\varepsilon$	$-\rho C_2\varepsilon^2/k+\mu_t C_1(\varepsilon/k)P_G$

对于不同的通用变量 φ，只需重复调用同一解算程序，并给定 $\varGamma$ 和 S 的表达式及相关的初始条件和边界条件，便可求解。

11.2.2 离散化方法分类

根据离散原理的不同，CFD 中常用的离散化方法有有限差分法、有限元法、有限体积法。

（1）有限差分法（FDM）。FDM（finite difference method）是数值解法中应用最早、最为经典的方法。它是将求解域划分为网格单元，采用有限个网格节点代替连续的求解域，然后将偏微分方程的导数用差商代替，推导出含有离散点上有限个未知数的差分方程组。求解该差分方程组，获得微分方程的数值近似解。

有限差分法用差商代替微商，形式简单，但微分方程中各项所代表的物理意义以及微分方程所反映的守恒定律在差分方程中并没有体现。因此，它是一种直接将微分问题变为代数问题的近似数值解法。

有限差分法发展较早，比较成熟，较多地用于求解双曲型和抛物型问题。用它求解边界条件较复杂，尤其是椭圆型问题则不如有限元法或有限体积法方便。

（2）有限元法（FEM）。FEM（finite element method）是将一个连续的求解域任意分成适当形状的许多微小单元，并于各微小单元分片构造插值函数，然后根据极值原理（变分或加权余量法），将问题的控制方程转化为所有单元上的有限元方程，把总体的极值作为各单元极值之和，即将局部单元总体合成，形成嵌入了指定边界条件的代数方程组，求解该方程组就得到各节点上待求的函数值。

有限元法吸收了有限差分法中离散处理的内核，又采用了变分计算中选择逼近函数对区域进行积分的合理方法。它具有广泛的适应性，特别适用于几何及物理条件比较复杂的问题，对椭圆型问题具有较好的适用性。有限元法也没有反映物理特征，而且对计算中出现的误差也难以改进。

有限元法在固体力学的数值计算方面占绝对优势，但因求解速度较有限差分法和有限体积法慢，因此应用不是特别广泛。

（3）有限体积法（FVM）。FVM（finite volume method）又称控制体积法，其基本思想为：将计算区域划分为网格，并使每个网格点周围有一个互不重复的控制体积；将待解的偏微分方程对每一个控制体积积分，从而得出一组离散方程，其中的未知量是网格点上的特征变量。为了求出控制体积的积分，必须假定特征变量值在网格点之间的变化规律。子域法加上离散就是有限体积法的基本思想。

有限体积法的基本思想易于理解，并能得出直接的物理解释。有限体积法即使在粗网格情况下，也能表现出准确的积分守恒。

有限体积法可视为有限元法和有限差分法的中间物，是目前流动和传热问题中最有效的数值计算方法。绝大多数 CFD 软件都采用有限体积法。

11.2.3　有限体积法原理

有限体积法与有限差分法和有限元法一样，也需要对计算域进行离散，将其分割成有限大小的离散网格。每一网格节点按一定的方式形成一个包围该节点的控制容积 ΔV，如图 11.3 所示。

有限体积法的关键步骤为将控制方程（通用形式）在控制体积内进行积分，即

$$\int_{\Delta V}\frac{\partial(\rho\varphi)}{\partial t}\mathrm{d}V + \int_{\Delta V}\mathrm{div}(\rho\boldsymbol{u}\varphi)\mathrm{d}V = \int_{\Delta V}\mathrm{div}(\varGamma\cdot\mathrm{grad}\varphi)\mathrm{d}V + \int_{\Delta V}S\mathrm{d}V \qquad (11.3)$$

区域离散的实质就是用有限个离散点来代替原来的连续空间，即生成计算网格。有限体积法的区域离散的过程为：将计算域划分为多个互不重叠的子域，即计算网格，然后确定每个子域中的节点位置及该节点代表的控制体积。

在区域离散化过程中，通常会产生四种几何要素：

（1）节点。节点是指需要求解的未知物理量的几何位置。

（2）控制容积。控制容积是指应用控制方程或守恒定律的最小几何单位。

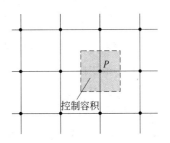

图 11.3　有限体积法的节点、
网格和控制容积

（3）界面。它规定了与各节点相对应的控制容积的分界面位置。

（4）网格线。网格线是指连接相邻两节点而形成的曲线簇。

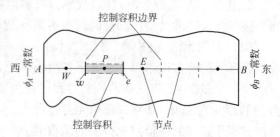

节点通常被看成是控制容积的代表，在离散过程中，将一个控制容积上的物理量定义并存储在该节点上。

图 11.4 为一维问题的有限体积法计算

图 11.4　一维问题的有限体积法计算网格

网格，图中 P 表示所研究的节点，其周围的控制容积也用 P 表示。东侧相邻的节点及相应的控制容积均用 E 表示，西侧相邻的节点及相应的控制容积均用 W 表示。控制容积 P 的东西两个界面分别用 e 和 w 表示，两个界面间的距离用 Δx 表示。

二维问题的有限体积法计算网格如图 11.5 所示，图中阴影区域为节点 P 的控制容积。三维问题的有限体积法控制容积及相邻节点如图 11.6 所示。

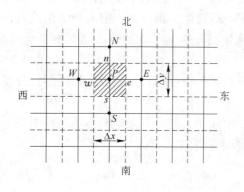

图 11.5　二维问题的有限体积法计算网格

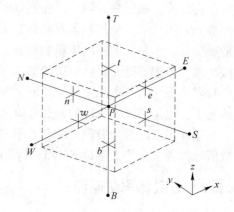

图 11.6　三维问题的控制容积及相邻节点

11.3　流场的求解计算

11.3.1　求解计算的难点

二维定常不可压缩流体流动的控制方程包括连续性方程和运动方程（或称为动量方程），若采用数值方法直接求解会遇到两个难点：

（1）非线性。运动方程中的对流项包括非线性量。

（2）压力与速度耦合。速度分量既出现在运动方程中，又出现在连续性方程中；同时，压力梯度项也出现在运动方程中，使得两者相互耦合、相互影响。

对于难点（1），可以通过迭代计算的方法来解决。先假设一个预估的速度场，通过迭代求解运动方程，从而获得速度分量的收敛解。

对于（2），如果压力梯度已知，则可以根据运动方程生成速度分量的离散方程，求解离散方程即可。但在一般情况下，在求解速度场之前，压力场是未知的。考虑到压力场间接地满足连续性方程，因此最直接的想法是求解由运动方程与连续性方程构成的离散方程组。这种方法就是耦合求解法。

11.3.2　求解计算的方法

流场求解计算的本质就是对离散方程组的求解。根据前面的分析，离散方程组的求解方法可分为耦合求解法和分离求解法，如图 11.7 所示。

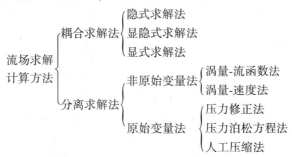

图 11.7　流场求解计算方法分类

11.3.2.1　耦合求解法

耦合求解法的特点是联立求解离散方程，获得各变量值（u_x、u_y、u_z、p），其求解过程为：

（1）假定初始压力和速度，确定离散方程的系数及常数项；

（2）联立求解连续性方程、动量方程、能量方程；

（3）求解湍流方程及其他方程；

（4）判断当前时间步长上的计算是否收敛。若不收敛，返回到第二步，进行迭代计算；若收敛，重复上述步骤，计算下一时间步的各物理量。

耦合求解法又分为隐式求解法（所有变量整场联立求解）、显隐式求解法（部分变量整场联立求解）和显示求解法（在局部地区对所有变量联立求解）。对于显示求解法，在求解每个单元时，通常要求相邻单元的物理量值已知。

当流体的密度、能量、动量存在相互依赖关系时，耦合求解法具有很大的优势，但其计算效率低，内存消耗大，一般只用于小规模问题。

11.3.2.2　分离求解法

分离求解法不直接求解联立方程组，而是按顺序逐个求解各变量的离散方程组。根据是否直接求解原始变量（u_x、u_y、u_z、p），分离求解法可分为原始变量法和非原始变量法。

非原始变量法包括涡量-速度法和涡量-流函数法。原始变量法包含的求解算法比较多，常用的有压力修正法、压力泊松方程法和人工压缩法。

目前工程上使用最广泛的流场求解计算方法为压力修正法，其实质是迭代法，求解过程如下：

（1）假定初始压力场；

（2）利用压力场求解动量方程，得到速度场；

（3）利用速度场求解连续性方程，使压力场得到修正；

（4）根据需要，求解湍流方程及其他标量方程；

（5）判断当前时间步长上的计算是否收敛。若不收敛，返回到第二步，进行迭代计算；若收敛，重复上述步骤，计算下一时间步的各物理量。

11.3.3　SIMPLE 算法及其改进

SIMPLE 算法是目前工程上应用最为广泛的一种流场求解计算方法，它属于压力修正法的一种。SIMPLE（Semi-Implicit Method for Pressure-Linked Equations）意为"求解压力耦合方程组的半隐式方法"。

SIMPLE 算法由 Patankar 和 Spalding 于 1972 年提出，是一种压力预测-修正方法。SIMPLE算法需要假设初始的压力场与速度场，随着迭代的进行，所得到的压力场与速度场逐渐逼近真解，最后求出（u_x、u_y、u_z、p）的收敛解。

SIMPLE 算法自问世以来，在被广泛应用的同时，也以不同方式不断得到改进与发展，其中最著名的改进算法有 SIMPLER、SIMPLEC 和 PISO 算法。

SIMPLER（Revised）算法是由 Patankar 于 1980 年在 SIMPLE 算法的基础上提出的一个改进算法，它利用假设的或前次迭代得到的速度场直接求出一个中间压力场，用来代替假设的压力场。而压力修正方程得到的压力改进量 p' 值用于修正速度，压力则根据连续性方程推导出的压力方程计算。

SIMPLEC（Consistent）算法将周围节点速度对主节点速度产生的影响部分考虑进来，从而使方程用于"硬性"忽略一项而引起的不协调得以恢复，具有更好的收敛性。

PISO（Pressure Implicit with Splitting of Operators）算法包含一个预测步骤和两个校正步骤，可以认为是在 SIMPLE 算法的基础上增加了一个校正步骤，是 SIMPLE 算法的推广。

SIMPLE 算法通过求解压力修正方程（实质为连续性方程）得到压力的修正量 p'，当 p' 被用于修正速度值时效果较好，但 p' 被用于压力值时则不甚理想。SIMPLER 算法没有忽略方程中任一影响项，因此由压力方程计算得到的压力改进值可更好地与速度场计算值匹配，从而更容易收敛。SIMPLER 算法的每一迭代步的计算工作量要比 SIMPLE 算法大 30%，但总的计算时间减少 30%～50%。SIMPLEC 算法和 PISO 算法在许多类型的流动计算中与 SIMPLER 算法一样有效。

针对不同的流动问题，不同算法的应用效果也有所不同，在实际计算中只能对具体问题分别试探选用。

11.4　边界条件与网格生成

11.4.1　边界条件

边界条件是 CFD 问题有定解的必要条件，而且需要给定合理的边界条件。在 CFD 中，基本边界条件包括：进口边界条件、出口边界条件、固壁边界条件、恒压边界条件、对称边界条件、周期性边界条件。

下面以不可压缩流体流经一个二维突扩区域的定常层流换热问题为例，给出控制方程的边界条件。控制方程包括连续性方程、动量方程、能量方程。假定流动是对称的，取一半作为研究对象，如图 11.8 所示。

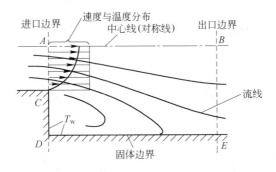

图 11.8　二维突扩区内的流动与换热问题

（1）在进口边界 AC 上，给定 u_x、u_y 和 T 随 y 的分布；

（2）在固体壁面 CDE 上，$u_x=0$，$u_y=0$，$T=T_w$；

（3）在对称线 AB 上，$\dfrac{\partial u_x}{\partial y}=0$，$\dfrac{\partial T}{\partial y}=0$，$u_y=0$；

（4）在出口边界 BE 上，$\dfrac{\partial(\quad)}{\partial x}=0$。

对于出口边界，从数学的角度应给出 u_x、u_y 和 T 随 y 的分布，但实际上，在计算之前常常很难实现，因此，对出口边界条件通常认为流动在出口处已充分发展，在流动方向上无梯度变化。

应用边界条件的基本原则为：确保在合适的位置应用合适的边界条件，同时让边界条件不过约束，也不欠约束。应用边界条件时应注意：

（1）边界条件的组合。不合理的边界条件会导致计算的发散，因此需合理确定壁面、进口、恒压、出口边界条件的组合。应用出口边界条件需要特别注意，该边界条件只有当计算域中进口边界条件给定时才能使用，且仅在只有一个出口的计算域中使用。

（2）出口边界位置的选取。为了得到准确的计算结果，出口边界必须位于最后一个障碍物后 10 倍于障碍高度的位置。

（3）近壁面网格。为了获得较高的精度，常常需要加密计算网格，而在近壁面处为了快速求解，必须将 $k\text{-}\varepsilon$ 模型与壁面函数法结合起来使用。

（4）随时间变化的边界条件。通常用于非定常流动问题，而且与初始条件一起给定。

11.4.2　网格类型及网格生成

网格是 CFD 模型的几何表达式，也是模拟与分析的载体。网格质量对 CFD 的计算精度和计算效率具有重要影响。

网格分为结构网格和非结构网格两大类。结构网格即网格中节点排列有序，邻点间的关系明确，如图 11.9 所示。对于复杂的几何区域，结构网格通常分块构造，形成块结构网格，如图 11.10 所示。

非结构网格与结构网格不同，节点的位置无法用一个固定的法则予以有序地命名，如图 11.11 所示。非结构网格虽然生成过程比较复杂，但有极好的适应性。

单元是构成网格的基本元素。在结构网格中，常用的二维网格单元为四边形单元，三

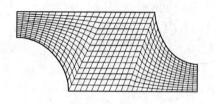

图 11.9   结构网格示例

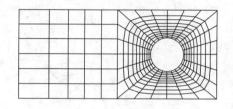

图 11.10   块结构网格示例

维网格单元为六面体单元；而在非结构网格中，常用的二维网格单元为三角形单元，三维网格单元有四面体单元和五面体单元。图 11.12 和图 11.13 分别为常用的二维和三维网格单元。

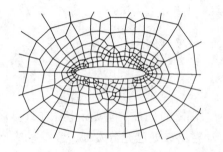

图 11.11   非结构网格示例

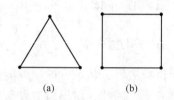

图 11.12   常用的二维网格单元

（a）三角形；（b）四边形

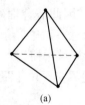

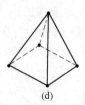

(a)   (b)   (c)   (d)

图 11.13   常用的三维网格单元

（a）四面体；（b）六面体；（c）五面体（棱锥）；（d）五面体（金字塔）

无论是结构网格还是非结构网格，网格生成过程通常为：

（1）建立几何模型。几何模型是网格和边界的载体。对于二维问题，几何模型为二维面；对于三维问题，几何模型为三维实体。

（2）划分网格。在几何模型上应用特定的网格类型、网格单元和网格密度对面或体进行划分，获得网格。

（3）指定边界区域。为几何模型的每个区域指定名称和类型，为后续给定物理属性、边界条件和初始条件奠定基础。

生成网格的关键在于步骤（2）。由于传统的 CFD 技术大多基于结构网格，因此，目前针对结构网格具有多种成熟的生成技术，而非结构网格的生成技术更加复杂。

11.5　CFD 软件的基本知识及应用

11.5.1　CFD 软件的结构

CFD 的实际求解过程比较复杂，为方便用户使用 CFD 软件处理不同类型的工程问题，CFD 软件通常将复杂的 CFD 过程集成，通过一定的接口，让用户快速地输入问题的有关参数。所有的 CFD 软件均包括三个基本环节：前处理、求解和后处理，与之对应的程序模块常简称前处理器、求解器、后处理器。

11.5.1.1　前处理器

前处理器用于完成前处理工作。前处理环节是向 CFD 软件输入所求问题的相关数据，该过程一般是借助与求解器相对应的对话框等图形界面来完成的。在前处理阶段需要用户进行以下工作：

（1）定义所求问题的几何计算域；

（2）将计算域划分成多个互不重叠的子区域，形成由单元组成的网格；

（3）对所要研究的物理和化学现象进行抽象，选择相应的控制方程；

（4）定义流体的属性参数；

（5）为计算域边界处的单元指定边界条件；

（6）对于瞬态问题，指定初始条件。

流动问题的解是在单元内部的节点上定义的，解的精度由网格中单元的数量所决定。一般来讲，单元越多、尺寸越小，所得到的解精度越高，但所需要的计算机内存资源及CPU 时间也相应增加。为了提高计算精度，在物理量梯度较大的区域，以及我们感兴趣的区域，往往要加密计算网格。

目前在使用商用 CFD 软件进行计算时，有超过 50% 以上的时间花在几何区域的定义及计算网格的生成上。我们可以使用 CFD 软件自身的前处理器来生成几何模型，也可以借用其他商用 CFD 或 CAD/CAE 软件提供的几何模型。

11.5.1.2　求解器

求解器的核心是数值求解方案。常用的数值求解方案包括有限差分、有限元和有限体积法等，这些方法的求解过程大致包括以下步骤：

（1）借助简单函数来近似待求的流动变量；

（2）将该近似关系代入连续型的控制方程中，形成离散方程组；

（3）求解代数方程组。

各种数值求解方案的主要差别在于流动变量被近似的方式及相应的离散化过程。目前，有限体积法是商用 CFD 软件广泛采用的方法。

11.5.1.3　后处理器

后处理的目的是有效地观察和分析流动计算结果。随着计算机图形功能的提高，目前的 CFD 软件均配备了后处理器，提供了较为完善的后处理功能，包括：

（1）计算域的几何模型及网格显示；

（2）矢量图（如速度矢量线）；

（3）等值线图；

（4）填充型的等值线图（云图）；

（5）XY 散点团；

（6）粒子轨迹图；

（7）图像处理功能（平移、缩放、旋转等）。

借助后处理功能，还可动态模拟流动效果（动画），直观地了解 CFD 的计算结果。

11.5.2　常用 CFD 软件

自 1981 年以来，出现了如 PHOENICS、CFX、STAR-CD、FIDAP、FLUENT、FLoEFD 等多个商用 CFD 软件，这些软件的共同点为：

（1）功能比较全面、实用性强，几乎可以求解工程界中的各种复杂问题。

（2）具有比较易用的前后处理系统和与其他 CAD 及 CFD 软件的接口能力，便于用户快速完成造型、网格划分等工作。同时，还可让用户扩展自己的开发模块。

（3）具有比较完备的容错机制和操作界面，稳定性高。

（4）可在多种计算机、多种操作系统，包括并行环境下运行。

11.5.2.1　PHOENICS

PHOENICS 是世界上第一套计算流体动力学与传热学的商用软件，第一个正式版本于 1981 年开发完成。除了通用 CFD 软件应该拥有的功能外，PHOENICS 软件有自己独特的功能：

（1）开放性。PHOENICS 最大限度地向用户开放了程序，用户可以根据需要添加用户程序、用户模型。

（2）CAD 接口。PHOENICS 可以读入几乎任何 CAD 软件的图形文件。

（3）运动物体功能。可以定义物体运动，克服了使用相对运动方法的局限性。

（4）多种模型选择。提供了多种湍流模型、多相流模型、多流体模型、燃烧模型、辐射模型等。

（5）双重算法选择。既提供了欧拉算法，也提供了基于粒子运动轨迹的拉格朗日算法。

（6）多模块选择。PHOENICS 提供了若干专用模块，用于特定领域的分析计算。

11.5.2.2　CFX

CFX 是全球第一个通过 ISO9001 质量认证的大型商业 CFD 软件。和大多数 CFD 软件不同的是，CFX 除了可以使用有限体积法之外，还采用了基于有限元的有限体积法。基于有限元的有限体积法保证了在有限体积法的守恒特性的基础上，吸收了有限元法的数值精确性。

CFX 可计算的物理问题包括可压与不可压流体、耦合传热、热辐射、多相流、粒子输送过程、化学反应和燃烧问题，还拥有诸如气蚀、凝固、沸腾、多孔介质、相间传质、非牛顿流、喷雾干燥、动静干涉、真实气体等大批复杂现象的使用模型，而且允许用户加入自己的特殊物理模型。

CFX 的前处理模块是 ICEM CFD，它在生成网格时，可实现边界层网格自动加密、流场变化剧烈区域网格局部加密、分离流模拟等。

11.5.2.3　FLUENT

FLUENT 是继 PHOENICS 之后的第二个投放市场的基于有限体积法的软件。FLUENT 是目前功能最全面、适用性最广、国内使用最广泛的 CFD 软件之一。

FLUENT 提供了非常灵活的网格特性，让用户可以使用非结构网格，甚至可以用混合型非结构网格。它允许用户根据解的具体情况对网格进行修改（细化/粗化）。FLUENT 使用 GAMBIT 作为前处理软件，它可读入多种 CAD 软件的三维几何模型和多种 CAE 软件的网格模型。FLUENT 可用于二维平面、二维轴对称和三维流动分析，可完成多种参考系下流场模拟、定常与非定常流动分析、不可压流和可压缩流计算、层流和湍流模拟、传热和热混合分析、化学组分混合和反应分析、多相流分析、固体与流体耦合传热分析、多孔介质分析等。

FLUENT 可让用户定义多种边界条件，所有边界条件均可随空间和时间变化，包括轴对称和周期变化等。FLUENT 提供的用户自定义子程序功能，可让用户自行设定连续方程、动量方程、能量方程或组分输运方程中的体积源项，自定义边界条件、初始条件、流体的物性，添加新的标量方程和多孔介质模型等。

在 FLUENT 中，解的计算与显示可以通过交互式的用户界面来完成。

11.5.3　CFD 软件的应用实例

（1）工程背景。某矿矿区运输路面产生的粉尘无毒，但长期吸入会导致尘肺病。为了确定载重汽车驶过路面时的产尘浓度及粉尘运移规律，以便合理地进行粉尘的实时监测及有效抑尘，采用 CFD 软件对汽车经过运输路面时的产尘情况进行数值模拟。

进行粉尘采样分析得知，尘样中降尘（粒径为 $10 \sim 100 \mu m$）的比例大约占 71.6%，飘尘（粒径小于 $10 \mu m$）占 8.6%。粉尘的天然含水率为 0.22%，饱和吸水率为 25.74%，水土酸碱度为 7.54，呈弱碱性。

（2）模型建立。采用 FLUENT 软件进行数值模拟，数学模型为气粒两相流，其中气体为连续相，颗粒是离散相。对气相流动控制采用非耦合隐性求解，流体为非定常流，湍流方程为 $k\text{-}\varepsilon$ 方程，使用 SIMPLE 算法求解气体流场。由于所求解为运动边界问题，所以采用动网格对区域进行模拟。离散相模型采用拉格朗日坐标下颗粒作用力的微分方程来求解颗粒的轨道，得出颗粒的运动规律。

使用 GAMBIT 进行几何建模和网格划分。根据现场的实际情况，计算区域为长 50m、宽 10m、高 10m 的长方体路段。运输车辆长 2.5m、宽 1.5m、高 2m，车体距地面 0.5m，运行速度分别为 5m/s、8m/s 和 12m/s。模型采用右侧进风来模拟在逆风情况下的粉尘运动规律，风流速度分别为 3m/s、5m/s 和 8m/s。模拟参数的设定如表 11.2 所示。

表 11.2　模拟参数的设定

项　目	名　　称	参数设置	项　目	名　　称	参数设置
边界条件	车辆入口边界	Pressure inlet	颗粒源参数设定	粒径/m	1×10^{-5}
	风流入口边界	Velocity		初始速度/m·s⁻¹	0
	四周出口边界	Pressure outlet		质量流率/kg·s⁻¹	0.006
	湍流动能/m²·s⁻²	1		颗粒轨道跟踪次数	5000
	湍流扩散速度/m²·s⁻³	1		积分时间尺度常数	0.01

（3）模拟结果及分析。对不同风速、不同车辆运行速度的九种情况下运输路面的速度流场和粉尘质量浓度场进行了数值模拟，部分模拟结果如图 11.14 和图 11.15 所示，坐标 x 代表车辆长度方向，y 代表高度方向，z 代表宽度方向。图中汽车行驶方向为由左至右。

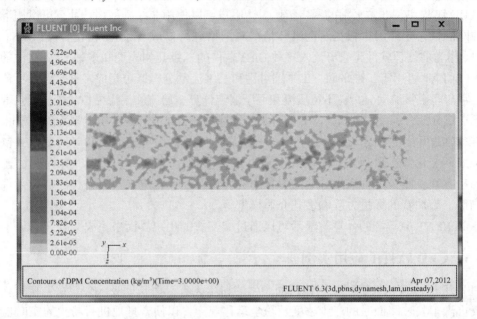

图 11.14　车辆运行 3s 时的粉尘质量浓度分布
（风速 8m/s，车速 12m/s）

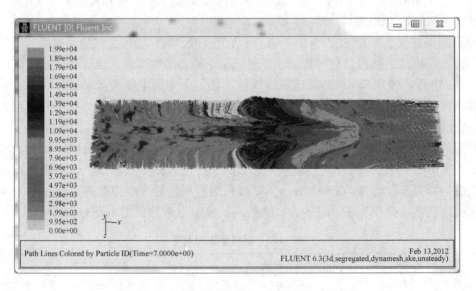

图 11.15　车辆运行 7s 时粉尘颗粒的运移路径
（风速 5m/s，车速 8m/s）

从数值模拟结果可以看出，车辆在运行过程中，对周围的空气流场产生了很大的影响，使得附近的粉尘随着空气一起运动。从图 11.14 和图 11.15 中可以看出，车辆驶过的区域内粉尘质量浓度较大，且车道两旁的区域粉尘质量浓度要高于车道上的粉尘质量浓度。

对九种不同情况下车辆所在位置（$x=15$m、$y=0.5$m 处）沿宽度 z 方向的粉尘质量浓度进行了模拟，风速和车辆运行速度均为 8m/s 时的结果如图 11.16 所示。

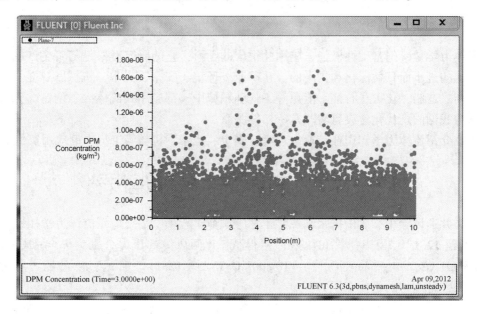

图 11.16　车辆所在位置的粉尘质量浓度
（风速 8m/s，车速 8m/s）

从图 11.16 及其他模拟结果可以看出，粉尘质量浓度较高的区域为宽度方向 0~4m、6~10m，其中重点产尘区域应为 2~4m 和 6~8m。由于 $z=5$m 处为车辆经过的位置，受到强烈湍流的影响，粉尘随空气流向两旁，故质量浓度较低。在 3m 和 7m 处粉尘质量浓度值最大，故将监测点布置在宽度 3m 和 7m 处。

12　工程流体力学应用实例

流体力学是一门基础性极强、应用性很广的学科，它的研究对象是随着生产的发展和科学技术的进步而日益深化和扩大的。在矿业、环境、安全、土木、机械、热能、航空航天、水利、造船、化工、石油、能源等工程和领域中，都应用到流体力学的有关知识。流体力学与我国的现代化建设有着非常密切的关系。

本章介绍流体力学知识在矿业、环境、安全、土木、机械等工程中的应用实例。

12.1　流体力学在矿业工程中的应用实例

在矿井通风除尘、矿山排水、选矿工艺等矿业工程中，需要应用流体力学知识。

[**例题 12.1**]　用毕托管和压差计测得 A、B 两风筒的压力分别为 $h_1 = -50\text{mmH}_2\text{O}$，$h_2 = 10\text{mmH}_2\text{O}$，$h_4 = 60\text{mmH}_2\text{O}$，$h_5 = 10\text{mmH}_2\text{O}$（见图 12.1）。求 h_3、h_6 的压力各为多少帕？各压差计测得的是什么压力？

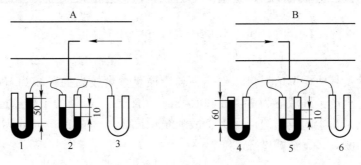

图 12.1　风筒压力测量

[**解**]　（1）h_1 为静压，h_2 为动压，h_5 为动压，h_4 为全压；

（2）压差计 3 的读数 h_3 为全压

$$h_3 = h_1 + h_2 = -50 + 10 = -40\text{mmH}_2\text{O} = -392\text{Pa}$$

（3）压差计 6 的读数 h_6 为静压

$$h_6 = h_4 - h_5 = 60 - 10 = 50\text{mmH}_2\text{O} = 490\text{Pa}$$

[**例题 12.2**]　用气压计测得某水平巷道 1、2 两点的大气压分别为 101997Pa 与 101656.5Pa。若巷道 1、2 点处于断面面积分别为 $S_1 = 16\text{m}^2$，$S_2 = 8\text{m}^2$（图 12.2），巷道中通过的风量 $Q = 32\text{m}^3/\text{s}$，巷道内空气平均密度 $\rho = 1.2\text{kg/m}^3$。问巷道 1、2 两断面间的通风阻力为多少？相当于多少毫米汞柱和毫米水柱？

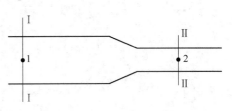

图 12.2　例题 12.2 图

[**解**] 假定风流由点 1 流向点 2。由 1、2 两点列能量方程式，则阻力 h 为

$$h = (p_1 - p_2) + \rho g(z_1 - z_2) + \left(\frac{\rho_1 v_1^2}{2} - \frac{\rho_2 v_2^2}{2}\right)$$

因为
$$p_1 - p_2 = 101997 - 101656.5 = 340.5\text{Pa}$$

$$\rho g(z_1 - z_2) = 0$$

$$\frac{\rho_1 v_1^2}{2} - \frac{\rho_2 v_2^2}{2} = \frac{\left(\frac{32}{16}\right)^2}{2} \times 1.2 - \frac{\left(\frac{32}{8}\right)^2}{2} \times 1.2 = 2.4 - 9.6 = -7.2\text{Pa}$$

所以
$$h = 340.5 + 0 - 7.2 = 333.3\text{Pa}$$

因为
$$1\text{mmHg} = 133.32\text{Pa}$$

所以
$$通风阻力\ h = \frac{333.3}{133.32} = 2.5\text{mmHg}$$

或
$$h = \frac{333.3}{133.32} \times 13.6 = 34\text{mmH}_2\text{O}$$

[**例题 12.3**] 某矿井深 200m，采用抽出式通风。已知风洞与地表的静压差为 2200Pa，入风井筒空气的平均密度为 1.25kg/m^3，排风井筒空气的平均密度为 1.20kg/m^3，风洞中的平均风速为 8m/s（见图 12.3），求矿井通风阻力。

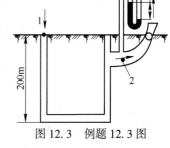
图 12.3 例题 12.3 图

[**解**] 由入风井口到风洞列能量方程式

$$h = (p_1 - p_2) + (\rho_1 - \rho_2)gz + \left(\frac{\rho_1 v_1^2}{2} - \frac{\rho_2 v_2^2}{2}\right)$$

因为
$$p_1 - p_2 = 2200\text{Pa}$$

$$(\rho_1 - \rho_2)gz = (1.25 - 1.20) \times 9.81 \times 200 = 98.1\text{Pa}$$

设
$$p_1 = p_0$$

则
$$v_1 = 0, \qquad \frac{\rho_1 v_1^2}{2} = 0$$

$$\frac{\rho_2 v_2^2}{2} = \frac{1.2 \times 8^2}{2} = 38.4\text{Pa}$$

所以
$$h = 2200 + 98.1 - 38.4 = 2259.7\text{Pa}$$

[**例题 12.4**] 主运输道长 $L = 2000\text{m}$，用不完全木支架支护，支柱直径 $d_0 = 0.20\text{m}$，棚子间距 $l = 1.0\text{m}$，巷道断面 $S = 5\text{m}^2$，周长 $P = 9.3\text{m}$，巷道中流过的风量为 $30\text{m}^3/\text{s}$。求该巷道的通风阻力。

[**解**] 该巷道的通风阻力主要为摩擦阻力

$$h = a\frac{LP}{S^3}Q^2$$

式中摩擦阻力系数 a 可从矿井通风手册中查得。当巷道纵口径 $\Delta = \dfrac{l}{d_0} = \dfrac{1.0}{0.2} = 5$，$d_0 = 0.2\text{m}$ 时，查得 $a = 20.3 \times 10^{-3} \text{N} \cdot \text{s}^2/\text{m}^4$；巷道断面为 5m^2 时，校正系数 $k = 0.89$，则 $a = 20.3 \times 10^{-3} \times 0.89 = 0.018 \text{N} \cdot \text{s}^2/\text{m}^4$。

故

$$h = 0.018 \times \frac{2000 \times 9.3}{5^3} \times 30^2 = 2411\text{Pa}$$

[例题 12.5] 某矿井通风网路如图 12.4 所示，已知各巷道的风阻 $R_1 = 0.25\text{N} \cdot \text{s}^2/\text{m}^8$、$R_2 = 0.34\text{N} \cdot \text{s}^2/\text{m}^8$、$R_3 = 0.46\text{N} \cdot \text{s}^2/\text{m}^8$、巷道 1 的风量 $Q = 65\text{m}^3/\text{s}$。求 BC、BD 风路自然分配的风量及风路 ABC、ABD 的阻力为多少？

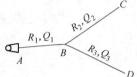

图 12.4 例题 12.5 图

[解] BC 和 BD 风路为并联网路，自然分配的风量为

$$Q_2 = \frac{Q_1}{1 + \sqrt{\dfrac{R_2}{R_3}}} = \frac{65}{1 + \sqrt{\dfrac{0.34}{0.46}}} = 34.95\text{m}^3/\text{s}$$

$$Q_3 = Q_1 - Q_2 = 65 - 34.95 = 30.05\text{m}^3/\text{s}$$

计算各巷道的阻力

$$h_1 = R_1 Q_1^2 = 0.25 \times 65^2 = 1056.3\text{Pa}$$

$$h_2 = R_2 Q_2^2 = 0.34 \times 34.95^2 = 415.3\text{Pa}$$

$$h_3 = R_3 Q_3^2 = 0.46 \times 30.05^2 = 415.4\text{Pa}$$

计算各风路的阻力

$$h_{ABC} = h_1 + h_2 = 1056.3 + 415.3 = 1472\text{Pa}$$

$$h_{ABD} = h_1 + h_3 = 1056.3 + 415.4 = 1472\text{Pa}$$

[例题 12.6] 有一通风系统如图 12.5 所示，已知各巷道的风阻 $R_1 = 0.5\text{N} \cdot \text{s}^2/\text{m}^8$、$R_2 = 1.5\text{N} \cdot \text{s}^2/\text{m}^8$、$R_3 = 1.0\text{N} \cdot \text{s}^2/\text{m}^8$、$R_4 = 1.5\text{N} \cdot \text{s}^2/\text{m}^8$、$R_5 = 0.5\text{N} \cdot \text{s}^2/\text{m}^8$、$R_6 = 1.0\text{N} \cdot \text{s}^2/\text{m}^8$，该系统的风压为 $h = 81\text{Pa}$。正常通风时风门 E 关闭，求此时各巷道的风量；若打开风门 E，而且系统的总风压保持不变，求该种情况下系统的总风量及工作面和风门短路的风量。

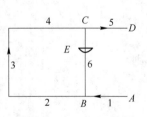

图 12.5 例题 12.6 图

[解] (1) 风门 E 关闭时，BC 间的风阻 R_0 为

$$R_0 = R_2 + R_3 + R_4 = 1.5 + 1.0 + 1.5 = 4.0\text{N} \cdot \text{s}^2/\text{m}^8$$

系统的总风阻 R 为

$$R = R_1 + R_0 + R_5 = 0.5 + 4.0 + 0.5 = 5.0\text{N} \cdot \text{s}^2/\text{m}^8$$

系统的风量

$$Q = \sqrt{\frac{h}{R}} = \sqrt{\frac{81}{5.0}} = 4.02\text{m}^3/\text{s}$$

(2) 打开风门 E 后，巷道 6 中有风流，系统的总风阻 R' 为

$$R' = R_1 + R_5 + \frac{R_0}{\left(1 + \sqrt{\frac{R_0}{R_6}}\right)^2} = 0.5 + 0.5 + \frac{4.0}{\left(1 + \sqrt{\frac{4.0}{1.0}}\right)^2} = 1.44 \text{N} \cdot \text{s}^2/\text{m}^8$$

系统的总风量为

$$Q' = \sqrt{\frac{h}{R'}} = \sqrt{\frac{81}{1.44}} = 7.5 \text{m}^3/\text{s}$$

工作面的风量为

$$Q_3 = \frac{Q'}{1 + \sqrt{\frac{R_0}{R_6}}} = \frac{7.5}{1 + \sqrt{\frac{4.0}{1.0}}} = 2.5 \text{m}^3/\text{s}$$

通过风门的短路风量

$$Q_6 = Q' - Q_3 = 7.5 - 2.5 = 5.0 \text{m}^3/\text{s}$$

[**例题 12.7**]　有一单吸离心式泵，流量 $Q = 68\text{m}^3/\text{s}$，$\Delta h_r = 6\text{m}$，从密封容器中抽送温度为 40℃ 的清水，吸水管路阻力损失 $\Delta H = 0.5\text{m}$，问该泵允许吸水高度是多少？吸水管道 $d_x = 50\text{mm}$。

[**解**]　查表得水在 40℃ 的汽化压力 $\frac{p_n}{\rho g} = 0.75\text{m}$，则

$$[H_s]' = [H_s] - 10 + \frac{p_a}{\gamma} - \frac{p_n}{\gamma} + 0.24 = 6 - 10 + 10 - 0.75 + 0.24 = 5.49\text{m}$$

则

$$[H_x] = [H_s]' - \Delta H_x - \frac{v_1^2}{2g}$$

$$= 5.49 - 0.5 - \frac{\left(\frac{4 \times 68}{\pi \times 0.05^2 \times 3600}\right)^2}{2 \times 9.81} = 4.99\text{m}$$

12. 2　流体力学在环境工程中的应用实例

在通风除尘工程、水处理工程等环境工程中，需要应用流体力学知识。

[**例题 12.8**]　如图 12.6 所示的烟气除尘系统，由集气罩、除尘管道、除尘器、风机、电机等组成，除尘器为 SHWB_3 型静电除尘器，阻力为 200Pa，烟囱的阻力损失为 100Pa，试选择风机。

[**解**]　管道阻力包括沿程阻力和局部阻力。圆形管道的沿程阻力 $\Delta p_m(\text{Pa})$ 计算公式为

$$\Delta p_m = \frac{\lambda}{d} \cdot \frac{v^2 \rho}{2} \cdot l$$

式中，λ 为沿程阻力系数；d 为管道直径，m；v 为管道内烟气的平均流速，m/s；ρ 为空气的密度，1.24kg/m^3；l 为管道的长度，m。

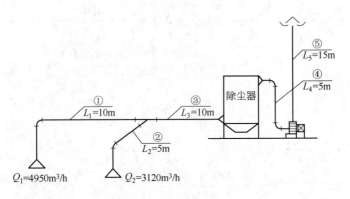

图 12.6   例题 12.8 图

局部阻力 Δp_z（Pa）可按下式计算

$$\Delta p_z = \zeta \frac{v^2 \rho}{2}$$

式中，ζ 为局部阻力系数；v 为断面平均流速，m/s。

确定除尘系统最不利的环路，即阻力损失最大的管路，作为管道系统的总阻力损失。本系统的最不利环路为①—③—④—⑤，分别计算各管段的沿程阻力和局部阻力。

管段①：管道流量 $Q_1 = 4950 \text{m}^3/\text{h}$，风速按通风除尘管道内气流最低流速确定为 $v_1 = 16 \text{m/s}$，则

$$d_1 = \sqrt{\frac{4Q_1}{\pi v}} = \sqrt{\frac{4 \times 4950}{3600 \times 3.14 \times 16}} = 0.331 \text{m}$$

取 $d_1 = 320 \text{mm}$，查有关表得 $\lambda/d = 0.0562$，实际流速 $v_1 = 17.1 \text{m/s}$，则沿程阻力损失为

$$\Delta p_{m1} = \frac{\lambda}{d} \cdot \frac{v^2 \rho}{2} \cdot l = 0.0562 \times \frac{17.1^2 \times 1.24}{2} \times 10 = 101.9 \text{Pa}$$

查有关手册，得管段①各管件局部阻力系数：集气罩 $\zeta_1 = 0.12$，90°弯头（$r/R = 0.5$）$\zeta_2 = 0.249$，30°直流三通 $\zeta_3 = 0.12$，则总的局部阻力系数为

$$\Sigma\zeta = \zeta_1 + \zeta_2 + \zeta_3 = 0.12 + 0.25 + 0.12 = 0.49$$

则局部阻力损失为

$$\Delta p_{z1} = \Sigma\zeta \frac{v^2 \rho}{2} = 0.49 \times \frac{17.1^2 \times 1.24}{2} = 88.8 \text{Pa}$$

管段③：管道流量 $Q_3 = 8070 \text{m}^3/\text{h}$，风速按通风除尘管道内气流最低流速确定为 $v_3 = 16 \text{m/s}$，则可确定 $d_3 = 420 \text{mm}$，查有关表得 $\lambda/d = 0.0403$，实际流速 $v_3 = 16.4 \text{m/s}$，则沿程阻力损失为

$$\Delta p_{m3} = \frac{\lambda}{d} \cdot \frac{v^2 \rho}{2} \cdot l = 0.0403 \times \frac{16.4^2 \times 1.24}{2} \times 10 = 67.2 \text{Pa}$$

局部阻力损失为直流三通的局部阻力损失，局部阻力系数（查有关手册）$\zeta = 0.11$，

则局部阻力损失为

$$\Delta p_{z3} = \zeta \frac{v^2 \rho}{2} = 0.11 \times \frac{16.4^2 \times 1.24}{2} = 18.3\text{Pa}$$

管段④：气体流量、管径、管道内烟气流速同管段③，沿程阻力损失为

$$\Delta p_{m4} = \frac{\lambda}{d} \cdot \frac{v^2 \rho}{2} \cdot l = 0.0403 \times \frac{16.4^2 \times 1.24}{2} \times 5 = 33.6\text{Pa}$$

该管段有 90°弯头（$r/R = 0.5$）两个，$\zeta = 0.294$，则阻力损失为

$$\Delta p_{z4} = 2\zeta \frac{v^2 \rho}{2} = 2 \times 0.294 \times \frac{16.4^2 \times 1.24}{2} = 98.1\text{Pa}$$

管段⑤：气体流量、管径、管道内烟气流速同管段③，沿程阻力损失为

$$\Delta p_{m5} = \frac{\lambda}{d} \cdot \frac{v^2 \rho}{2} \cdot l = 0.0403 \times \frac{16.4^2 \times 1.24}{2} \times 15 = 100.8\text{Pa}$$

该管段局部阻力损失包括风机进、出口的阻力损失，若风机入口处变径管阻力损失忽略不计，风机出口 $\zeta = 0.1$，则局部压力损失为

$$\Delta p_{z5} = \zeta \frac{v^2 \rho}{2} = 0.1 \times \frac{16.4^2 \times 1.24}{2} = 16.7\text{Pa}$$

除尘系统管道的总阻力为

$$\Delta p_d = \Delta p_{m1} + \Delta p_{z1} + \Delta p_{m3} + \Delta p_{z3} + \Delta p_{m4} + \Delta p_{z4} + \Delta p_{m5} + \Delta p_{z5}$$
$$= 101.9 + 88.8 + 67.2 + 18.3 + 33.6 + 98.1 + 100.8 + 16.7$$
$$= 525.4\text{Pa}$$

静电除尘器的阻力为 200Pa，烟囱的阻力损失为 180Pa，则除尘系统的总阻力为

$$\Delta p = \Delta p_d + 200 + 100 = 825.4\text{Pa}$$

选择风机时，主要根据烟气的风量和风压来选择。考虑漏风等因素，实际的风量

$$Q_0 = (1 + k)Q = (1 + 0.125) \times 8070 = 9078.8\text{m}^3/\text{h}$$

式中，Q_0 为选择风机用的风量，m^3/h；Q 为通风系统计算的风量，m^3/h；k 为除尘系统管道漏风附加系数，一般管道系统取 0.1~0.1，除尘系统取 0.1~0.15，在本系统中取 0.125。

除尘系统的风压为

$$\Delta p_0 = (1 + K_0)\Delta p \frac{\rho_0}{\rho} = (1 + 0.2) \times 825.4 = 990.5\text{Pa}$$

式中，Δp_0 为选择风机用的风压，Pa；Δp 为管道系统的总阻力损失，Pa；K_0 为考虑管道计算误差及系统漏风等因素所采用的安全系数，一般管道取 0.1~0.15，除尘管道取0.15~0.2，本除尘系统取 0.2；ρ_0 为通风机性能表中给出的空气密度，对于通风机为 1.2kg/m³，对于引风机为 0.745kg/m³；ρ 为烟气进入风机时的气体的密度，kg/m³。本除尘系统的烟气进入除尘器时温度为 20℃，与通风机的标准状态相同，所以 ρ_0 与 ρ 近似相等。

根据风量 $Q_0 = 9078.8\text{m}^3/\text{h}$、风压 $\Delta p_0 = 990.5\text{Pa}$，查有关设计手册确定风机型号为

4-72No. 6C，风机的转速为 1600r/min，全压 1393~961Pa，风量 7560~14000m³/h，配套电机型号为 Y132S-4，电机功率为 5.5kW。

12.3　流体力学在安全工程中的应用实例

在通风除尘、有毒有害危险品事故防治、火灾爆炸事故防治、职业卫生等安全工程各领域，都需要应用流体力学知识。

[**例题 12.9**]　通风除尘系统将工作场所的含尘气流净化后排入大气。为了测量排风管道的流量，在排风管出口处装有一个收缩、扩张的管嘴，其喉部处安装一细管，下端插入水中，如图 12.7 所示。喉部流速大，压强低，细管中出现一段水柱。已知空气密度 $\rho = 1.25\text{kg/m}^3$，管径 $d_1 = 400\text{mm}$，$d_2 = 600\text{mm}$，水柱高 $h = 45\text{mm}$，试计算排风量 Q。

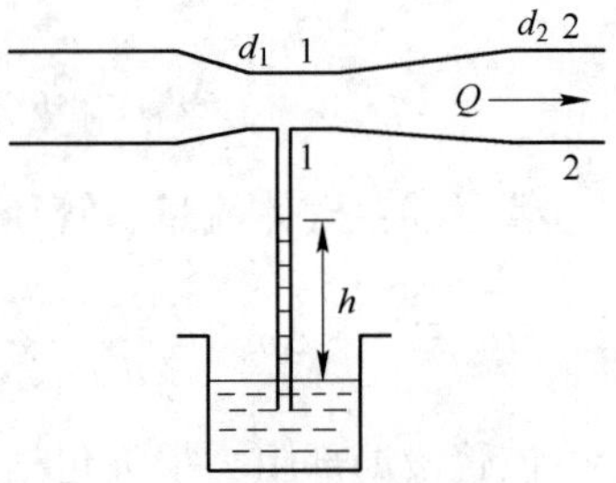

[**解**]　对于截面 1—1 和 2—2，应用伯努利方程

$$\frac{p_1}{\gamma} + \frac{v_1^2}{2g} = \frac{p_a}{\gamma} + \frac{v_2^2}{2g}$$

图 12.7　例题 12.9 图

由连续性方程有 $A_1 v_1 = A_2 v_2$，$\dfrac{\pi}{4}d_1^2 v_1 = \dfrac{\pi}{4}d_2^2 v_2$，$v_1 = \dfrac{d_2^2}{d_1^2}v_2$

细管有液柱上升，说明 p_1 低于大气压，即

$$p_1 = p_a - \gamma_w h = p_a - \rho_w g h$$

式中，ρ_w 为水的密度。由以上各式可得

$$\frac{d_2^4 - d_1^4}{2g d_1^4}v_2^2 = \frac{\rho_w}{\rho}h$$

解得　　　　　　　　　　$v_2 = 13.18\text{m/s}$

$$Q = A_2 v_2 = \frac{\pi}{4}d_2^2 v_2 = 3.72\text{m}^3/\text{s}$$

[**例题 12.10**]　某化工厂一个苯储罐向空气中发生泄漏，储罐液面距泄漏口高度 $h = 2\text{m}$，储罐内压力 $p = 1.5\text{MPa}$，泄漏口为长方形，大小为 30mm×40mm，如图 12.8 所示。苯的密度 $\rho = 0.88\text{kg/m}^3$，试求泄漏的质量流量 Q_m。

[**解**]　对于截面 1—1 和 2—2，应用伯努利方程

$$h + \frac{p}{\gamma} + \frac{v_1^2}{2g} = \frac{p_a}{\gamma} + \frac{v_2^2}{2g}$$

式中 $v_1 \approx 0$，解得

$$v_2 = \sqrt{2gh + \frac{2(p - p_a)}{\rho}}$$

$$Q_m = C_d A v_2 \rho = C_d A \rho \sqrt{2gh + \frac{2(p - p_a)}{\rho}}$$

式中，C_d 为液体泄漏系数，按表 12.1 取值。

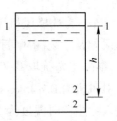

图 12.8　例题 12.10 图

表 12.1　液体泄漏系数

雷诺数 Re	不同泄漏口形状下的泄漏系数		
	圆形（多边形）	三角形	长方形
>100	0.65	0.60	0.55
≤100	0.50	0.45	0.40

本题中，储罐泄漏速度比较大，雷诺数 Re 远大于 100，C_d 取 0.55，$A = 0.03\text{m} \times 0.04\text{m} = 0.0012\text{m}^2$，$p_a = 101.3\text{kPa}$，代入数据计算得

$$Q_m = 0.112\text{kg/s}$$

[**例题 12.11**]　某工厂由于发生安全生产事故导致天然气管道破裂，并发生喷射燃烧。假设环境压力 p_0 为标准大气压，天然气温度 $T = 293.15\text{K}$，天然气管道内压力 $p = 1\text{MPa}$，管道上出现直径为 2cm 的近似圆形漏洞。已知气体常数 $R = 8.314\text{J/(mol·K)}$，天然气的绝热指数 $k = 1.314$，天然气的相对分子质量 $M = 16$，天然气的密度 $\rho = 0.668\text{kg/m}^3$。试求天然气的泄漏量 Q_0。

[**解**]　气体发生泄漏时，需要先判断气体的流动状态，然后才能计算气体的泄漏量。

当气体的流动状态为音速，即 $\dfrac{p_0}{p} \leqslant \left(\dfrac{2}{k+1}\right)^{\frac{k}{k-1}}$ 成立时，气体泄漏量 Q_0 为

$$Q_0 = C_d A \rho \sqrt{\frac{Mk}{RT}\left(\frac{2}{k+1}\right)^{\frac{k+1}{k-1}}}$$

当气体的流动状态为亚音速，即 $\dfrac{p_0}{p} > \left(\dfrac{2}{k+1}\right)^{\frac{k}{k-1}}$ 成立时，气体泄漏量 Q_0 为

$$Q_0 = C_d A \rho \sqrt{\frac{2k}{k-1}\frac{M}{RT}\left[\left(\frac{p}{p_0}\right)^{\frac{2}{k}} - \left(\frac{p_0}{p}\right)^{\frac{k-3}{k}}\right]}$$

式中，C_d 为气体泄漏系数，圆形裂口取 1.00，三角形取 0.95，长方形取 0.90；A 为泄漏口面积，m^2；ρ 为气体密度，kg/m^3；M 为气体相对分子质量；k 为气体绝热指数；R 为气体绝热指数；T 为气体温度，K。

本题中，$\dfrac{p_0}{p} = \dfrac{1.01 \times 10^5}{1.0 \times 10^6} = 0.101$，$\left(\dfrac{2}{k+1}\right)^{\frac{k}{k-1}} = \left(\dfrac{2}{1.314+1}\right)^{\frac{1.314}{1.314-1}} = 0.54$

因此，$\dfrac{p_0}{p} < \left(\dfrac{2}{k+1}\right)^{\frac{k}{k-1}}$，气体呈音速流动，其泄漏速度为

$$Q_0 = C_d A \rho \sqrt{\frac{Mk}{RT}\left(\frac{2}{k+1}\right)^{\frac{k+1}{k-1}}} = 1.23 \times 10^{-5}\text{kg/s}$$

[**例题 12.12**]　图 12.9 为灭火用的消防水枪，水管直径 $d_1 = 0.12\text{m}$，喷嘴出口直径 $d_2 = 0.04\text{m}$，消防人员持此水枪向距离为 $l = 12\text{m}$，高 $h = 15\text{m}$ 的窗户喷水，要求水流到达窗口时具有 $v_3 = 10\text{m/s}$ 的速度，试求水管的相对压强和水枪倾角 θ。

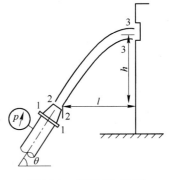

图 12.9　例题 12.12 图

[解]   本题可以利用截面 2—2 和 3—3 的伯努利方程求出水枪出口速度 v_2，再利用截面 1—1 和 2—2 的伯努利方程求出水管的相对压强。喷射水流离开截面 2—2 以后作抛物线运动，利用物理学中的有关公式可以求出倾角 θ。

对于截面 2—2 和 3—3，应用伯努利方程得

$$0 + \frac{p_{a}}{\gamma} + \frac{v_2^2}{2g} = h + \frac{p_{a}}{\gamma} + \frac{v_3^2}{2g}$$

将 h 和 v_3 代入可求得 $v_2 = 19.854\text{m/s}$

对于截面 1—1 和 2—2，应用伯努利方程得

$$\frac{p_1}{\gamma} + \frac{v_1^2}{2g} = \frac{p_{a}}{\gamma} + \frac{v_2^2}{2g}$$

又根据连续性方程有

$$A_1 v_1 = A_2 v_2 , \qquad \frac{\pi}{4} d_1^2 v_1 = \frac{\pi}{4} d_2^2 v_2 , \qquad v_1 = \frac{d_2^2}{d_1^2} v_2 = 2.206\text{m/s}$$

因此

$$p_1 - p_{a} = \frac{\rho(v_2^2 - v_1^2)}{2} = 1.947 \times 10^5 \text{Pa}$$

喷嘴出口水流的水平速度和垂直速度分别为 $v_2\cos\theta$ 和 $v_2\sin\theta$，利用抛物体运动公式，有

$$h = v_2\sin\theta t - \frac{1}{2}gt^2 , \qquad l = v_2\cos\theta t$$

消去时间 t 得到

$$h = l\tan\theta - \frac{gl^2}{2v_2^2}\frac{1}{\cos^2\theta}$$

化简可得 $\tan^2\theta - 6.6997\tan\theta + 9.3746 = 0$

解得 $\tan\theta = 4.709$ 或 1.991， $\theta = 78.0°$ 或 $63.3°$

[例题 12.13]   通过轴流通风机叶片的气流会产生噪声，假设产生噪声的功率为 P，它与旋转速度 ω、叶轮直径 D、空气密度 ρ、声速 c 有关，试证明通风机噪声功率的函数关系式为

$$P = \rho\omega^3 D^5 f(\omega D/c)$$

[解]   由题意可写出函数关系式

$$P = f(\omega, \ D, \ \rho, \ c)$$

选择 D、ω、ρ 作为基本单位，它们符合基本单位制的两点要求，于是

$$\pi = \frac{P}{D^x\omega^y\rho^z} , \qquad \pi_4 = \frac{c}{D^{x_4}\omega^{y_4}\rho^{z_4}}$$

各物理量的量纲如下：

物理量	D	ω	ρ	P	c
量　纲	L	T^{-1}	ML^{-3}	ML^2T^{-3}	LT^{-1}

首先分析 P 的量纲，因为分子分母的量纲应该相同，所以

$$ML^2T^{-3} = L^x(T^{-1})^y(ML^{-3})^z$$

由此解得

$$y = 3, \quad z = 1, \quad x = 5$$

所以

$$\pi = \frac{P}{D^5\omega^3\rho}$$

同理可得

$$\pi_4 = \frac{c}{D\omega}$$

故有

$$\frac{P}{D^5\omega^3\rho} = f\left(\frac{c}{D\omega}\right)$$

一般常将 $c/(\omega D)$ 写成倒数形式，即 $\omega D/c$，其实质是旋转气流的马赫数，因此上式可改写为

$$P = \rho\omega^3 D^5 f(\omega D/c)$$

12.4　流体力学在土木工程中的应用实例

在城市和工业用水工程、引水工程等土木工程各领域，都需要应用流体力学知识。

[例题 12.14]　图 12.10 所示直径为 $d = 500\text{mm}$ 的引水管从上游水库引水至下游水库，管道倾斜段的倾角 $\theta = 30°$，弯头 a 和 b 均为折管，引水流量 $Q = 0.4\text{m}^3/\text{s}$，上游水库水深 $h_1 = 3.0\text{m}$，过流断面宽度 $B_1 = 5.0\text{m}$，下游水库水深 $h_2 = 2.0\text{m}$，过流断面宽度 $B_2 = 3.0\text{m}$。求引水管进口、出口、弯头 a 和 b 处损失的水头。

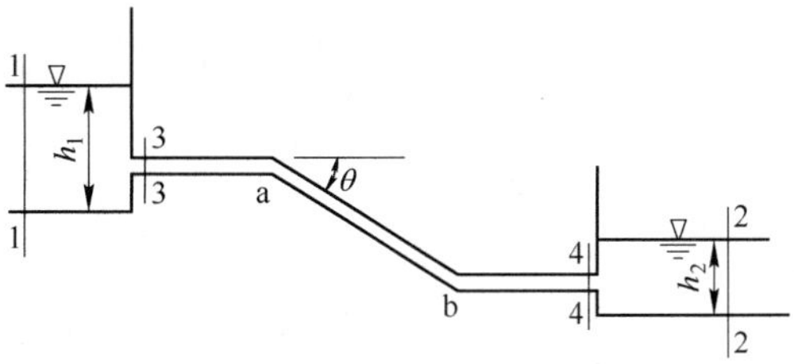

图 12.10　例题 12.14 图

[解]　引水管截面面积

$$A = \frac{\pi}{4}d^2 = \frac{\pi}{4} \times 0.5^2 = 0.196\text{m}^2$$

断面平均流速

$$v = \frac{Q}{A} = \frac{0.4}{0.196} = 2.04\text{m/s}$$

（1）引水管进口。选取断面 1—1 位于上游水库内，断面 3—3 位于引水管进口。则断面 1—1 与 3—3 间为突然缩小式流道。$A_1 = B_1 h_1$，$A_3 = A$。假定进口局部损失可以按圆断面突然缩小情况来近似，查有关表知

$$h_{\text{r}1-3} = \zeta_{1-3}\frac{v^2}{2g}, \quad \zeta_{1-3} = 0.5 \times \left(1 - \frac{A_3}{A_1}\right)$$

因此

$$\zeta_{1-3} = 0.5\left(1 - \frac{A}{B_1 h_1}\right) = 0.5 \times \left(1 - \frac{0.196}{5 \times 3}\right) = 0.493$$

$$h_{r1-3} = 0.493 \times \frac{2.04^2}{2 \times 9.8} = 0.10\text{m}$$

（2）引水管出口。选取断面 2—2 位于下游水库内，断面 4—4 位于引水管出口。则断面 4—4 与 2—2 间为突然扩大式流道。$A_4 = A$，$A_2 = B_2 h_2$。查有关表知

$$h_{r4-2} = \zeta_{4-2} \frac{v^2}{2g}, \quad \zeta_{4-2} = \left(1 - \frac{A_4}{A_2}\right)^2$$

因此

$$\zeta_{4-2} = \left(1 - \frac{A}{B_2 h_2}\right)^2 = \left(1 - \frac{0.196}{3 \times 2}\right)^2 = 0.936$$

$$h_{r4-2} = 0.936 \times \frac{2.04^2}{2 \times 9.8} = 0.20\text{m}$$

（3）弯头 a 和 b。查有关表知，$\alpha = \theta = 30°$，$\zeta = 0.2$。因此

$$h_{ra} = h_{rb} = \zeta \frac{v^2}{2g} = 0.2 \times \frac{2.04^2}{2 \times 9.8} = 0.04\text{m}$$

[**例题 12.15**]　水泵管道系统如图 12.11 所示，滤水网设有底阀，已知水泵流量为 $Q = 25\text{m}^3/\text{h}$，吸水管长度为 $l_a = 5\text{m}$，压水管长度为 $l_p = 20\text{m}$，提水高度为 $z = 18\text{m}$，最大真空度不超过 $h_v = 6\text{m}$，水泵效率为 $\eta = 85\%$，管道的沿程阻力系数 $\lambda = 0.046$。试确定水泵吸水管直径 d_a、压水管直径 d_p、水泵扬程 H 和水泵轴功率 P。

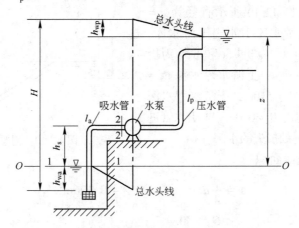

图 12.11　例题 12.15 图

[**解**]　（1）吸水管经济流速为 $v_a = 1 \sim 1.6\text{m/s}$。选取 $v_a = 1.6\text{m/s}$，则

$$d_a = \sqrt{\frac{4Q}{\pi v_a}} = \sqrt{\frac{4 \times 25}{\pi \times 1.6 \times 3600}} = 0.074\text{m}$$

选取标准直径 $d_a = 75\text{mm}$，相应的

$$v_a = \frac{4Q}{\pi d_a^2} = \frac{4 \times 25}{\pi \times 0.075^2 \times 3600} = 1.57\text{m/s}$$

以 $O—O$ 为基准面，写出断面 1—1（上游水库内自由面上）和断面 2—2 间的能量方

程，得

$$z_1 + \frac{p_\mathrm{a}}{\gamma} + \frac{\alpha_1 v_1^2}{2g} = h_\mathrm{s} + \frac{p_\mathrm{v}}{\gamma} + \frac{\alpha v_\mathrm{a}^2}{2g} + h_\mathrm{la}$$

因为 $z_1 = 0$、$\dfrac{p_\mathrm{v}}{\gamma} = h_\mathrm{v}$，若不计行进流速水头 $\dfrac{\alpha_1 v_1^2}{2g}$，得到

$$h_\mathrm{s} = h_\mathrm{v} - \frac{\alpha v_\mathrm{a}^2}{2g} - h_\mathrm{la}$$

查表得局部阻力系数：滤水网 $\zeta_1 = 8.5$，90°弯头 $(d/R = 1)\,\zeta_2 = 0.294$，水泵入口前的渐缩管 $\zeta_3 = 0.1$，吸水管水头损失为

$$
\begin{aligned}
h_\mathrm{la} &= \left(\lambda \frac{l_\mathrm{a}}{d_\mathrm{a}} + \zeta_1 + \zeta_2 + \zeta_3 \right) \frac{v_\mathrm{a}^2}{2g} \\
&= \left(0.046 \times \frac{5}{0.075} + 8.5 + 0.294 + 0.1 \right) \times \frac{1.57^2}{2 \times 9.8} \\
&= 1.5\mathrm{m}
\end{aligned}
$$

取 $\alpha = 1.0$，可得

$$h_\mathrm{s} = h_\mathrm{v} - \frac{\alpha v_\mathrm{a}^2}{2g} - h_\mathrm{la} = 6 - 1 \times \frac{1.57^2}{2 \times 9.8} - 1.5 = 4.37\mathrm{m}$$

（2）选取压水管直径 $d_\mathrm{p} = 75\mathrm{mm}$，其流速为 $v_\mathrm{p} = 1.57\mathrm{m/s}$，出口局部阻力系数 $\zeta_4 = 1.0$，得压水管水头损失为

$$
\begin{aligned}
h_\mathrm{lp} &= \left(\lambda \frac{l_2}{d_\mathrm{p}} + 2\zeta_2 + \zeta_4 \right) \frac{v_\mathrm{p}^2}{2g} \\
&= \left(0.046 \times \frac{20}{0.075} + 2 \times 0.294 + 1.0 \right) \times \frac{1.57^2}{2 \times 9.8} \\
&= 1.74\mathrm{m}
\end{aligned}
$$

水泵扬程为

$$H = z + h_\mathrm{la} + h_\mathrm{lp} = 18 + 1.5 + 1.74 = 21.24\mathrm{m}$$

水泵轴功率

$$
\begin{aligned}
P &= \frac{\gamma Q H}{\eta} = \frac{9800 \times 25 \times 21.24}{0.85 \times 3600} \\
&= 1700\mathrm{N \cdot m/s} = 1.7\mathrm{kW}
\end{aligned}
$$

[例题 12.16]　如图 12.12 所示，一桥墩长 l_p 为 24m，墩宽 b_p 为 4.3m，水深 h_p 为 8.2m，两桥台的距离 B_p 为 90m，平均流速 v_p 为 2.3m，试取 λ_l 为 50 来设计水流模型试验，并计算各有关的几何量和物理量值。

[解]　桥墩的水流流动起主要作用的是重力，所以应按弗劳德模型法来设计模型试验。

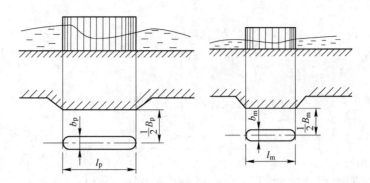

图 12.12 例题 12.16 图

由 $$(Fr)_p = (Fr)_m$$

可得 $$\frac{\lambda_v^2}{\lambda_g \lambda_l} = 1$$

因为 $\lambda_g = 1$，所以 $$\lambda_v^2 = \lambda_l, \qquad \lambda_v = \lambda_l^{1/2}$$

流量比尺 $$\lambda_Q = \lambda_v \lambda_l^2 = \lambda_l^{1/2} \lambda_l^2 = \lambda_l^{5/2}$$

（1）计算模型的几何尺寸。

桥墩长 $$l_m = \frac{l_p}{\lambda_l} = \frac{24}{50} = 0.48\text{m}$$

桥墩宽 $$b_m = \frac{b_p}{\lambda_l} = \frac{4.3}{50} = 0.086\text{m}$$

桥台距 $$B_m = \frac{B_p}{\lambda_l} = \frac{90}{50} = 1.8\text{m}$$

水深 $$h_m = \frac{h_p}{\lambda_l} = \frac{8.2}{50} = 0.164\text{m}$$

（2）模型的平均流速和流量。根据弗劳德模型法，可得

模型的平均流速 $$v_m = \frac{v_p}{\lambda_v} = \frac{2.3}{\sqrt{50}} = 0.325\text{m/s}$$

原型流量 $$Q_p = v_p (B_p - b_p) h_p = 2.3 \times (90 - 4.3) \times 8.2 = 1620\text{m}^3/\text{s}$$

模型流量 $$Q_m = \frac{Q_p}{\lambda_Q} = \frac{1620}{50^{5/2}} = 0.0915\text{m}^3/\text{s}$$

[**例题 12.17**] 如图 12.13 所示的抽水装置，实际抽水量 $Q = 30\text{L/s}$，吸水管长 $l = 12\text{m}$，直径 $d = 150\text{mm}$，90°弯头一个，$\zeta_b = 0.8$，进口有滤水网并附有底阀，$\zeta_{en} = 6.0$，沿程阻力系数 $\lambda = 0.024$，水泵进口处 $[h_v] = 6\text{m}$。求水泵的安装高度。

[**解**] $$v = \frac{4Q}{\pi d^2} = \frac{4 \times 0.03}{3.14 \times 0.15^2} = 1.699\text{m/s}$$

安装高度 H_s 为

$$H_s = h_v - \left(\alpha + \lambda \frac{l}{d} + \Sigma\zeta \right) \frac{v^2}{2g}$$

$$= 6 - \left(1 + 0.024 \times \frac{12}{0.15} + 6 + 0.8 \right) \times \frac{1.699^2}{19.6}$$

$$= 4.568m$$

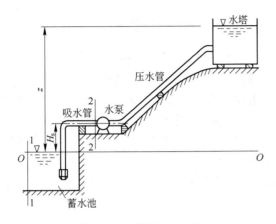

图 12.13　例题 12.17 图

12.5　流体力学在机械工程中的应用实例

[**例题 12.18**]　如图 12.14 所示水轮机从水流获取功率 37.3kW，水管直径 0.305m，

长 91.4m，摩擦系数取常数 $\lambda = 0.02$，局部能量
损失可以忽略。求通过水管和水轮机的水流量。

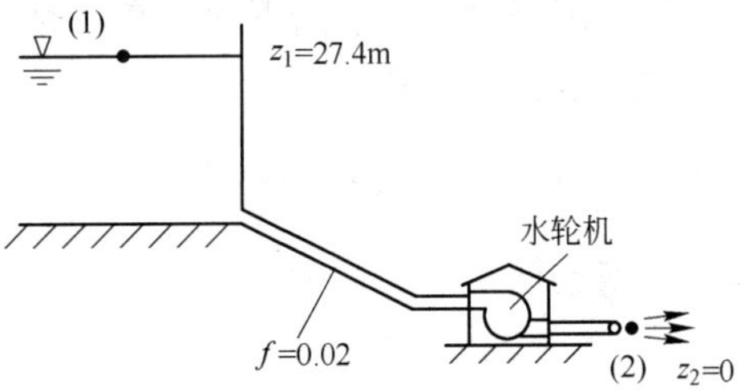

[**解**]　由题意

$$\frac{v_1^2}{2g} + z_1 + \frac{p_1}{\rho g} = \frac{v_2^2}{2g} + z_2 + \frac{p_2}{\rho g} + h_1 + H \quad (1)$$

式中，$p_1 = v_1 = p_2 = z_2 = 0$，$z_1 = 27.4m$，$v_2$ 为管中
平均流速 v，H 为水轮机的能量，沿程损失 h_1

图 12.14　例题 12.18 图

$$h_1 = \frac{\lambda l}{d} \frac{v^2}{2g} = \frac{0.02 \times 91.4}{0.305} \times \frac{v^2}{2 \times 9.8} = 0.306v^2$$

水轮机的能量

$$H = \frac{P}{\gamma Q} = \frac{P}{\gamma \frac{\pi}{4} d^2 v} = \frac{37.3 \times 10^3}{9800 \times \frac{\pi}{4} \times 0.305^2 v} = \frac{52.2}{v}$$

于是式(1)可写成

$$27.4 = \frac{v^2}{2 \times 9.8} + 0.306v^2 + \frac{52.2}{v}$$

化简得

$$v^3 - 76.75v + 146.2 = 0 \tag{2}$$

解方程式(2)可得两个正实根 $v_1 = 7.58\text{m/s}$, $v_2 = 2.01\text{m/s}$, 而第三个是负根 $v_3 = -9.59\text{m/s}$, 没有物理意义, 舍去。通过水管和水轮机的水流量有两个解

$$Q_1 = \frac{\pi}{4}d^2v = \frac{\pi}{4} \times 0.305^2 \times 7.58 = 0.554\text{m}^3/\text{s}$$

和

$$Q_2 = \frac{\pi}{4} \times 0.305^2 \times 2.01 = 0.147\text{m}^3/\text{s}$$

[**例题 12.19**] 如图 12.15 所示, 长 $l = 10\text{cm}$、直径 $d = 8\text{cm}$ 的柱塞在缸筒中作往复运动, 在柱塞与缸筒的同心环形间隙 $\delta = 0.5\text{mm}$ 中充满动力黏度 $\mu = 0.09\text{Pa} \cdot \text{s}$ 的油液。柱塞位移的简谐运动规律为 $x = a\sin(\omega t)$, 柱塞最大行程 $a = 20\text{cm}$, 柱塞往复频率 n 为每分钟 360 次。忽略柱塞惯性力, 试求柱塞克服液体摩擦所需要的平均功率。

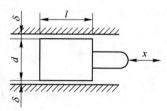

图 12.15   例题 12.19 图

[**解**] 这是一个同心环形缝隙中的直线运动问题, 柱塞的运动速度

$$v = \frac{\text{d}x}{\text{d}t} = a\omega\cos(\omega t)$$

不是常量而是一个周期性的变量, 变量 $\omega t = \theta$ 的周期为 2π, 根据题给的直线往复频率 n 可求出简谐运动的圆频率为

$$\omega = \frac{2\pi n}{60} = \frac{\pi n}{30} = 12\pi\text{rad/s}$$

用瞬时速度 v 可求出下面三个瞬时值的表达式:
柱塞表面上的切应力

$$\tau = \mu\frac{v}{\delta} = \frac{\mu a\omega}{\delta}\cos(\omega t)$$

柱塞表面上的摩擦力

$$F = \tau\pi l d = \frac{\pi l d\mu a\omega}{\delta}\cos(\omega t)$$

柱塞的摩擦功率

$$P_f = Fv = \frac{\pi l d\mu a^2\omega^2}{\delta}\cos^2(\omega t)$$

要想求柱塞克服摩擦所需要的平均功率 P, 则应对瞬时功率 P_f 积分求和并除以周期。由于 $\omega t = \theta$, 于是

$$P = \frac{\int_0^{2\pi}P_f\text{d}\theta}{2\pi} = \frac{\pi l d\mu a^2\omega^2}{2\pi\delta}\int_0^{2\pi}\cos^2\theta\text{d}\theta = \frac{\pi l d\mu a^2\omega^2}{2\delta}$$

$$= \frac{\pi \times 0.1 \times 0.08 \times 0.09 \times 0.2^2 \times 144 \times \pi^2}{2 \times 0.0005}$$

$$= 129\text{W}$$

[**例题 12.20**] 在液压控制中作为液压放大器、在液压传动中作为换向阀使用的三位四通滑阀如图 12.16 所示，图示位置表示油缸柱塞克服负载向左运动，已知油泵计示压强 $p=2500\text{kPa}$，油缸负载 $F=70\text{kN}$，油缸活塞直径 $D_1=20\text{cm}$，油缸活塞杆直径 $D_2=4\text{cm}$，滑阀直径 $d=2\text{cm}$，滑阀通向油缸的两个开口的轴向开口量均为 $x=5\text{mm}$，液流方向角 $\theta=69°$，流速系数 $c=0.98$，流量系数 $\mu=0.62$。

油管中的摩擦损失均忽略不计，试求开口量稳定不变时，液流作用在滑阀上的轴向力。

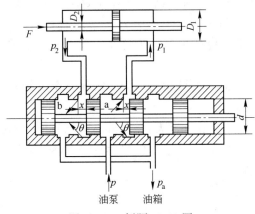

图 12.16 例题 12.20 图

[**解**] 由于油缸两端进出流量相等，故经过两个开口处的流量 Q 和速度 v 亦相等，取 a、b 两腔油液的外轮廓为控制体，分别列出这两个控制体沿滑阀轴向的动量方程式，然后相加，即可得出作用在油液上的作用力为

$$F_x = F_{ax} + F_{bx} = \rho Q(v\cos\theta - 0) + \rho Q[0 - (-v\cos\theta)] = 2\rho Q v\cos\theta$$

油液作用在滑阀上的力为

$$F_{Rx} = -F_x = -2\rho Q v\cos\theta \tag{1}$$

由滑阀开口前后的压强差 Δp，计算经过滑阀的速度和流量。

因为 $p - \Delta p = p_1$，及 $p_2 - \Delta p = p_a = 0$，故

$$\Delta p = \frac{1}{2}[p - (p_1 - p_2)] = \frac{1}{2}\left[p - \frac{4F}{\pi(D_1^2 - D_2^2)}\right]$$

于是

$$v = c\sqrt{\frac{2\Delta p}{\rho}} = c\sqrt{\frac{1}{\rho}\left[p - \frac{4F}{\pi(D_1^2 - D_2^2)}\right]}$$

$$Q = \mu x \pi d\sqrt{\frac{2\Delta p}{\rho}} = \mu x \pi d\sqrt{\frac{1}{\rho}\left[p - \frac{4F}{\pi(D_1^2 - D_2^2)}\right]}$$

将 v、Q 代回式(1)，则得

$$F_{Rx} = -2\mu cx\pi d\cos\theta\left[p - \frac{4F}{\pi(D_1^2 - D_2^2)}\right]$$

代入已知数值，即可得作用在滑阀上的轴向力为

$$F_{Rx} = -2 \times 0.62 \times 0.98 \times 0.005 \times \pi \times 0.02 \times \cos 69° \times$$

$$\left[2500 \times 10^3 - \frac{4 \times 70 \times 10^3}{\pi \times (0.2^2 - 0.04^2)}\right]$$

$$= -24.5\text{N}$$

[**例题 12.21**] 机床液压油的运动黏度为 $\nu=2\times10^{-5}\text{m}^2/\text{s}$，密度为 $\rho=850\text{kg/m}^3$，油缸

258

直径 $D = 20\text{cm}$，活塞杆直径 $D_0 = 4\text{cm}$，油缸上的负载为 $F = 5000\text{N}$。换向阀 $\zeta = 16$，滤油器 $\zeta = 5$，节流阀 $\zeta = 12$，管路上共有 8 个直角弯头，每个的局部阻力系数均为 $\zeta = 0.9$。

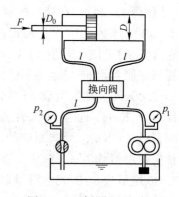

油泵流量为 $Q = 26\text{L/min}$，节流阀前的压强 $p_2 = 1.2 \times 10^5 \text{Pa}$。

铜油管直径为 $d = 15\text{mm}$，油管共分四段，每段长度均为 $l = 1\text{m}$（如图 12.17 所示，截流阀及油泵下面小段忽略）。

图 12.17　例题 12.21 图

试求：

（1）油路上的总压强损失 Δp；

（2）油泵出口的压强 p_1；

（3）油泵的输出功率 P。

[解]　进油管的平均速度

$$v_1 = \frac{4q_V}{\pi d^2} = 2.45\text{m/s}$$

进油管的雷诺数 $Re_1 = \dfrac{v_1 d}{\nu} = 1838$，属于层流。

进油管的沿程阻力系数

$$\lambda_1 = \frac{64}{Re_1} = 0.035$$

进油管长的当量局部阻力系数

$$\zeta_{e1} = \frac{\lambda_1 2l}{d} = 4.67$$

回油管上平均速度 v_2 可通过油缸面积变化求得

$$v_2 = v_1 \frac{D^2 - D_0^2}{D^2} = 2.45 \times \frac{0.2^2 - 0.04^2}{0.2^2} = 2.35\text{m/s}$$

回油管的雷诺数

$$Re_2 = \frac{v_2 d}{\nu} = 1763$$

回油管的沿程阻力系数

$$\lambda_2 = \frac{64}{Re_2} = 0.036$$

回油管长的当量局部阻力系数

$$\zeta_{e2} = \frac{\lambda_2 2l}{d} = 4.8$$

进油管的压强损失为

$$\Delta p_1 = \gamma(\Sigma \zeta_1) \frac{v_1^2}{2g} = \rho(\Sigma \zeta_1) \frac{v_1^2}{2}$$

$$= \frac{850}{2} \times (5 + 16 + 0.5 + 1 + 4 \times 0.9 + 4.67) \times 2.45^2$$

$$= 78500 \mathrm{Pa} = 78.5 \mathrm{kPa}$$

回油管的压强损失为

$$\Delta p_2 = \rho(\Sigma \zeta_2) \frac{v_2^2}{2}$$

$$= \frac{850}{2} \times (12 + 16 + 0.5 + 1 + 4 \times 0.9 + 4.8) \times 2.35^2$$

$$= 89000 \mathrm{Pa} = 89 \mathrm{kPa}$$

油路上的总压强损失为

$$\Delta p = \Delta p_1 + \Delta p_2 = 167.5 \mathrm{kPa}$$

为了求出油泵出口压强 p_1，可列活塞的平衡方程式如下：

$$F = (p_1 - \Delta p_1) \frac{\pi D^2}{4} - (p_2 + \Delta p_2) \frac{\pi(D^2 - D_0^2)}{4}$$

所以

$$p_1 = \Delta p_1 + \frac{4F}{\pi D^2} + (p_2 + \Delta p_2) \frac{D^2 - D_0^2}{D^2}$$

将已知数值代入，得

$$p_1 = 916000 \mathrm{Pa} = 916 \mathrm{kPa}$$

油泵的输出功率

$$P = Q p_1 = \frac{26 \times 10^{-3}}{60} \times 916 \times 10^3 = 400 \mathrm{W} = 0.4 \mathrm{kW}$$

习 题 答 案

习 题 1

1. 1　$\nu = 1.52 \times 10^{-5} \mathrm{m^2/s}$

1. 2　$\mu = 1.87 \times 10^{-5} \mathrm{Pa \cdot s}$, $\nu = 1.69 \times 10^{-5} \mathrm{m^2/s}$

1. 3　$\tau = 145.8 \mathrm{Pa}$

1. 4　（1）$F_1 = 6\mathrm{N}$；（2）$F_2 = 420\mathrm{N}$

1. 5　$\mu = 0.105 \mathrm{Pa \cdot s}$

1. 6　$F = 3.73 \mathrm{N}$

1. 7　$\mu = 1.86 \mathrm{Pa \cdot s}$

1. 8　$\beta_\mathrm{p} = 0.5 \times 10^{-8} \mathrm{m^2/N}$

1. 9　$V = 151.34 \mathrm{m^3}$

1. 10　$p_2 = 172.2 \mathrm{kPa}$

1. 11　$\Delta V = 5.8 \mathrm{L}$

1. 12　$\Delta V = 0.2 \mathrm{m^3}$

习 题 2

2. 1　$p = 248.3 \mathrm{kPa}$

2. 2　$p_0 = 104.24 \mathrm{kPa}$

2. 3　绝对压强：$11.8 \mathrm{mH_2O}$，$0.868 \mathrm{mHg}$；相对压强：$1.5 \mathrm{mH_2O}$，$110.34 \mathrm{mmHg}$

2. 4　$p' = -2940 \mathrm{Pa}$；$p_\mathrm{v} = 2940 \mathrm{Pa}$

2. 5　$p_\mathrm{M} = 177.74 \mathrm{kPa}$；$p'_\mathrm{M} = 76.44 \mathrm{kPa}$

2. 6　$h_2 = 43.5 \mathrm{cm}$

2. 7　$\Delta p = 27.32 \mathrm{kPa}$

2. 8　$p' = 823.2 \mathrm{Pa}$

2. 9　$p'_\mathrm{A} = 264.8 \mathrm{kPa}$

2. 10　$G = 0.707 \mathrm{N}$

2. 11　（1）$p_\mathrm{B} - p_\mathrm{A} = 0.415 \mathrm{mH_2O}$；（2）$h_1 = 0.55 \mathrm{m}$, $h_2 = -0.2 \mathrm{m}$, $h_3 = 0.75 \mathrm{m}$, $z = 0.4 \mathrm{m}$；
　　　（3）$p_\mathrm{B} - p_\mathrm{A} = 0.4 \mathrm{mH_2O}$；（4）$h_1 = 0.95 \mathrm{m}$, $h_2 = -1 \mathrm{m}$, $h_3 = 0.35 \mathrm{m}$

2. 12　$p_1 = 1.187 \times 10^3 \mathrm{kPa}$

2. 13　$P = 27.15 \mathrm{kN}$

2. 14　$D = 2.36d$

2. 15　$P = 25.58 \mathrm{kN}$, $h_D = 1.55 \mathrm{m}$

2. 16　$P = 12.05 \mathrm{kN}$, $h_D = 1.60 \mathrm{m}$

2. 17　$T = 83.16 \mathrm{kN}$

2.18 $P = 1.02 \times 10^8 \text{N}$, $Y = 27.9 \text{m}$

2.19 $P = 11.445 \text{kN}$

2.20 $T = 6.571 \text{kN}$

2.21 $M = 9.36 \times 10^5 \text{N} \cdot \text{m}$

2.22 $P_z = 71.84 \text{kN}$

2.23 $p = 24.5 \text{kN}$, 方向为水平向右

2.24 $P = \dfrac{15}{8} \pi \gamma r^3 + G$

2.25 $D = 10 \text{cm}$, $R = 6.2 \text{cm}$

习 题 3

3.1 $y = 0$, $z = \dfrac{1}{x^2}$

3.2 $y - y_0 = \dfrac{x^2 - x_0^2}{1 + A t_0}$

3.3 $\boldsymbol{a} = 104\boldsymbol{i} + 154\boldsymbol{j}$

3.4 $\boldsymbol{a} = 4\boldsymbol{i} + 6\boldsymbol{j}$, $a = 7.21 \text{m/s}^2$

3.5 $Q = 61.36 \text{m}^3/\text{s}$, $v = 78.13 \text{m/s}$

3.6 $v = 0.5 u_{\max}$

3.7 $u_z = -xz + \dfrac{z^2}{2}$

3.8 $v_B = 4.5 \text{m/s}$, $v_D = 10.88 \text{m/s}$

3.9 $v_1 = 18.05 \text{m/s}$, $v_2 = 22.25 \text{m/s}$

3.10 $v_1 = 8.04 \text{m/s}$, $v_8 = 6.98 \text{m/s}$

3.11 $v_1 = 9.6 \text{m/s}$, $Q_1 = 2.4 \text{m}^3/\text{s}$; $v_2 = 6.4 \text{m/s}$, $Q_2 = 1.6 \text{m}^3/\text{s}$; $v_3 = 3.2 \text{m/s}$, $Q_3 = 0.8 \text{m}^3/\text{s}$

3.12 $Q_M = 0.518 \text{kg/s}$

3.13 $u_o = 49.50 \text{m/s}$

3.14 $v_2 = 5.6 \text{m/s}$, $d_2 = 5 \text{cm}$

3.15 $v_A = 6 \text{m/s}$, $h_1 = 1.73 \text{mH}_2\text{O}$, 由 A 流向 B

3.16 （1）$h_1 = -0.239 \text{moil}$；（2）由 2—2 断面流向 1—1 断面；（3）$\Delta p = 3.74 \times 10^4 \text{Pa}$

3.17 $Q = 0.091 \text{m}^3/\text{s}$

3.18 $Q = 1.935 \text{m}^3/\text{s}$

3.19 $v_3 = 10.84 \text{m/s}$, $Q = 3.41 \text{L/s}$, $p_2 = 22.83 \text{kPa}$

3.20 $h_v = 47.3 \text{mmHg}$

3.21 $Q = 0.0512 \text{m}^3/\text{s}$

3.22 $p = 53.66 \text{kPa}$

3.23 $v = 5.72 \text{m/s}$, $p_c = -68.99 \text{Pa}$（相对压强）

3.24 $v = 7.92 \text{m/s}$, $H = 0.8 \text{m}$, $d' = 80.6 \text{mm}$

3.25 $H = 127.4 \text{m}$, $N = 433.51 \text{kW}$

3.26 $F = 9.46 \text{kN}$, $\theta = 18.22°$

3.27 $F_x = 0.243 \text{kN}$, $F_y = 0.026 \text{kN}$

3. 28　$y = 5.61$m

3. 29　$F = 126$N

3. 30　$\alpha = 30°$，$R = 456.5$N

3. 31　（1）$F_1 = 920$N；（2）$F_2 = 230$N

3. 32　$R_x = \rho A_1 (v_1 - v)^2 (\cos\theta - 1)$，$R_y = \rho A_1 (v_1 - v)^2 \sin\theta$，$R = \sqrt{R_x^2 + R_y^2}$

习 题 4

4. 1　$Re = 1914 < 2000$ 层流，$Re = 4787$ 紊流，$Q = 5.12 \times 10^{-5}$m^3/s

4. 2　$Re = 9289 > 300$，属于紊流；$v < 0.16$cm/s

4. 3　$\mu = 0.135$Pa·s

4. 4　$\lambda = 4.65 \times 10^{-7} Re$

4. 5　光滑管；（1）$\lambda = 0.0236$；（2）$\delta = 1.88$mm；（3）$\tau_0 = 5.06$Pa

4. 6　（1）$p = \gamma l \dfrac{\lambda h/d - 1}{\lambda h/d + 1}$；（2）$h + \dfrac{d}{\lambda}$；（3）$v = \sqrt{\dfrac{2g(h+l)}{1 + \lambda l/d}}$；（4）$h = \dfrac{d}{\lambda}$；（5）$p_A = 0$，$p_1 = p_2 = p_3 = p_4 = 0$

4. 7　（1）由水力光滑管向水力粗糙管过渡；（2）$\lambda = 0.025$

4. 8　$h_f = 40.82$moil

4. 9　$h_f = 16.54$moil

4. 10　$N = 19.53$kW

4. 11　用布拉休斯公式计算得 $\lambda = 0.015$，由莫迪图查得 $\lambda = 0.019$

4. 12　$\dfrac{D}{d} = \sqrt{2}$，$\Delta H_{max} = \dfrac{v_{小}^2}{4g}$

4. 13　（1）$h_f = 0.284$m；（2）$\dfrac{p_2 - p_1}{\gamma} = 0.455$m；（3）$\dfrac{p_2 - p_1}{\gamma} = 0.74$m

4. 14　$h_r = 0.268$mH$_2$O

4. 15　$\zeta = 0.65$

4. 16　（1）$v_2 = 24.44$m/s；（2）$v_2 = 4.97$m/s，二者动能之比为 13

4. 17　$v = 27.43$m/s

4. 18　$\zeta = 6.275$

4. 19　$h = 3.59$m

4. 20　$Q = 53.5$L/s

4. 21　$H_s = 2.309$m

4. 22　$H = 26.6$m，$Q = 4.9$L/s

4. 23　$H = 3.84$m

4. 24　（1）$Q = 0.045$m^3/s；（2）$H_1 = 17.76$m

习 题 5

5. 1　$Q = 0.757$m^3/s

5. 2　$Q = 13.57$L/s，$d = 135$mm

5. 3　$Q = 39.38$L/s

5. 4　$h_{f1} = 0.824$mH$_2$O，$h_{f2} = 1.76$mH$_2$O，$h_{f3} = 9.42$mH$_2$O

5.5　$d_2 = 150\text{mm}$

5.6　$h_f = 7.39\text{mH}_2\text{O}$

5.7　$d = 110\text{mm}$

5.8　$Q = 11\text{L/s}$

5.9　$d = 51.3\text{cm}$

5.10　（1）$Q_1 = 23.75\text{L/s}$，$Q_2 = 5.7\text{L/s}$；（2）$Q = 19.67\text{L/s}$

5.11　$H = 12.98\text{m}$

5.12　$H = 12.19\text{m}$

5.13　$H = 0.92\text{m}$

5.14　$Q = 0.132\text{m}^3/\text{s}$

5.15　$y = \dfrac{H}{2}$时射程最大，$x_{\max} = C_v H$

5.16　（1）$\varphi = 0.92$，$\varepsilon = 0.65$；（2）$Q = 49.4\text{L/s}$

5.17　$v = 9.4\text{m/s}$，$Q = 6.66\text{L/s}$

5.18　$t = 144\text{s}$

5.19　$t = 18.5\text{h}$

5.20　（1）$Q = 29\text{L/s}$；（2）$d_2 = 8\text{cm}$

习 题 6

6.1　$Q = 0.043\text{m}^3/\text{s}$，$v = 0.43\text{m/s}$

6.2　$d = 122\text{mm}$，$v = 0.603\text{m/s}$

6.4　$h = 0.672\text{m}$，$b = 0.56\text{m}$

6.5　$h = 0.47\text{m}$，$b = 0.94\text{m}$

6.6　$Q = 0.453\text{m/s}$

6.7　$Q = 0.18\text{m}^3/\text{s}$

习 题 7

7.1　（C）2.4m/d

7.2　$v = 0.0637\text{cm/s}$，$u = 0.318\text{cm/s}$

7.3　$k = 0.6\text{m/s}$

7.4　$K = 9.52 \times 10^{-13}\text{m}^2$

7.5　$Q = 1.25\text{L/s}$

习 题 8

8.1　$Ma = 0.835$

8.2　$v_0 = 26.36\text{m/s}$，$d_1 = 5\text{cm}$，$d_2 = 8.66\text{cm}$

8.3　大 15.9%

8.4　（1）$Ma = 0.658$；（2）$v = 222\text{m/s}$；（3）$\dfrac{p_0 - p}{p} = 34\%$

8.5　$v = 544\mathrm{m/s}$，$Ma = 2.113$

8.6　$p_2 = 75\mathrm{kPa}$

8.7　$v_2 = 322.56\mathrm{m/s}$

8.8　（1）$v_2 = 241\mathrm{m/s}$，$t_2 = 70℃$；（2）$Ma_1 = 1.043$，$Ma_2 = 0.649$

8.9　$\rho_0 = 2.275\mathrm{kg/m^3}$，$p_0 = 2.496 \times 10^5\mathrm{Pa}$，$t_0 = 109.3℃$

习　题　9

9.1　$Q_2 = 7.4\mathrm{L/s}$，$h_{f1} = 0.45\mathrm{m}$，$\Delta p_1 = 1.845\mathrm{bar}$

9.2　（1）$h' = 0.873\mathrm{m}$，（2）$P_1 = 1830\mathrm{N}$

9.3　$v_{m水} = 120\mathrm{km/h}$；$v_{m气} = 1585\mathrm{km/h}$

9.4　$v_m = 0.103\mathrm{m/s}$

9.5　（1）$h = 0.15\mathrm{m}$；（2）$Q = 339.88\mathrm{m^3/s}$；（3）$h = 4\mathrm{mH_2O}$

9.6　（1）$d = 27.5\mathrm{mm}$；（2）$\lambda_h = 2.73$；（3）$\lambda_Q = 12.27$

9.7　（1）$Q_m = 76\mathrm{mL/s}$；（2）$Q_m = 12.87\mathrm{L/s}$

9.8　$\Delta p = 8.25\mathrm{mmH_2O}$

9.9　$x = \dfrac{3}{2}$，$y = \dfrac{1}{2}$

9.10　$Q = kd^2 \sqrt{\dfrac{p}{\rho}}$

9.12　$Q = kd^2 \left(\dfrac{\Delta p}{\rho}\right)^{\frac{1}{2}}$

9.13　$N = D^5 \rho \omega^3 f\left(\dfrac{Q}{D^3 \omega}\right)$

9.14　$F = \rho v^2 D^2 f(Re)$

习　题　10

10.1　$N = 31.1\mathrm{kW}$

10.2　$N = 387.5\mathrm{kW}$

10.4　$v = 5.5\mathrm{m/s}$

10.5　$h_s = 3.66\mathrm{m}$

参 考 文 献

[1] 周亨达. 工程流体力学[M]. 2版. 北京：冶金工业出版社，1988.

[2] 张也影. 流体力学[M]. 2版. 北京：高等教育出版社，1999.

[3] 张也影，王秉哲. 流体力学题解[M]. 北京：北京理工大学出版社，1996.

[4] 胡敏良. 流体力学[M]. 武汉：武汉工业大学出版社，2000.

[5] 景思睿，张鸣远. 流体力学[M]. 西安：西安交通大学出版社，2001.

[6] 周光垌，等. 流体力学（上、下册)[M]. 北京：高等教育出版社，2001.

[7] 李玉柱，苑明顺. 流体力学[M]. 2版. 北京：高等教育出版社，2008.

[8] 张师帅. 计算流体动力学及其应用——CFD软件的原理与应用[M]. 武汉：华中科技大学出版社，2011.

[9] 谢振华，李晓超. 露天矿山运输路面复合抑尘剂的研究[J]. 北京科技大学学报，2012，32(11)：1241~1244.

[10] 王英敏. 矿井通风与防尘习题集[M]. 北京：冶金工业出版社，1993.

[11] 孙丽君. 工程流体力学[M]. 2版. 北京：中国电力出版社，2010.

[12] 沈小雄. 工程流体力学[M]. 长沙：中南大学出版社，2010.

[13] 李小芹. 工程流体力学[M]. 北京：中国水利水电出版社，2009.

[14] 许贤良. 流体力学[M]. 2版. 北京：国防工业出版社，2011.

[15] 莫乃榕，槐文信. 流体力学与水力学题解[M]. 武汉：华中科技大学出版社，2002.

[16] 周谟蟾，等. 流体力学习题解析[M]. 武汉：华中理工大学出版社，1991.

[17] 刘鹤年，刘京. 流体力学[M]. 3版. 北京：中国建筑工业出版社，2015.

冶金工业出版社部分图书推荐

书　名	作　者	定价(元)
数学规划及其应用（第 3 版）	范玉妹　等编	49.00
数值分析（第 2 版）	张　铁　等编	22.00
模糊数学及其应用（第 2 版）	李安贵　等编	22.00
统计与优化（第 2 版）	赵金玲　主编	49.00
线性代数	苏醒侨　等编	28.00
运筹学通论	范玉妹　编著	30.00
多智能体计划调度系统的理论与应用	卢虎生　等著	19.00
应用岩石力学（本科教材）	朱万成　主编	58.00
金属塑性成形力学（本科教材）	王　平　编著	26.00
新编土力学教程（本科教材）	邵龙潭　主编	29.00
散体动力学理论及其应用（英文版）	吴爱祥　著	125.00
现代流体力学的冶金应用（英文版）	李宝宽　著	25.00
采矿学（第 3 版）（本科教材）	顾晓薇　主编	75.00
矿山岩石力学（本科教材）	李俊平　主编	49.00
流体力学及输配管网（本科教材）	马庆元　主编	49.00
数理经济学及其应用	蒋　志　著	16.00
新编大学物理教程	赵宝华　等编	38.00
大学物理实验教程	张丽慧　等编	25.00
现代物理测试技术	梁志德　等编	29.00
物理化学（第 4 版）	王淑兰　等编	45.00
物理化学（高职教材）	邓基芹　主编	28.00
分析化学实验教程	刘淑萍　等编	20.00
化学工程与工艺综合设计实验教程	孙晓然　等编	12.00
水分析化学（第 2 版）	聂麦茜　等编	17.00
有机化学（第 2 版）	朱建光　等编	20.00
无机化学实验	姚迪民　等编	14.00
分析化学简明教程	张锦柱　等编	23.00
岩石力学	杨建中　主编	26.00
冶金热工基础	朱光俊　主编	36.00
工业分析化学	张锦柱　等编	36.00
煤化学产品工艺学（第 2 版）	肖瑞华　主编	46.00
高等分析化学（本科教材）	李建平　编著	22.00